Ÿgoistin

Die Freiheit des Menschen liegt nicht darin,
dass er tun kann, was er will,
sondern dass er nicht tun muss,
was er nicht will.

Jean-Jacques Rousseau

Die Deutsche Nationalbibliothek verzeichnet diese Publikation in der Deutschen Nationalbibliografie; detaillierte bibliografische Daten sind im Internet über http://dnb.dnb.de abrufbar.

Foto:	Andreas Zimmermann, Düsseldorf
Illustrationen:	Steffen Kerling, Bayreuth
Covergrafik:	istockphoto.com, #17026451 von smt3
Lektorat:	Monika Thaller, Würzburg http://www.thaller-lektorat.de
Layout und Satz:	Büro 71a, Klose und Neitzel GbR, Würzburg http://buro71a.de
Druck:	GGP Media GmbH, Pößneck http://www.ggp-media.de

ISBN 978-3-00-039641-0

© 2013, egoistin Verlag e. K., Bayreuth, http://www.egoistin.eu

Vanessa Eden

WARUM MÄNNER 2.000 € FÜR EINE NACHT BEZAHLEN

Inhalt

Persönliches zu Beginn

»You should be an Escort Coach.«

Es war eines dieser perfekten Dates. Ich reiste mit dem Zug nach Berlin, um wenige Stunden später diesen Mann im Hotel Adlon zu treffen. Schon seine Anfrage überraschte mich. Trotz seines Bekanntheitsgrads machte er keinen Hehl aus seiner Identität, und trug sich in das Kontaktformular meiner Website mit vollständigem Namen ein. Im Hotel angekommen stand ein zwei Meter großer Mann in schwarzer Lederhose vor mir. Ein Freak. Einer von der lieben Sorte. Ich traf einen Mann von Welt – durch und durch gebildet, international gefragt, ausgebucht und hoch bezahlt. Er war einer dieser Menschen, die ihr Leben in vollen Zügen auskosten, zufrieden und glücklich sind. Er kümmerte sich nicht um Moral, sondern lebte als Freigeist und genoss die Blicke, die er auf sich zog. Wir lachten viel zusammen, waren uns sehr zugetan und so stellte sich rasch ein inniges Wohlgefühl zwischen uns ein, das sich auf dem Zimmer fortsetzte.

Das Treffen im Hotel Adlon sollte nicht unser letztes sein, und somit begleitete er meinen beruflichen Werdegang und die Geschäftseröffnung des Lifestyle Studio Egoistin in Bayreuth. Dort beriet ich Frauen in Sachen Styling, Sexualität und Sport. Während wir es uns wieder einmal in einem romantischen Hotelzimmer gemütlich machten, uns küssten und zärtlich zueinander waren, sah er mich an und sagte:

»You should be an Escort Coach.«

Für einen kurzen Moment perplex, wusste ich nicht so richtig, wie diese Aussage einzuordnen war. Empfand er mein Verhalten etwa als gekonnt? Meinte er, meine Zuneigung ihm gegenüber wäre reine Professionalität? Ich ließ diesen Satz noch lange auf mich wirken, um später zu einem anderen Ergebnis zu kommen:

Eben genau die Tatsache, dass ich nicht hochprofessionell war und ihn als eine Kundennummer sah, machte diese Stimmung zwischen uns erst möglich. Das war es, was er spürte. Dennoch vergingen bis zur Umsetzung noch einige Wochen, denn zuvor hatte ich noch den Einfall, eine Escortagentur zu gründen. Immer wieder erhielt ich E-Mails von Frauen, die schlechte Erfahrungen mit Agenturen machten. Ich wollte es besser machen, doch diese Schnapsidee wurde bald zum Reinfall. Ich fühlte mich völlig ungeeignet dafür. Obwohl ich selbst große Freude an dem hatte, was ich tat. Ich war erfolgreich und selektiv in der Auswahl meiner Kunden. Doch zwei völlig fremde Menschen für eine intime Dienstleistung zusammenzubringen, löste, als es konkret wurde, großes Unwohlsein in mir aus.

Persönlich traf ich nur wenige ausgesuchte Männer und wusste immer exakt, was mich erwartet. Doch wie hätte ich diesen hohen Anspruch, der für mich galt, an meine Damen weitergeben können, ohne indiskret zu werden? Ich fühlte mich mit dieser Aufgabe nicht nur überfordert, sondern auch äußerst unbehaglich und brach die Pläne der Agenturgründung kurzerhand ab. Die schlechten Erfahrungen der Damen gingen jedoch weiter und so erinnerte ich mich an das Date mit meinem Freak, als er sagte:

»You should be an Escort Coach.«

Genau das war es! Die Räumlichkeiten des LIFESTYLE STUDIO EGOISTIN waren vorhanden, das nötige Wissen auch und somit war ich der erste Escort Coach im deutschsprachigen Raum.

Über all die Jahre, in denen ich offen mit dem Thema Escortservice umgegangen bin, wurden mir sehr gerne Fragen gestellt – in erster Linie von Frauen. Als erste Zweifel beseitigt waren und klar war, dass ich selbstbestimmt, selektiv und milieufrei in diesem Bereich arbeitete, trauten sich auch die anfangs noch Schüchternen, mich mit ihren Fragen zu löchern. Der Wissensdurst schien unendlich, denn wer kennt schon „so eine" persönlich?

Nach nun vier Jahren Escort-Coaching und erfolgreich bestandener Abiturprüfung entschloss ich mich dazu, mein Wissen allen Frauen in Form dieses Buchs zugänglich zu machen. Ich möchte jeder Frau die Möglichkeit geben, von meinem Erfahrungsschatz zu profitieren. Egal ob sie bereits als Escortdame tätig ist, tatsächlich in die Branche hineinschnuppern oder nur einen Blick hinter die Kulissen dieses geheimnisvollen Gewerbes erhaschen möchte.

Ein Honorar von 2.000 € für eine Nacht lässt Augen groß werden: „Was? Sooo viel? Was hast Du dafür alles machen müssen?" Die Antwort erstaunte die meisten.

Um Sie ein wenig auf das Thema Escortservice und den Kontext Prostitution einzustimmen, beginne ich in *Kapitel 1* mit einem kleinen Ausflug in die Geschichte und stelle die Frage, ob Prostitution tatsächlich das älteste Gewerbe der Welt ist. Die abwertende Haltung gegenüber Prostituierten, aber auch Homosexuellen und promisk lebenden Frauen machte mich neugierig, weiter zu forschen. Warum war eine ganz bestimmte Sexualität nicht erlaubt? Genau genommen, die der Frauen? So komme ich in *Kapitel 2* auf die Sexualität im Allgemeinen zu sprechen, aber auch, was es mit ihrer kulturellen Entwicklung auf sich hat. War die moralische Wertung schon immer vorhanden oder gab es auch Zeiten, als Menschen natürlich und wertfrei mit ihrer Sexualität umgingen? Welche körperlichen Auswirkungen hat Sexualität und welche Rolle spielt die Psyche dabei?

Die sexuellen Rollenbilder von Mann und Frau sind definiert. Rollenbilder resultieren aus Erwartungen/Einstellungen und diese wiederum sind der Nährboden für Vorurteile, worauf ich in *Kapitel 3* näher eingehe. Vorurteile betreffen die meisten Menschen. Besonders zu spüren bekommen das Menschen, die abseits der Norm leben, wie Scheidungskinder, Ausländer, Übergewichtige, Homosexuelle und Prostituierte. Aber auch Menschen, die ihren Rollenbildern nicht gerecht werden, bleiben davor nicht verschont, wie Eltern, Ärzte, Lehrer, Witwen, Töchter, Söhne.

Was genau sind Vorurteile, und wie entstehen sie? Was machen sie mit Menschen und lassen sie sich verändern?

In *Kapitel 4* stelle ich rückblickend auf die zuvor behandelten Themen die Frage ob Prostitution (k)ein ehrenwerter Beruf ist.

Einen Überblick der verschiedenen Bereiche des Erotikgewerbes gebe ich in *Kapitel 5*. Ich zeige Unterschiede auf, auch, damit in Zukunft differenzierter über die Branche berichtet werden kann. Was trennt die Sparten wirklich voneinander? In *Kapitel 6* gehe ich näher auf den Bereich Escortservice ein. Was genau ist Escortservice eigentlich, und ist überall da, wo Escort drauf steht, auch Escort drin?

Von *Kapitel 7 bis 14* widme ich mich ausschließlich der Branche Escortservice und beantworte folgende Fragen: Was sind die Motivationen und Erwartungen von Escortdamen, welche Risiken und Gefahren nehmen sie mit diesem Job in Kauf? Sind wirklich die anonymen Dates mit fremden Männern das Gefährliche? Wie gehen die eigene Familie und der Freundeskreis mit der Tätigkeit um und was passiert, wenn der Arbeitgeber Wind davon bekommt?

Was muss eine Escortdame alles machen, um 2.000 € für eine Nacht verlangen zu können? Welche Eignungen und Charaktereigenschaften muss sie mitbringen, um erfolgreich zu sein? Welche Rolle spielen das Aussehen, die Konfektionsgröße und die Umgangsformen? Muss sie bestimmte sexuelle Dienstleistungen in ihrem Repertoire haben? Was viele vergessen ist die Tatsache, dass der mit Geld gefüllte Briefumschlag vor dem Date übergeben wird. Zu dieser Zeit hat körperliche Intimität noch nicht stattgefunden. Wie schafft es eine Escortdame also vorab, den Mann davon zu überzeugen, dass eine Nacht mit ihr 2.000 € wert sind?

Nach erfolgreicher Kommunikation steht einem ersten Date nichts mehr im Wege, womit die nächsten Fragen auftauchen: Wie läuft das erste Date ab? Wie wird sich die Frau dabei fühlen? Was macht die Dame, wenn der Kunde ihr nicht gefällt? Und diese Fragen kennt wohl jede Frau: Was ziehe ich an? Worüber spreche ich mit ihm? Wann geht es dann weiter, und wer macht den Anfang?

All diese Antworten gehen nahtlos in *Kapitel 15* über, in dem geklärt wird, was der Mann überhaupt will, sowohl im Escortservice als auch im Bett, um in *Kapitel 16* nicht ganz ernst gemeint, illustratorisch verschiedene Kundentypen vorzustellen.

Ein rundum gelungenes Date ist jedoch nur möglich, wenn der Mann mitspielt. Denn der Kunde trägt entsprechend viel dazu bei, dass sich die Dame bei ihm wohlfühlt und er mehr erhält, als eine blanke Dienstleistung. Deshalb ist das *Kapitel 17* den Herren gewidmet. Sie finden dort Hinweise und Tipps, wie sie die für sich passende Escortdame finden können und was sie selbst dazu beitragen können, um das Erlebnis mit einer Frau zu perfektionieren.

Im letzten *Kapitel 18* stelle ich mich ethischen Fragen, die immer wieder auftauchen und die ich im Ansatz versuche zu beantworten. Es sind auch Fragen, mit denen ich persönlich immer wieder konfrontiert wurde, wie beispielsweise: Darf man Männern das Fremdgehen erleichtern?

Wie Sie bereits bis hierhin lesen konnten, habe ich mich gegen die klassische Biografie entschieden, die oft von Frauen aus dem Erotikgewerbe erscheinen. Selbstverständlich fließen in alle Kapitel meine eigenen Erfahrungen und Erlebnisse mit ein, die ich einmal mehr, einmal weniger detailliert ausführe.

Des Weiteren habe ich beschlossen, das Thema nicht ausschließlich erotisch darzustellen, aus dem einfachen Grund: *Es ist mehr als nur das.* Ich möchte mit diesem Buch in erster Linie Frauen ansprechen, die neugierig und interessiert gerne hinter die Kulissen blicken, ihren Horizont erweitern möchten und grundsätzlich aufgeschlossen für andere Lebensweisen sind.

Viel Lesevergnügen.

Herzlichst,
Vanessa Eden

1 Das älteste Gewerbe der Welt?

1 Das älteste Gewerbe der Welt?

Prostitution wird gerne als das älteste Gewerbe der Welt beschrieben. Doch ist es das wirklich? Der erste Nachweis von Prostitution ist uns aus dem Gilgamesch-Epos überliefert, das auf die Zeit 1800–1200 v. Chr. datiert ist. Kulturelle Strömungen und Ansichten existierten jedoch bereits weit vor 10.000 v. Chr. – allen voran das **Matriarchat**, die Kultur der Mutterschaft. In matriarchalen Kulturen, die auch heute noch bestehen, gibt es keine Prostitution.

Um Sie ein wenig auf das Thema Prostitution einzustimmen, erhalten Sie kurze Einblicke in fünf Epochen und deren Umgang mit dem vermeintlich ältesten Gewerbe der Welt. Klar ist, dass die Weltgeschichte der Prostitution alleine ein ganzes Buch füllen würde, wie es DIE NEUE WELTGESCHICHTE DER PROSTITUTION bereits tut, geschrieben vom Historiker Nils Johann Ringdal (1952–2008), aus dessen Werk ich mich weitestgehend bedient habe.

Tempel, Triebe, Testamente

Die Tempeldienerinnen (ca. 1800–1200 v. Chr.)
Das **Gilgamesch**-Epos ist der älteste Beweis für Prostitution in unserer Kultur, Handlungsort ist Mesopotamien, der heutige Irak. Es ist ein Gedicht aus dem babylonischen Raum, überliefert auf zwölf Tontafeln. Alles dreht sich um die Anbetung der Göttin Ischtar in den **Tempeln**. Junge Mädchen, meist aus armen Familien stammend, wurden in den Tempel geschickt, um dort der Göttin zu dienen. Die Göttin Ischtar stand für Krieg, Liebe und Fruchtbarkeit. Mit der heiligen Kraft ihrer Körper kümmerten sich somit die Templerinnen (Priesterinnen des Tempels), genannt »schamchat« oder »harimtu«, um die Männer. Ischtar sah sich selbst als Schutzgöttin der Huren und bezeichnete sich selbst als Hure. Ihr ging es in erster Linie darum, entscheiden zu können, mit welchen Männern sie intim werden möchte.

In den Tempeln wurden die jungen Frauen in Gesang, Tanz und Benehmen nach höfischem Reglement ausgebildet. Weiter waren die Tempel Zentren der **Fruchtbarkeitsrituale** und »des Wissens über Geburt, Verhütung und Sexualität«. Den Priesterinnen wurde unter anderem eine magische Kraft zugewiesen, die es ihnen ermöglichte, Männer von **Sexualproblemen** zu erlösen. Sie waren somit sowohl Krankenschwestern wie auch heilige Sextherapeutinnen.

Obwohl die Templerinnen für ihre sexuellen Handlungen Geld bekamen, das sie wiederum den Tempeln spendeten, greift der Begriff der Prostituierten, so wie wir ihn heute verstehen, erst ab etwa 2000 v. Chr., nämlich mit Einführung patriarchaler gesellschaftlicher Strukturen. Bis dahin lebten die meisten Gesellschaftsformen im Matriarchat, und Tempel-»Prostitution« war in erster Linie eine kultisch religiöse Handlung. Der Göttinnenkult beruhte auf der Annahme, dass die Frau durch die Geburt der Kinder die Fruchtbarkeit in sich trägt. Es ist bewiesen, dass seit der neolithischen Zeit (Jungsteinzeit, ca. 5000–2000 v. Chr.) überall Göttinnen als eine Art »Ur-Venus« verehrt wurden. Bildlich wurden sie als besonders runde Figuren dargestellt, mit großen Brüsten, ausladenden Hüften und opulentem Gesäß. Frauen, so die Auffassung, hatten durch die Gebärfähigkeit ein natürliches Vorrecht, mit der Gottheit zu kommunizieren, was sie zu Priesterinnen machte. Die Namen für Liebesgöttinnen waren übrigens unterschiedlich. Die Ischtar der Babylonier wurde zur syrischen Astarte, zur Ashera in Kanaan und zur Kybele in Phrygien. Später nannten die Griechen ihre Liebesgöttin Aphrodite und das römische Pendant dazu war die Göttin Venus. Der Göttinnenkult war somit auf die verschiedensten Kulturen verteilt und das Schönheitsideal der gebärfreudigen, runden, sinnlichen Frau ist bis heute durch faszinierende archäologische Funde erhalten, allen voran die berühmte »Venus von Willendorf« (vor ca. 27.000 Jahren) und seit 2009 die »Venus vom Hohle Fels«, geschnitzt aus Mammut-Elfenbein vor etwa 35.000 Jahren. Auch sind weiblich runde Frauen, wie sie damals dem Schönheitsideal entsprachen, auf vielen Gemälden zu bewundern, allen voran des Künstlers Peter Paul Rubens, nach dem die »Rubensfrauen« benannt sind.

Prostitution im Alten Testament (ca. 1000 v. Chr.)

In der Familiengeschichte Judas (Gen 38,1–30, **Altes Testament**) heiratet Tamar Judas ersten Sohn Er, der zu Tode kommt. Juda trug nun seinem zweiten Sohn Onan auf, die Schwagerehe mit Tamar einzugehen, um Nachkommen für seinen Bruder zu zeugen. Doch Onan weigerte sich und kam zu Tode. Da sprach Juda zu Tamar, sie solle nach Hause gehen, in das Heim ihres Vaters und auf seinen dritten Sohn Schela warten.

Die Zeit verging und Judas Frau Schua starb. Sein Sohn Schela war in der Zwischenzeit groß geworden, doch Juda verweigerte die Hochzeit mit Tamar. Als Juda zur Schafschur nach Timna ging, verhüllte sich Tamar unter einem Schleier und bedeckte auch ihr Gesicht, weshalb Juda annahm, Tamar sei eine Dirne. Er ging auf sie zu und fragte sie, ob er zu ihr kommen dürfe. Als Pfand für ihre Dienste hinterließ er ihr seinen Siegelring und Stab, um diese später gegen einen Ziegenbock einzutauschen.

Nach drei Monaten erhielt Juda die Nachricht, seine Schwiegertochter hätte Unzucht getrieben und wäre schwanger. Daraufhin wollte er sie verbrennen lassen. Doch sie zog den Siegelring und den Stab hervor und sagte: Von dem Mann, dem das gehört, bin ich schwanger. Daraufhin gestand Juda Tamar ihr Recht zu, denn er verweigerte ihr seinen Sohn Schela.

**Hetären im antiken Griechenland
(ca. 500 v. Chr. – 50 n. Chr.)**

Die berühmtesten griechischen Prostituierten der Antike waren die sogenannten **Hetären**. Das Wort Hetäre (hetairai, Gefährtin) leitet sich aus dem Wort hetairoi ab, was so viel wie Genosse, Kamerad heißt und war gleichzeitig die Legitimation dieser Frauen zur Teilnahme am Symposion. Prof. em. Dr. Wolfgang Schuller, Universität Konstanz, vergleicht in seinem Buch Die Welt der Hetären deren Stellung damals mit den heutigen Callgirls oder Escortdamen. Er analysierte im Besonderen das Phänomen der Hetären, beachtet dabei aber auch andere Formen der Prostitution.

Die Aufgabe der Hetären war es vor allem, als willkommene Begleiterinnen zum **Symposion** zu erscheinen. Oft waren es Frauen aus armen Verhältnissen, die es durch ihre Schönheit geschafft haben, zur Hetäre eines Symposiasten zu werden. Weiter waren Hetären in der Regel Ausländerinnen, freie Inländerinnen der unteren Schichten und oft sogar (ehemalige) Sklavinnen. Die Frauen nutzten ihre Rolle, um gesellschaftlich aufzusteigen, was bereits die Bezeichnung Hetairai förderte, da diese positiv konnotiert war.

Das Symposion muss man sich als Ess- und Trinkgelage vorstellen, zu dem nur Männer der obersten Gesellschaftsschicht zugelassen waren. Es diente dem sozialen Austausch unter Gleichgesinnten, begleitet von Philosophie, Musik, Gesang, Tanz und Erotik. Man könnte es mit einem heutigen sogenannten Gentlemen's Club vergleichen, gepaart mit Wein, Weib und Gesang.

Doch die Anwesenheit der Hetären war nicht nur erotischer Natur, sie dienten auch als intellektuelle Gesprächspartnerinnen, elegante Verführerinnen und Künstlerinnen, und das auch nicht nur zum Symposion, sondern zu sämtlichen gesellschaftlichen Anlässen, während die Ehefrauen meist an den häuslichen Herd gebunden waren.

Das brachte die Feministin Simone de Beauvoir zu der Aussage: *»In einer Hetäre bekundet sich die Überlegenheit der emanzipierten Frau über die ehrsamen Familienmütter.«*

Diese Aussage beschreibt nicht nur die Stellung der Hetäre auf das gesellschaftliche Leben bezogen, sondern vor allem auch auf die Erotik. Während ehrsame Töchter sehr früh verheiratet wurden und sich ihrem zugesprochenen Ehemann auch in sexuellen Dingen zu fügen hatten, war es für den guten Ruf einer Hetäre fast ein Muss, äußerst **selektiv** in der Wahl ihrer Liebhaber vorzugehen. Diese Selektion drückte sich deutlich in der Dichtung aus, in der Herzschmerz, Sehnsucht und Leidenschaft beschrieben werden. Nach seiner Ehefrau hatte der Ehemann keine Sehnsucht, da diese weder umworben werden musste noch sich für einen anderen Mann entscheiden durfte. Es wurde ja alles im Voraus in die Wege geleitet.

Begehrte Hetären gehörten gleichzeitig zu den reichsten ihres Berufsstandes. Dieses **Begehren** wurde durch ihre Schönheit ausgelöst, aber auch durch ihr Geschick, Männer umwerben zu können. Es waren elegante, intelligente, leidenschaftliche und natürlich schöne Frauen. Sie lebten auf großem Fuß und besaßen neben Häusern auch eine eigene Dienerschaft. Es gelang allerdings nur sehr wenigen Hetären, diesen Status zu erreichen, einige verarmten auch im Alter oder wurden zu »normalen« Huren.

Trotz aller **Anerkennung,** die Hetären zu ihrer Zeit genossen, kann man ihre Stellung in der Gesellschaft als ambivalent bezeichnen. In Männerkreisen waren sie so angesehen und akzeptiert, dass sie unter anderem Bestandteil von Gerichtsverfahren wurden oder man auf Trinkschalen und Weingefäße erotische Szenen mit Hetären aufmalte. Man(n) versteckte sich nicht mit ihnen, sondern zeigte sich auch offen auf der Straße. Gleichzeitig jedoch wurden die Familie und der Erhalt der Polis (Bürgergemeinde) auf einen Sockel gestellt, der für Hetären (fast) unerreichbar war. Man(n) trennte die Rolle der Hetäre strikt von der Rolle der Ehefrau und Mutter. Die Behauptung, eine athenische Ehefrau wäre eine Hetäre, war eine schwere Beleidigung.

Prostitution und die Kirche (ca. 1000–1500 n. Chr.)

Das Thema **Kirche** und Sexualität oder natürlich auch Kirche und Prostitution ist ein besonders spannendes, wie ich finde. Es mag wohl daran liegen, dass die restriktive Sexualmoral dieser Institution erst recht dazu beiträgt, genauer hinzusehen, wie im »inner circle« damit umgegangen wurde.

Selbstverständlich kann auch hier wieder nur ein kleiner Ausschnitt in kürzesten Beiträgen gezeigt werden. Die **Sexualmoral** der Kirche und die damit einhergehende Diskriminierung von »ehebrechenden« Frauen und Prostituierten erreichte ihren Höhepunkt in der **Hexenverbrennung** (1500–1700 n. Chr.). Des Weiteren ist die Verachtung und Geringschätzung von Frauen Bestandteil diverser Religionen bereits seit Jahrhunderten.

»Die Huren in den Städten sind wie die Jauchegruben von Schlössern. Entfernte man sie, würden die Schlösser von Gestank und Fäulnis zerstört,« brachte Thomas von Aquin zum Ausdruck, einer der wichtigsten Theologen im Mittelalter. Dieser Ausspruch macht in etwa deutlich, welchen Stellenwert, aber auch welche Funktion Prostituierte in dieser Zeit hatten. Walter Schubart beschreibt in seinem Buch RELIGION UND EROS unterirdische Gänge zwischen Nonnen- und Mönchsklöstern, *»um sich den sündhaften Verkehr hinter dem Rücken der Öffentlichkeit zu erleichtern«.* Er berichtet von Kon-

kubinen der Mönche und Päpste, von Haushälterinnen der Bischöfe und Priester. Und er ist sich sicher, dass die »*Einführung des Zölibats den Niedergang der katholischen Kirche eingeleitet*« hat.

Das **Zölibat** wurde im gesamten Mittelalter diskutiert, angeregt und immer wieder durchzusetzen versucht. Katholischen Geistlichen war es eine gewisse Zeit lang erlaubt, Ehen zu führen und Kinder zu bekommen, wie wir es heute von evangelischen Priestern kennen. Restriktiv gingen die Päpste Gregor VI. und Gregor VII. vor und so wurde anno 1075 das Zölibat wieder eingeführt. Diese Bevormundung hat in erster Linie zum Ziel, Reichtümer der Kirche zu schützen und nicht an Ehefrauen oder Kinder weiterzuvererben. Die Bekämpfung der Ehen von Geistlichen führte so weit, dass sogar Ehefrauen als Huren oder Ehebrecherinnen bezeichnet wurden mit der Begründung, diese Verbindung würde gegen die kirchlichen Regeln verstoßen und sei somit keine Ehe. Der Geschlechtsakt, der bereits ausgeführt wurde, war **Sünde**, die nachträglich gebüßt werden musste. Die unvorhergesehene Konsequenz daraus: Geistliche verkehrten nun homosexuell, was als Sünde »wider die Natur« noch stärker bekämpft wurde als lustvoller Geschlechtsverkehr mit einer Frau.

Die homosexuellen Handlungen von Geistlichen waren nicht in den Griff zu bekommen und gefährdeten somit interne Hierarchien. Deshalb wurde das Prostitutionsgewerbe unter Papst Innozenz III. im Jahre 1198 wieder legitimiert: Es sei moralisch von hohem Wert, wenn ein Bürger sich dazu entscheide, eine reuige Prostituierte zu heiraten. Da die Ehe Geistlichen jedoch noch immer untersagt war, durften diese den Sünderinnen wenigstens Beistand leisten und sie auf den rechten Weg zurückbringen. Ihr Besuch bei einer Dirne galt somit fast einem Ehrenamt. Halleluja.

Diese Änderungen waren unter anderem den Überlegungen geschuldet, das Prostitutionsgewerbe zu versteuern und sich an ihm zu bereichern. Hierfür musste der Stand der Prostituierten in gewisser Weise geduldet werden. Dies setzte 1309 Bischof Johann von Straßburg um, indem er ein neues Bordell bauen ließ. Dies bescherte ihm gleich zweifache Einnahmen: Er bezog Steuern der Prostituierten und kassierte gleichzeitig die **Ablass**zahlungen der büßenden Kunden. Auch der Bischof von Winchester, der heilige Swithin,

schloss sich diesem lukrativen Geschäft an
und ließ im Londoner Bezirk Southwark ein
ganzes Bordellviertel bauen. So entstanden in
London mit den Einnahmen durch Prostitution
mehr Kirchen als in jeder anderen Stadt, mit
Ausnahme von: Rom. Dort sorgte der syphilis-
kranke (!) Papst Sixtus IV. dafür, dass seine
willigen Schäfchen ihren Beitrag zum Bau des
Petersdoms leisteten. Amen.

Die Beichte

Prostitution in der
Nachkriegszeit (um 1950)

WIE DER SEX NACH DEUTSCHLAND KAM, zeigt die Historikerin
Sybille Steinbacher in ihrem gleichnamigen Buch auf. In den **Nach-
kriegsjahren** wollte man wieder einigermaßen zu Ordnung und
Ruhe zu finden. Dazu bildete die Familie den Rückzugsort schlechthin und war dadurch besonders schützenswert. Die Männer fanden sich daher vorwiegend in der Rolle des Ernährers wieder, die
Frauen waren für das leibliche und seelische Wohl ihrer Familie verantwortlich. Es wurde von ihnen erwartet, sich auf die Hausarbeit,
die Kinder und den Ehemann zu konzentrieren. Der Berufswelt aber
sollten sie fernbleiben, denn das schickte sich für eine fürsorgliche
und liebenswerte Mutter nicht. Mit diesen Rollenerwartungen einhergehend, entstand auch die sexuelle Norm, ein zügelloses Verhalten (nur von Frauen wohlgemerkt!) sei eine Gefahr für die Stabilität der Gesellschaft. Der Begriff Hure wurde zum Schimpfwort für
alle Frauen, die bereits früh Sexualkontakte hatten oder ihrem Ehemann untreu wurden. Frauen, die einer promisken Lebensweise
nachgingen (nach der damaligen Auffassung), wurden von einer
extra einberufenen Landesarbeitsgemeinschaft zur Bekämpfung von
Geschlechtskrankheiten wieder als »**hwG**-Mädchen« bezeichnet. Dieses Kürzel existierte bereits seit den zwanziger Jahren für Frauen
mit häufig wechselndem Geschlechtsverkehr und wurde synonym
für Prostituierte verwendet. In der Tat war es so, dass die Ausbreitung
von **Geschlechtskrankheiten,** insbesondere von Syphilis und Go-
norrhö, bereits zu Kriegszeiten anstieg. Mit diesem Furcht einflö-
ßenden Thema konnte, wie mit sonstigen beängstigenden Themen

auch, hervorragend Politik gemacht werden. Bereits seit dem Kaiserreich wurden Ausbreitungen von Geschlechtskrankheiten, die es immer wieder gab, ausschließlich Frauen in die Schuhe geschoben. Somit waren in erster Linie Prostituierte, aber auch promiske oder nicht-immer-dem-Ehemann-treue Frauen, Angriffsfläche, wenn es um **Sexualmoral** ging. Sie wurden als gesellschaftliche Bedrohung wahrgenommen, wogegen hart vorgegangen wurde – in erster Linie durch gesellschaftliche **Ächtung**.

Es gab **Zwangsuntersuchungen** für Frauen, die sich mit Soldaten einließen, und es grassierte die Meinung, in der Nähe der Soldatenstützpunkte als *»sittlich besonders gefährdetem Terrain«* floriere die Unzucht. Dass viele Frauen wegen der im Krieg gefallenen Männer auch auf der Suche nach Wärme und Nähe waren, kam niemandem in den Sinn. Im Gegenteil: Ließ sich eine Frau mit einem Soldaten ein, wurde sie diffamiert. Ausdruck davon waren Bezeichnungen wie *»Amizonen«*, *»Soldatenflittchen«* oder *»Veronika Dankeschön«*. In der Tat stieg in der Nähe von Soldatenstützpunkten die Verbreitung von Geschlechtskrankheiten, auch bei Soldaten, enorm an. So wurde beispielsweise in Bamberg ein Hilfskrankenhaus für Haut- und Geschlechtskrankheiten eingerichtet, das kurze Zeit später ein Symbol für weibliche Promiskuität wurde. Frauen wurden dorthin unter anderem zwangseingewiesen und man kann sich vorstellen, dass Patientinnen dieses Krankenhauses nicht die beste Reputation hatten. Sie wurden beleidigt und kompromittiert. Selbst die Bamberger Tageszeitung *Fränkischer Tag* betitelte einen Artikel mit Hier werden Veronikas kuriert und bezeichnete die Damen als Häftlinge.

Eine Wende dieser Zustände verursachte der mutige Chef der Bamberger Klinik, als er bei einem Gerichtsverfahren darauf hinwies, *»er leite ein Krankenhaus und kein Gefängnis«*. Zudem würden die Methoden der Justiz gegen *»fundamentale Bestimmungen der Demokratie«* verstoßen.

Zusammenfassend lässt sich feststellen, dass der Umgang mit Prostituierten trotz allgemeiner Verachtung ambivalent verlief. Begann eine Frau ein Verhältnis mit einem Soldaten, um ihre Zuneigung gegen Schokolade, Kaffee und Zigaretten einzutauschen, für die sie wiederum auf dem Schwarzmarkt überlebensnotwendige

Güter erhielten, um ihre Familie zu ernähren, wurde ihr Liebesverhältnis auf Grund der Überlebensmoral zumindest geduldet.

Dieses Verhalten erlebte selbst ich noch bei einigen Personen, die sich für meinen Werdegang interessierten. Für manche Menschen wäre es beruhigend gewesen, zu wissen, man übe den Job nur aus rein finanzieller und existenzieller Not aus, und sie waren entsprechend empört, wenn man ihnen nahebrachte, das Geld ist zwar nett gewesen, der Job vor allem aber ebenso erfüllend.

Das Prostitutionsgesetz (ProstG) 2002

Ein Meilenstein der Prostitution in der jüngeren Vergangenheit ist das am 1. Januar 2002 in Kraft getretene **ProstG**. Das rechtspolitische Ziel des Gesetzes war die Beseitigung der bestehenden rechtlichen Benachteiligungen von Prostituierten. Laut Gesetzesbegründung war die Intention:

» die Rechtsposition von Prostituierten zu stärken,
» Zugang für Prostituierte zu sozialen
   Sicherungssystemen zu schaffen und
» die Arbeitsbedingungen von Prostituierten zu verbessern.

Bis zum Inkrafttreten des neuen ProstG war die vertragliche Beziehung zwischen einem Kunden und der Prostituierten **sittenwidrig,** was zur Folge hatte, dass der »Hurenlohn« nicht einklagbar war. Das hatte dann dazu geführt, dass die Prostituierten ihren Lohn vorab kassierten.

Das ProstG regelt jetzt, dass Prostituierte eine rechtswirksame Forderung gegen den Kunden bzw. gegen den Bordellbetreiber (für das Bereithalten der sexuellen Handlung) erwerben. Das heißt, das Entgelt ist jetzt einklagbar. Demgegenüber hat der Kunde aus dem Vertrag keine Ansprüche auf die Vornahme von sexuellen Dienstleistungen. Der Gesetzgeber hat mit diesem Konstrukt die Rechtsposition von Prostituierten gestärkt und diesen damit ein hohes Maß an sexueller Selbstbestimmung gegeben.

Die Schaffung eines Zugangs zu den sozialen Sicherungssystemen war eine weitere wesentliche Intention des Gesetzgebers. Vor dem ProstG war der Abschluss von Arbeitsverträgen wegen des Verbotes der Förderung der Prostitution (Sittenwidrigkeit) nicht möglich. Mit den Änderungen im ProstG ist es jetzt für Prostituierte möglich, Arbeitsverträge mit Betreibern von Prostitutionsbetrieben abzuschließen. Diese Arbeitsverträge über eine sozialversicherungspflichtige Tätigkeit als Prostituierte begründeten damit eine Pflichtmitgliedschaft in der gesetzlichen Sozialversicherung.

Schließlich war es ein weiteres Ziel des ProstG, die Arbeitsbedingungen von Prostituierten zu verbessern. Man mag es kaum glauben, aber ein Bordellbetreiber, der früher für hygienische und angenehme Arbeitsbedingungen gesorgt hatte, stand vor dem ProstG »mit einem Bein im Gefängnis«, da er mit diesen Verbesserungen die Prostitution förderte, und dies war verboten. Mit den Änderungen der Gesetzeslage ist es heute möglich, die Arbeitsbedingungen für Prostituierte zu verbessern, wenngleich noch keine prostitutionsspezifischen Standards und Richtlinien hierfür existieren.

Leider ist zum heutigen Stand festzustellen, dass die aus der Gesetzesbegründung herauszulesende Intention noch kaum zur praktischen Umsetzung gelangt ist. Weder von Seiten der Verwaltung noch der Prostituierten wird das Gesetz mit »Leben« gefüllt und in der Umsetzung vorangebracht. Es fehlen bis heute klare Vorgaben zur Umsetzung. Das hat die Untersuchung AUSWIRKUNGEN DES PROSTITUTIONSGESETZES, Abschlussbericht aus November 2005, auf knapp 300 Seiten zum Ausdruck gebracht.

Doch trotz aller Kritik am Prostitutionsgesetz und eindeutig verbesserungswürdigen Punkten war ich zu meiner aktiven Zeit sehr froh, zu wissen, dass ich kein sittenwidriges Geschäft begehe. Das Urteil des Bundesverfassungsgerichts wirkt sich ganz klar auf die öffentliche Meinung zu Prostitution aus. Nach wie vor ist die gesellschaftliche Stellung von promisken Frauen und denen, die mit ihrer **Promiskuität** auch noch Geld verdienen, eine schlechte, doch vom Gesetzgeber geschützt zu sein, gibt ein gewisses Selbstwertgefühl. Zumal man sich als offiziell selbstständiger und steuerzahlender Bürger dieses Wertgefühl auch zuschreiben sollte.

2 Die Sexualität –
sinnliche Evolution?

Die **Diskriminierung** von Prostituierten, **promisken** Frauen und Homosexuellen zielt klar auf die sexuelle Lebensweise dieser Personengruppen ab. Deshalb möchte ich in diesem Kapitel die **Sexualität** einmal genauer betrachten, um die Phänomene beim Umgang mit diesen Gruppen verstehen zu können.

Was ist es, das dieses Gebiet zu einem solch **moralischen** macht? War das schon immer so oder gab es auch andere Auffassungen von freizügiger körperlicher Liebe? Was ist es, das unsere Sexualität bestimmt? Ist diese genetisch vorgegeben? Liegt die aktive Triebhaftigkeit wirklich in der Natur des Mannes und die unterwürfige Passivität in der Natur der Frau?

Im Übrigen findet sich das Kapitel Sexualität in der Psychologie unter anderem eingegliedert in Motivationsverhalten neben Hunger und Durst. Warum das so ist, liegt an den gemeinsamen Einflussfaktoren, die im sogenannten **biopsychosozialen Modell** festgelegt sind.

Motivationsverhaltensweisen geht immer ein **Bedürfnis** voraus. Ein Bedürfnis kann sowohl physiologischer Herkunft **(Trieb)** als auch psychologischer Natur (z. B. **Liebe, Anerkennung**) sein. Ebenso können Bedürfnisse durch äußere Anreize geschaffen werden. Am stärksten werden Menschen motiviert, wenn sowohl innere Triebe als auch **äußere Reize** zusammentreffen. So wird ein hungriger Mensch noch mehr Hunger verspüren, wenn ihm Geruch von frischem Gänsebraten in die Nase steigt. Entsprechend wird seine **Motivation** ansteigen, den Hunger zu stillen. Eine Person, deren sexuelles Bedürfnis (Trieb) schon lange nicht mehr gestillt wurde, die womöglich zusätzlich noch einsam ist (Bedürfnis nach Liebe) und exakt in dieser Situation auf einen attraktiven Menschen trifft (äußerer Anreiz), wird vermutlich verstärkt versuchen, das Bedürfnis nach Sex zu stillen – sofern: die Motivation nicht durch soziokulturelle Erwartungen gebremst wird.

Das Sexualverhalten wird somit von *drei* Einflussfaktoren bestimmt:
  » biologische Einflüsse (Trieb durch Hormone, sexuelle Reife)
  » psychologische Einflüsse (sexuelle Fantasien, Vorlieben,
    äußere, individuelle Reize wie attraktive Menschen,
    Bedürfnis nach Liebe und Anerkennung)
  » soziokulturelle Einflüsse (Erziehung,
    kulturelle **Wert- und Normvorstellungen**)

BIO-PSYCHO-SOZIALES MODELL

biologische Einflüsse
(Gene, Hormone)

psychologische Einflüsse
(Fantasien,
Reize von
Außen)

SEXUALITÄT

soziokulturelle Einflüsse
(Wert- und Normvorstellungen)
„Ein Mann sollte…“
„Eine Frau sollte…“
„Eine Mutter sollte…“
…

Tiere und Triebe, Affen und Menschen

Wenn Naturwissenschaftler sich dem Thema **Sexualität** nähern, erfahren wir meist auch etwas über unsere »Geschwister«, die Bonobos. Dort lässt man uns wissen, dass Sex nicht nur der Fortpflanzung dient, sondern vor allem einen Akt sozialer Kommunikation darstellt. Sex ist **Stressabbau** und **Konfliktbewältigung** zwischen Männlein und Weiblein zugleich. Des Weiteren sind Bonoboweibchen das ganze Jahr über geschlechtsreif und gebären ein Junges. So weit, so aufschlussreich, wie ich finde, und dieses Verhalten erinnert in der Tat an menschliche Paare – wenn *sie* zur Stressbewältigung nicht lieber Kopfschmerzen hat und *er* daraufhin ins Bordell ausweicht, wo bereits eine andere Dame auf ihn wartet, die schon ganz heiß auf seine *Zuckerrohrstange* ist.

Die Bonobos leben polyamourös, das heißt, sie legen sich nicht auf einen Geschlechts- oder Lebenspartner fest. Bei uns versuchten das die 68er, scheiterten jedoch auf Grund von Eifersüchteleien in der Kommune. Heute ist bei vielen der Lebensabschnittsgefährte Wirklichkeit.

Die unterschiedliche Auffassung von weiblicher und männlicher Sexualität wird oft mit der Evolution begründet. Der Mann hat eben besonders viele Spermien, die er in die große, weite Welt hinaustragen sollte. Die Frau hingegen sollte, auf Grund ihrer spärlich vorhandenen Eizellen, besonders selektiv in der Auswahl ihrer Männer vorgehen. Zumal sie auch das »Risiko« einer möglichen Schwangerschaft zu tragen hat.

Und was weiß die Forschung über die Biologie der Sexualität?

Die Grundstruktur des **reproduktiven Verhaltens** ist bei Säugetieren sehr ähnlich. Das Sexualverhalten verläuft beim Menschen in vier Stadien. Nach Stufe 1, der sexuellen Anziehung, folgt Stufe 2, das appetitive Verhalten. Appetitiv bedeutet in etwa motivierend und, konkret zu diesem Thema, die Erwiderung oder Aktivität eines Flirts. Sollten sich also Mann und Frau gegenseitig attraktiv finden und sich das auch zeigen, kommt es in der Regel zu Stufe 3, dem kopulatorischen Verhalten, was nichts anderes ist als Geschlechtsverkehr, im besten Falle sogar guter Sex. Stufe 4 ist das postkopulatorische Verhalten, also das Verhalten nach dem Sex, was so viel bedeutet wie: Der Mann schläft, die Frau versucht zu kuscheln.

REPRODUKTIVES VERHALTEN

Warum Männer danach schlafen und Frauen kuscheln wollen

Warum Männer gerne einnicken und Frauen oft noch ein Kuschelbe-
dürfnis haben, könnte daran liegen, dass der Sex meist endet, sobald
der Mann seinen Orgasmus hatte. Nach einem **Orgasmus** nehmen
sämtliche **Schwellkörper** ihren Zustand vor der Erregung wieder
an und zusätzlich befindet sich der Mann nach dem Höhepunkt in
der **Refraktärphase,** das heißt, er ist für einige Minuten oder Stunden erst einmal »außer Gefecht« gesetzt. Um das nicht zugeben zu
müssen, schlummern manche Männer lieber weg. Die Frau könnte
ja noch Ansprüche stellen, vor allem deshalb, weil der Sex oft dann
endet, wenn die Frau noch *keinen* Orgasmus hatte. Ohne Orgasmus bilden sich ihre Schwellkörper nur langsam zurück, die Erregung wird also noch aufrechterhalten in der Hoffnung: Da geht noch
was! Eine wirkliche Refraktärphase, so wie beim Mann, gibt es bei
der Frau allerdings nicht. Sie sind quasi immer »einsatzbereit« – ein
Standby-Modus sozusagen.

Die Refraktärphase des Mannes kann allerdings erheblich verkürzt werden, und wie das geht, beschreibt der **Coolidge-Effekt:**

Der Coolidge Effekt

Der amerikanische Präsident Coolidge und seine Frau besuch-
ten eine Hühnerfarm im Mittelwesten der USA. Frau Coolidge
fragte den Besitzer – beeindruckt von der sexuellen Aktivität des
Hahns – wie oft er denn eine „Beziehung mit einem Huhn pro Tag
habe: »Mehrmals pro Tag«, antwortete der Besitzer. »Bitte erzählen Sie das einmal dem Präsidenten«, sagte Frau Coolidge beeindruckt. Später wurde der Präsident zum Hahn geführt und war
auch beeindruckt, fragte aber: »Dieselbe Henne jedesmal [sic!]?«
»Nein«, antwortete der Besitzer der Farm, »jedesmal [sic!] eine
andere«. »Bitte, erzählen Sie das Frau Coolidge«, antwortete der
Präsident.

Quelle: Birbaumer, Biologische Psychologie

Falls Sie sich auch schon immer gefragt haben, worauf die Doppeldeutigkeit des englischen Wortes cock beruht: Jetzt wissen Sie's. (**cock,** engl. – Gockel, Schwanz.)

Oxytozin – das soziale Bindungshormon

Hormonell gesehen tut sich vor und während der Paarung so einiges. Mit das entscheidendste Hormon beim Akt ist das für soziale Bindung verantwortliche **Oxytozin** (OT). OT wird bei Stimulation der Brustwarzen, der Genitalien, bei Tastreizen und zu bestimmten Tagesrhythmen ausgeschüttet. OT löst die Milchejektion beim Stillen aus sowie die Uteruskontraktion bei der Geburt und beim Sex. Wie könnte es anders sein, es ist *das* Hormon für die Entwicklung des Bindungsgefühls der Mutter zu ihrem Kind, aber auch unter Erwachsenen, die sich auf körperlicher Ebene Gutes tun. Es ist verantwortlich für die Libido und das Bedürfnis nach Nähe, Wärme, Zärtlichkeit. Kurzum: Es ist *das* »**soziale Bindungshormon«.** Da die Produktion von OT auch bei Massagen ausgelöst wird (Tastreiz), ließ sich der Kabarettist und Arzt Eckhard von Hirschhausen zum Thema Wellnessindustrie zu der Aussage hinreißen, diese wäre »Prostitution für Frauen«. Bei einer Massage würde immerhin dasselbe Hormon ausgeschüttet wie beim Sex. Somit wird durch die Produktion von OT das menschliche Bedürfnis nach **Liebe, Zugehörigkeit** und **Zuneigung** befriedigt, was wiederum zu mehr Selbstbewusstsein führt.

Die Forschung weiß heute außerdem, dass das Androgenniveau (also das männliche Sexualhormon) Auswirkungen auf das sexuelle Interesse der Person hat. Je höher der **Androgenspiegel,** desto höher das sexuelle Interesse und vice versa.

So weit, so gut. Doch gibt es auch biologische Unterschiede zwischen Mann und Frau, die sich, außer in den spezifischen Geschlechtshormonen, auch im Verhalten äußern?

Auch wenn Publikationen mit den typischen Mann-Frau-Vorurteilen so erfolgreich waren, wirkliche biologische **Geschlechtsunterschiede,** die sich maßgeblich auf spezifisches Verhalten oder kognitive Leistungen auswirken, gibt es nach heutiger Forschung nicht. Obschon mögliche Nuancen leicht den Weg in die Presse finden, werden Erkenntnisse, in denen Männer und Frauen in Versuchen identisch sind, in der Regel nicht publiziert. Ebenso bezweifelt die evolutionäre Psychologie, dass die vielbesagte **Promiskuität** bei Männern anlagebedingt ist. Vielmehr ist sie kulturell zu suchen.

Kulturelle Entwicklung: Bub blau, Mädchen magenta

Unterschiede in typisch »männlichen« und »weiblichen« Sexualverhaltensweisen müssen deshalb in der Kulturgeschichte des Menschen ausfindig gemacht werden, doch zuvor noch ein paar interessante Fakten zum Thema Sex:

» Bei Männern steigt der Testosteronspiegel bereits an,
   wenn sie mit einer Frau sprechen.
» Je öfter man sich erotischen Reizen aussetzt, desto mehr
   nimmt die emotionale Reaktion darauf ab (Suchtcharakter).
» Je häufiger man von schönen Menschen umgeben ist oder
   sich Bilder von diesen ansieht, desto unattraktiver findet
   man seinen eigenen Partner.
» Der Konsum von Erotik- oder Pornofilmen steigert
   die sexuelle Unzufriedenheit mit dem Partner.
» Sex findet im Kopf statt. Durch einen Unfall querschnitts-
   gelähmte Menschen empfinden nach wie vor sexuelles
   Verlangen, auch wenn in ihren Genitalien kein Gefühl
   mehr besteht.

Ich habe in einem Antiquariat ein Buch über Sexualität und Geschlechtsbeziehungen erstanden, das im Jahre 1954 gedruckt wurde. Es heißt MENSCH. GESCHLECHT. GESELLSCHAFT, herausgegeben von Dr. Dr. H. Giese und Dr. A. Willy. An diesem Buch arbeiteten viele bekannte Wissenschaftler, Ärzte und Autoritäten, wie Simone de Beauvoir, André Binet, Alfred C. Kinsey, Max Marcuse und Bertrand Russell, mit. Alleine das Inhaltsverzeichnis ist äußerst aufschlussreich und aus heutiger Sicht wirklich amüsant, denn neben *Die Geschlechtsbeziehung, Der Geschlechtsapparat, Der Geschlechtsverkehr* findet man in Abschnitt 11: *Regelwidriges*

Verhalten. Dieses regelwidrige Verhalten umfasst neben *Sadismus und Masochismus* und *Die lesbische Frau* auch *Über die Prostitution, Dirnen und Hetärentum* sowie *Der homosexuelle Mann.*

Nur anhand dieser Gliederung wird schon sehr deutlich, wie stark Auffassungen – gerade zum Thema Sexualität – kulturellen Schwankungen und dem jeweiligen Zeitgeist unterliegen. Neben **promisken** Frauen waren es männliche **Homosexuelle,** die in der Vergangenheit besonders geächtet wurden und nach wie vor werden – auch in unseren Breitengraden. Dabei waren beide zu Zeiten des antiken Griechenlands weitestgehend geduldet, Hetären bewundert und Homosexualität sogar etwas Erstrebenswertes. Wie ich später in Volkmar Siguschs Buch GESCHICHTE DER SEXUALWISSENSCHAFT lesen konnte, war Giese der Initiator der ersten sexualwissenschaftlichen Tagung, auf der die DGfS (Deutsche Gesellschaft für Sexualforschung) gegründet wurde. Das erklärt zumindest den hohen Anteil an qualifizierten, anerkannten Autoren in seinem Buch.

Friede, Freude, Frauen und Lust: das Matriarchat

Im Anfang war das **Matriarchat** und man sah, dass es gut war. Die Menschen wussten noch nicht viel über die Entstehung eines Kindes im Mutterleib und so gingen sie von einem Wunder aus. In den frühen **Naturreligionen** besaß die Frau alle Wertschätzung, denn nur sie alleine war zum Erhalt der Menschheit fähig. In ihrem Bauch wuchsen wie durch Zauberei kleine Menschenbabys heran. Der Zusammenhang zwischen Geschlechtsverkehr, dem männlichen Ejakulat und der darauf folgenden Schwangerschaft war den Menschen nicht klar. Es war die Zeit, als Gesellschaften den **Göttinnenkult** praktizierten. Und wer stand den Göttinnen näher als Frauen?

Das Matriarchat, so die Befunde, war über (fast) die gesamte Weltbevölkerung verteilt und auch heute noch gibt es Kulturen, die in matrilinearer Folge leben. Der Pionier der Matriarchatsforschung, Johann Jakob Bachofen, brachte 1861 ein Buch mit dem Titel DAS MUTTERRECHT heraus. Wann genau und wie das Matriarchat durch das Patriarchat abgelöst wurde, ist noch unbekannt. Die Theorien beruhen auf unterschiedlichsten Ansätzen, weshalb ich auf Spekulationen an dieser Stelle verzichten möchte. Es gibt vehemente Leugner des Matriarchats, aber auch Kritiker, die der Meinung sind, eine solche Kultur dürfe nicht wiederkommen. So machte ich im männlichen Bekanntenkreis die Probe aufs Exempel und berichtete von meinen neuen Erkenntnissen. Bei wirklich allen Herren löste das ein und dieselbe Reaktion aus: So etwas darf es aber nicht wieder geben, dann unterdrücken die Frauen ja die Männer. Das fand ich doch sehr interessant, da diese Aussage im Umkehrschluss bedeuten würde, diese Männer sind sich darüber im Klaren, was derzeit noch gang und gäbe ist, wenngleich natürlich viel subtiler: Frauen sind noch immer nicht mit Männern auf einer Stufe angekommen. Hinter ihren Antworten steckten also gewisse Ängste, in erster Linie vor Machtverlust.

Dabei ist das Matriarchat keine Frauenherrschaft über Männer, es ist das **Mutterrecht,** so wie das **Patriarchat** das **Vaterrecht** ist. Eine Frauenherrschaft, wie sie in den Fantasien mancher Menschen existiert, hat es in der Tat nie gegeben. Mutterrecht heißt also konkret, dass die Stammeslinie entlang der Mutter führt, was vielerlei Auswirkungen mit sich bringt. Eine Kultur, an der man heute noch besonders gut sehen kann, wie frühere Völker im Matriarchat gelebt haben, sind die Minangkabau auf Sumatra. Ganz allgemein geht es darum, dass im Matriarchat der Besitz, das heißt in erster Linie Land und Güter, in der Frauenlinie weitervererbt wird. Die (erwachsenen) Kinder wohnen bei den Müttern, allen voran die Töchter. So leben in einer Sippe so viele Personen, wie das Haus tragen kann, von der Großtante über die Tante, die Mutter und die Kinder – alle von derselben Großmutter abstammend. Die Frauen suchen sich die Männer aus, mit denen sie gerne intim werden möchten, allen voran die Mosoufrauen in China. Es existieren auch Ehen, jedoch lebt das Ehepaar nicht im gemeinsamen Haushalt. Der Ehemann bleibt meist im Hause seiner Mutter wohnen. Das Erbe der Frau geht auf ihre Kinder über und wenn diese nicht mehr leben, auf ihre Geschwister.

Das Matriarchat und die Sexualmoral

Es ist nicht schwer, sich vorzustellen, dass ein modernes Problem, nämlich das der Bestimmung der **Vaterschaft,** im Matriarchat nicht existiert. Da außerdem die Vererbung in der Mutterlinie bleibt und auch der Besitz innerhalb der Ehe nicht geteilt wird (im Sinne einer Zugewinngemeinschaft) sowie die Erziehung der Kinder in erster Linie von der Sippe (mütterlicherseits) übernommen wird, stellt sich die Frage nach der monogamen Lebensweise wenig bis gar nicht. Die Frauen sind von ihren Männern finanziell unabhängig und mögliche Repressionen gegen sie blieben folglich wirkungslos. Dort jedoch wo sich alles nach dem Vater richtet und er maßgeblich für seine Frau und (seine) Kinder (finanziell) sorgt, dort wo der Besitz des Vaters weitervererbt wird und in der Vergangenheit meist nur an die Söhne vererbt wurde (da die Töchter sowieso eines Tages die Familie verlassen, um zu heiraten), ist es viel notwendiger, zu kontrollieren, dass das Hab und Gut in Familienbesitz bleibt. Man wollte also unter allen Umständen vermeiden, dass man fremde Kinder ernährt und großzieht. Wie will diese Kontrolle nun erfolgen? Im Matriarchat stellt sich diese Frage nicht. Im Patriarchat ist die Konsequenz eine rigide und doppelte **Sexualmoral,** in der die Frau noch »unberührt« in die Ehe gehen muss und im weiteren Verlauf treu zu sein hat. Nur so lassen sich die Kinder eindeutig dem Vater zuweisen.

Existiert Prostitution im Matriarchat?

Prostitution existiert im Matriarchat somit nicht in der Form, wie wir sie heute kennen. Das beweist auch die Tatsache, dass matriarchale Gesellschaften kein Wort für Prostitution haben. Es ist schlichtweg nicht vorhanden. Frauen waren und sind bereits im Besitz des Erbes, zudem unterliegen sie keinen moralischen Dogmen und können ein relativ freies Liebesleben führen, ohne dafür verurteilt zu werden. Welchen Sinn würde für sie also die Prostitution machen? Sie haben ja schon alles. Sowohl sinnlichen Sex als auch Geld.

Vor diesem geschichtlichen Hintergrund vermag man die Kritik an der Prostitution von einigen **Feministinnen** verstehen, da sie dieses gesellschaftliche Phänomen als ein Symptom des Patriarchats wahrnehmen, was die Forschung ebenso bestätigt. Nur was nützt es Prostituierten, die sich freiwillig und bewusst zu dieser Tätigkeit entscheiden, wenn ihnen Steine in den Weg gelegt werden? Wenn ihnen permanent unterstellt wird, was sie tun wäre **frauenverachtend?** Ist es nicht auch frauenverachtend, permanent an deren Selbstbestimmtheit und Entscheidungskraft zu rütteln? Auch die Entscheidung als Prostituierte zu arbeiten, ist eine getroffene Wahl und somit Ausdruck von **Selbstverantwortung** und damit wieder von wahrer **Emanzipation.** Bei einer Aversion gegen das Patriarchat sollte man genau an dieser Stelle ansetzen und nicht versuchen, an den Symptomen herumzubasteln.

Wie entstand die Heilige und die Hure?

Die doppelte Moral stellte sich, wie oben kurz beschrieben, also nach und nach mit Beginn der Vaterschaftskulturen ein. Die Männer waren daran interessiert, dass ihre Frauen ausschließlich mit ihnen Sex hatten, gleichwohl wollten sie auch mit anderen Frauen schlafen. Wer sollten nun diese anderen Frauen sein, wenn jede Frau sich irgendwann einen Ehemann nimmt und bis dahin keusch leben musste? Man war also gezwungen zwischen *ehrbaren, lustlosen* und *ehrlosen, lustvollen* Frauen zu unterscheiden. Es entstand die **Doppelmoral** der züchtigen Heiligen und der unzüchtigen Hure. Die »**Unzucht**«, deren Tamar (AT) beschuldigt wurde und die in der Nähe der Soldatenstützpunkte Einzug hielt, entstammt dem Wort »züchtigen«. Die Huren ließen sich als freie Frauen nicht züchtigen und unterwerfen. Somit waren sie die Unzüchtigen.

Diese Entwicklung wurde unterstützt von den immer besseren Erkenntnissen über Zeugung und Geburt. Den Menschen wurde irgendwann klar, dass das männliche Sperma den Samen enthält, und ähnlich wie beim Ackerbau ging man nun davon aus, dass der Mann, vergleichbar dem Bauern, derjenige ist, der den Samen in die Frau bringt. Ihre Aufgabe ist lediglich die des fruchtbaren, aber passiven Ackerbodens, der den Samen heranwachsen lässt. Die Vorstellungen gingen sogar so weit, dass man sich den Samen als winziges Menschlein, einen »Homunculus«, ersonn. Der Mann wurde somit zum Erhalter der Art, die Funktion der Frau hierbei marginalisiert bzw. völlig außer Acht gelassen, was sich in einer entsprechend frauenfeindlichen Stimmung niederschlug.

Durch diese wesentliche Veränderung der Weltanschauung geriet auch der ursprüngliche Fruchtbarkeitsgöttinnenkult der **Naturreligionen** in einen Konflikt, so dass aus den freizügigen nun keusche Göttinnen wurden. Der bis heute bekannte und gelebte Marienkult (die heilige Jungfrau Maria) ist nur ein Beispiel von vielen. Einfluss auf diese Entwicklung hatten auch bereits in patriarchalen Strukturen lebende große Philosophen, die Körper und Geist strikt trennten, allen voran Platon und Seneca. Für Platon war »*der Leib eine Fessel, geradezu ein Übel für die Seele, also etwas, das nicht sein sollte und deshalb besser nicht wäre. Der Gebrauch des Körpers hat bei nahezu allen Menschen eine Verunreinigung der Seele im Gefolge.*« (Zit. n. Denzler 1991).

Zusammenfassend in Kurzform: Ursprünglich frauenverehrende Naturreligionen im Mutterrecht (Sexualität als kultische Handlung zu Diensten der Göttin, Körper und Geist eine Einheit) wurden durch männerdominierte Erlöserreligionen im Vaterrecht (Sexualität zur Fortpflanzung, Körper und Geist getrennt, Vatergott, Sohn Gottes) ersetzt. Die kultisch-erotische Handlung und der lustvolle Umgang mit Sexualität in den Tempeln wurde – durch die Trennung von Körper und Geist und damit einhergehend durch die Spaltung der Frau in Heilige und Hure – immer mehr zur Prostitution im heutigen Sinne: etwas Verwerfliches und ausschließlich den körperlichen, negativen Trieben Dienendes. Da Sexualität so zu etwas Vermeidenswertem wurde, der Mann sich selbst aber nur schlecht im Griff hatte, suchte er eine Ursache des Übels und fand es schließlich: in der Frau.

Die Ursache des lustvollen Übels: die Frau

In der Bibel wird die **Erbsünde** maßgeblich von eben einer solchen Frau, nämlich Eva, über die Menschen gebracht, da sie die Erste war, die sich verleiten ließ. Sie war es auch, die anschließend Adam verführte. Diese Auffassung von **Verführung** und **Sünde** ist bis heute erhalten!

Nach der Meinung vieler Menschen ist die Frau und somit auch die Prostituierte diejenige, die den Mann verführt. Würde sie nicht existieren, wären die Männer treu. Überhaupt wären die Männer treu, würden andere Frauen sie nicht permanent verführen. Der Mann wird dadurch zum passiven, unschuldigen Wesen, das sich ständig gegen das aktive, fast schon aggressive und körperlich betonte Werben der Frau verteidigen muss. Diese Auffassung wird aber meist dann verfolgt, wenn das Kind schon in den Brunnen gefallen ist, also um ihn im Nachhinein von seiner Verantwortung zu befreien.

Im Voraus sind es nämlich erstaunlicherweise die Frauen, die bereits in der Erziehung die Anweisungen erhalten, sich nicht so schnell auf »den Erstbesten« einzulassen und ihre **Jungfräulichkeit** nicht zu verschenken. Heute ist in unserer westlich-aufgeklärten Kultur die Jungfräulichkeit zwar kein zwingendes Heiratskriterium mehr, doch eine Frau, die sich in ihrer Jugend die Hörner abgestoßen hat, wird nach wie vor von den (meisten) Schwiegereltern nicht gerne gesehen.

Die Hochform der weiblichen Verführung und gleichzeitig die Angst davor findet sich heute in der Burka wieder, wobei nicht ganz klar ist, wer nun vor wem geschützt werden soll: die Frauen vor den Männern, die sich nicht im Griff haben, oder die Männer vor den Frauen, die sie immer nur verführen wollen?

Ich meine, es wird aus den obigen Erklärungen sehr deutlich, wie die heutige **Sexualmoral** entstanden ist. Doch ich möchte Ihnen gerne noch ein paar anschau-

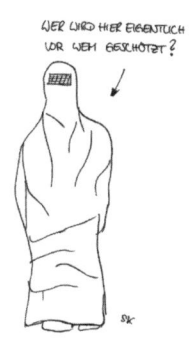

DIE BURKA

WER WIRD HIER EIGENTLICH VOR WEM GESCHÜTZT?

liche Beispiele, konkrete Fälle und Aussagen aufzeigen, wie sich im Detail die neue, doppelte Sexualmoral auf die Frauen auswirkte.

Sex ist doch kein Vergnügen!

Der Vergleich der Frau mit dem Ackerboden wurde nicht nur dazu benutzt, die Aufgabe der Frau zu marginalisieren, sie wurde auch dafür hergenommen, Sexualität an sich zu bewerten. So sollten die Menschen – wie bei der Aussaat – auch nur noch dann miteinander verkehren, wenn am Ende ein Kind daraus entsteht. Das heißt, die intime Zweisamkeit war nur noch gestattet, wenn man ernsthafte **Zeugungsabsichten** hatte.

Erlaubt war Sex (ca. 200 n. Chr.) also nur während der Empfänglichkeit der Frau. Außerhalb dieser fruchtbaren Zeit sollten Männer und Frauen wie Bruder und Schwester miteinander leben. Taten sie dies nicht, wurde der Mann des Ehebruchs bezichtigt, da er mit seiner Frau »*wie mit einer Dirne verkehrt*«. Die sexuelle **Askese** (Enthaltsamkeit) wurde vom Kirchengelehrten Aurelius Augustinus (354–430) auf die Spitze getrieben. Er vertrat die Auffassung, dass der Akt auch zwischen Ehemann und Ehefrau verderbt war. Ein Neugeborenes musste deshalb zur Taufe, um sich von den Sünden seiner Eltern reinwaschen zu lassen. Auch Papst Gregor der Große (590–604) meinte: »*Ehelicher Geschlechtsverkehr ist immer sündhaft, weil die Lust ihn befleckt.*« Besonders große Laster zu dieser Zeit waren die **Homosexualität** und die **Selbstbefriedigung,** da »*die Geschlechtskraft nicht sinnlos vergeudet werden dürfe. Aus diesem Grund bewerten sie auch die Selbstbefriedigung [Masturbation] als Sünde*« (Denzler, 1991). Sowohl die Homosexualität als auch die Selbstbefriedigung störten noch immer zur Zeit Thomas von Aquins (1225–1274). Er war der Meinung, Geschlechtsverkehr dürfe ausschließlich mit dem Ziel der Zeugung (also immer mit dem männlichen **Orgasmus** abschließend, aber nicht um Spaß zu haben), mit dem richtigen Partner (nicht mit einem gleichgeschlechtlichen) und in der richtigen Weise (also kein Oral- oder Analverkehr) ausgeübt werden. Etwas weniger schlimm war seiner Auffassung nach Verkehr mit dem falschen Partner des anderen Geschlechts, also bei **Vergewaltigung, Ehebruch** oder **Inzest.**

Dass katholische Geistliche im Zusammenhang mit dieser repressiven Sexualmoral im **Zölibat** leben mussten, erscheint nun selbstverständlich. Doch das war nicht zwingend der einzige Grund. Die weitere und weitaus maßgeblichere Begründung war: Die katholischen Kirche wollte ihren Besitz erhalten und ihn nicht durch Kinder oder Erbschaftsansprüche verlieren. Da jedoch einige Geistliche gegen das Zölibat verstoßen, wurden und werden auch heute noch Mütter von Kindern mit Geistlichen oft mit einem Schweigegeld ausbezahlt. Der SPIEGEL berichtete hierzu unter anderem im Jahr 2002 über GOTTES HEIMLICHE KINDER.

Wenngleich das Christentum heute keinen Einfluss mehr auf unsere Gesetzgebung hat und nur Sexualtaten illegaler Art strafrechtlich verfolgt werden, ist trotzdem spürbar, welche Auswirkungen bis heute vorliegen. Die Geschichte schwebt noch immer durch Erziehung in unseren Köpfen. Und nicht nur durch Erziehung. Auch der Orgasmus beim Mann ist bei vielen Paaren heute noch das Finale des fröhlichen Liebesspiels.

Was wurde erreicht mit sexuellen Repressionen?

Sexualität wurde zu etwas Vermeidbarem, das schnell und ohne Lust, lediglich zur Erfüllung eines Zwecks ausgeführt werden sollte. Der Mensch ist in seinen sinnlich erotischen Fähigkeiten quasi verkrüppelt. Das beste Zeugnis ist die moderne **Pornoindustrie.** Der **Eros** wurde über Jahrtausende vom **Sexus** getrennt und an dieser Stelle möchte ich gerne Schubart zitieren, der diesen Sachverhalt wunderbar auf den Punkt bringt:

»Mit Entsetzen gleitet der kundige Blick über das Trümmerfeld der Verwüstung, das die christliche Askese geschaffen hat. Er nötigt zur Erkenntnis, dass es neben Askese keine Erotik gibt, wohl aber Sexualität, keinen erotischen Idealismus, wohl aber geschlechtlichen Naturalismus. Dieser ist die Kehrseite der Askese, wer sie bejaht, muss auch ihn bejahen. Wer den Eros ächtet, verfällt dem Sexus [...] nichts macht von der Begierde abhängiger als der befohlene Kampf

gegen sie [...] die Askese tötet nicht den Sexus, sondern den Eros, den Sexus kann sie nicht töten; daher ist die Geschichte der Askese eine Geschichte sterbender Erotik und zugleich ein Verzeichnis schwelender Begierden.«

Es ist nicht erstaunlich, wenn sämtliche die Erotik betreffenden Fähigkeiten, also Sinnlichkeit, Verführung, Hingabe, Leidenschaft und **Genussfähigkeit,** oftmals abhandengekommen sind – bei Ehemännern und bei Ehefrauen und in der ganzen Gesellschaft. Die Personen, die ganz offiziell diesen Lüsten frönen durften, von denen sogar erotisches Geschick erwartet wurde, waren die Huren – zu jeder Zeit, in jeder Kultur. Sie sind Sinnbild der **Verführung** (Evasyndrom!) und der **Leidenschaft.** Und so schließt sich der Kreis.

Verdrängung der Lust: Heilige und Hure

Ich denke, all diese zuvor genannten Beispiele zeigen sehr deutlich, was passiert, wenn man versucht den Sexualtrieb zu unterdrücken, ob bei sich selbst oder bei anderen. Sigmund Freud füllte damit seine Bücher. Hätten nicht so viele Menschen unter der rigiden **Sexualmoral** leiden müssen, mutete dieses Theater fast schon komisch an. Die Heilige kann es nur geben, wenn es die Hure gibt, die sich der unbefriedigten Bedürfnisse annimmt. Man spaltet das Wesen der Frau in diese beiden Teile, so wie man den Körper von der Seele versucht(e) abzutrennen. Die Heilige wird dabei auf einen Sockel gestellt, die Hure im gleichen Atemzug erniedrigt. Das passiert, weil die Sexualität an sich etwas Schmutziges darstellt. Um sich selbst von diesem Schmutz zu befreien, personalisiert man ihn in der Hure, um ihn anschließend dort bekämpfen zu können **(Sündenbocksyndrom).**

Was passiert mit Menschen, wenn sie Dinge an sich nicht wahrhaben wollen? Wenn Männer ihre Sexualität versuchen zu bekämpfen, weil sie Sünde ist (ja, auch Männer leiden darunter) oder weil sie »seltsame« Wünsche haben, die sie zu Hause nicht aussprechen möchten? Die Heilige zu Hause soll nicht mit wilden Sexfantasien belästigt werden. Dafür gibt es die anderen Frauen, die lustvollen Frauen, die »Verdorbenen«. Und was passiert mit Frauen, die sich nicht trauen ihre sexuellen Wünsche auszusprechen, die lieber lange leiden, weil sie nicht wie »eine Hure« sein möchten? Sie sehen lieber verachtend auf die Huren herab, auf die, die sich vergnügen dürfen – ganz offiziell.

Doch nicht nur das!

Die Hure: Opfer oder richtiges Luder?

Ich habe eine junge Frau eines Tages wohl erheblich vor den Kopf gestoßen, als sie mich fragte, ob es denn arg schlimm gewesen wäre, die Zeit im Escortservice. Ich musste schmunzeln und entgegnete ihr offen: »Ganz im Gegenteil sogar. Die Tätigkeit als Escortdame hat mein Leben unglaublich bereichert.« Daraufhin zog sie die Augenbrauen hoch, blickte mich etwas verstört an und fragte entsetzt: »Ach ja? Das hat dir auch noch Spaß gemacht?«

So wird also selbst die Hure nochmals gespalten: Einmal in ein Opfer, das es nur tut, um beispielsweise die Kinder zu ernähren oder die Schulden zu bezahlen und selbstverständlich, weil es sonst nichts anderes gelernt hat oder aus einem schwierigen Elternhaus kommt. Und zum Zweiten in die Hure, die eine richtige Hure ist, also ein richtiges **Luder,** die nicht auf den Kopf gefallen ist, sich die Männer womöglich noch heraussucht und Spaß dabei hat. Ja wo gibt's denn so was!? Mit ersterer kann man wenigstens noch Mitleid haben, doch bei letzterer ist alles zu spät. Die ist von Natur aus *wirklich* verdorben!

3 Das Vorurteil – 3fach gefährlich

3 Das Vorurteil –
3fach gefährlich

Da sexuell aktive Frauen noch heute vorverurteilt und diskriminiert werden, möchte ich das Vorurteil näher betrachten. Gleichzeitig stellt sich die Frage: Warum stört es den Menschen überhaupt, wenn er verurteilt wird und was macht das mit ihm?

Der Mensch steht als soziales Wesen inmitten gesellschaftlicher Einflüsse. Eine der größten Motivationen für den Menschen schlechthin sind **Anerkennung** und **Liebe.** Seine größten sozialen Bedürfnisse sind die nach Zugehörigkeit, Anerkennung, Akzeptanz und Liebe. Bleiben diese auf lange Sicht aus oder wird ein Mensch zusätzlich noch angegriffen, sei es verbal oder körperlich, hat das Ganze massive Auswirkungen auf sein Selbstwertgefühl und damit langfristig auch auf seine Gesundheit. Fühlt er sich hingegen akzeptiert, zugehörig und geliebt, wächst sein **Selbstwertgefühl** und damit die Lebenstüchtigkeit. Ein emotional starker Mensch ist in der Lage, auch mit unvorhergesehenen Problemsituationen fertig zu werden. Er besitzt stabile eigene **Ressourcen,** um Konflikte bewältigen zu können. Wie viel der Mensch bereit ist, für Liebe und Anerkennung zu geben, weiß die Konsumgüterindustrie. Jahr für Jahr werden Milliardenbeträge ausgegeben, um dem aktuellen **Schönheitsideal** und sonstigen Erwartungen zu entsprechen.

Man glaubt es kaum, doch Prostituierte werden nicht nur von der Gesellschaft diskriminiert, sondern oft, auf subtile Art und Weise, auch von ihren Kunden. Diese mögen sich als besonders fürsorglich fühlen, wenn sie Frauen Dinge fragen wie: Warum hast du so etwas nötig? Warum machst du nicht einen besseren Job? Du bist doch intelligent, warum machst du das? Und so weiter. Diese Fragen implizieren eine negative Wertung. Der Fragende erhebt sich in diesem Moment über sie, verurteilt ihren Job und gleichzeitig sie als Person.

Warum verurteilen selbst Kunden?

Ein häufiger Grund ist, dass Männer selbst ein solch schlechtes **Gewissen** haben, ihr Tun sei falsch und schmutzig, dass sie dieses auf die Sexdienstleisterin übertragen. Er fühlt sich schlecht in seinem Tun, da von der Gesellschaft auch ihm eingetrichtert wurde: Sex ist schmutzig. Was du tust, ist böse.

Um sich ein Stück weit von diesem Schmutz zu befreien, kann er ihn mit der Frau teilen. So ist er nicht alleine derjenige, der gegen gängige Moralvorstellungen verstößt: Geteiltes Leid ist halbes Leid. Und da er sich schlecht und schmutzig fühlt, müsse sie sich folglich auch schlecht und schmutzig fühlen. Dieses Phänomen nennt die Psychologie den **Abwehrmechanismus »Projektion«.** Die eigenen Bedürfnisse und Wünsche, aber auch Ängste werden anderen Personen zugeschrieben, weil man sie an sich selbst nicht wahrhaben möchte und sie im Unbewussten Angst machen bzw. ein persönliches Unbehagen hervorrufen. Dieser Abwehrmechanismus passiert im Übrigen tagtäglich in den unterschiedlichsten Situationen. Achten Sie einmal darauf! Man darf daraus jedoch nicht ableiten, diese Männer würden sich zu einer Prostituierten quälen. Gerade die Diskrepanz zwischen erstrebenswertem und zu vermeidendem Verhalten ist für viele Männer erst der Kick.

Nichtsdestotrotz wird dieses Verhalten des Kunden noch maßgeblich verstärkt durch die Tatsache, dass Prostituierte bereits einer diskriminierten Minderheit angehören. Und in seinen Sätzen stecken bereits so viele **Vorurteile,** mit denen Sexarbeiterinnen von jeher konfrontiert werden.

Ich greife noch einmal diese fast banalen Sätze auf und zeige, wie viel Verletzung in ihnen stecken kann:

» *Warum hast du so etwas nötig?* – Das Wort nötig kommt von Not: Aus einer Not heraus Dinge zu tun, bedeutet, es nicht freiwillig zu tun. Dem Menschen wird dadurch das Recht auf sexuelle Selbstbestimmung schlichtweg abgesprochen. Man degradiert ihn zum Opfer

» *Warum machst du nicht einen besseren Job?* – Besser impliziert, ihre Tätigkeit ist schlechter. Schlechter als was? Als alle anderen Jobs?

» *Du bist doch intelligent, warum machst du das?* – Die Tätigkeit wird mit Dummheit in Verbindung gebracht. Intelligente Frauen würden nach Meinung des Herrn eine solche Tätigkeit nicht ausüben

Es gibt allerdings Kunden, die ernsthaftes Interesse an der Dame zeigen, indem sie neutrale Fragen stellen. Hier liegt es ganz an der Frau selbst, wie sie diese auffasst und bewertet. Was für die eine Dame schmeichelnde Aufmerksamkeit an ihrer Person bekundet, ist für eine andere bereits tiefes »Mindfucking« und ein unerwünschtes Eindringen in die Persönlichkeit.

Klischees: Die machen's doch mit jedem!

Um diese und auch andere Vorurteile über Liebesdamen und deren Kunden einmal zusammenzufassen, hier die Liste mit den gängigsten **Klischees:**

Prostituierte
» machen's alle nur des Geldes wegen
» müssen sich dazu überwinden
» müssen sich von jedem Mann anfassen lassen
» dürfen nicht »nein« sagen, denn dazu sind sie schließlich da
» lassen sich von den Männern erniedrigen
» leben über ihre Verhältnisse
» müssen den Schund über Konsum kompensieren
» können nicht mit Geld umgehen
» haben Schulden
» sind beziehungsunfähig
» gehen über Leichen für Geld
» haben kein Gewissen, keine Moral
» zerstören Familien
» bringen Krankheiten unters Volk
» sind selbst unhygienisch und krank
» sind zu dumm, etwas anderes zu tun
» sind dumm, denn dumm f... gut

» sind zu faul, etwas anderes zu tun
» haben keinen Schulabschluss oder keine Ausbildung
» erkennt man sofort an ihrem Äußeren »*das sieht man denen an*«
» sind Außenseiter, mit denen will doch
   niemand etwas zu tun haben
» haben im Hintergrund einen Zuhälter,
   denn freiwillig macht das keine
» nehmen Alkohol und Drogen, um das durchzuhalten
» bewegen sich in kriminellen Milieus
» belügen sich selbst und machen sich selbst was vor
» wurden in der Kindheit vergewaltigt oder misshandelt
» machen Frauen durch ihre Dienste allgemein zu Sexobjekten
» fördern im Mann den Sex-Trieb
» müssen nach jedem Kunden lange duschen,
   um »den Dreck« abzuwaschen
» haben eine gespaltene Persönlichkeit
» wünschen sich eigentlich einen Partner, der sie liebt
» wollen alle raus da
» verkaufen ihren Körper an Männer und ihre Seele an den Teufel
» müssen nur die Beine spreizen
» sind psychisch krank, denn der Job hinterlässt Spuren
» sind schon »ausgeleiert«
» empfinden nichts mehr beim Sex
» sind emotional abgestumpft
» bedienen potentielle Vergewaltiger

Kunden
» kriegen anders keine ab
» sind schlechte Liebhaber
» haben abartige Wünsche
» sind hässlich, alt und fett
» behandeln Frauen respektlos
» sind kleine Würstchen, Luschen
» haben Minderwertigkeitskomplexe
» können mit »richtigen« Frauen nichts anfangen
» haben Angst vor »richtigen« Frauen
» kaufen sich Frauen, kaufen sich überhaupt alles mit Geld

» sehen in Prostituierten nur ein Stück Fleisch mit einem »Loch«
» behandeln Prostituierte abschätzig und von oben herab
» kaufen sich Liebe und Zuneigung
» haben ihre Triebe nicht im Griff
» sind potentielle Vergewaltiger, Gewalttäter
» können Kindern gefährlich werden

Wow, das ist doch einmal eine satte Liste! Viele der aufgeführten Argumente widersprechen sich übrigens deutlich. Doch das ist exakt eines der Problematiken, wenn es um negative Vorurteile geht. Sie sind *unlogisch!* Wie: Sie müssen sich nach jedem Kunden lange den Dreck abwaschen und sie sind unhygienisch. Ja was denn jetzt?

Waschzwang oder Bakterienschleuder?

Das ist ein Phänomen im Rahmen der Sozialpsychologie zum Thema Vorurteile: *Die Logik versagt.* Menschen mit Vorurteilen nehmen durch ihre selektive Wahrnehmung nur noch das wahr, was in ihr Klischeedenken passt. Und sollte es so widersprüchlich sein wie oben benannt, dann wird am Waschen kurzerhand noch etwas Negatives gesucht: um sich den Dreck abzuwaschen. Wobei ich mich frage: Welchen Dreck denn eigentlich? Ist der Mann an sich Dreck oder nur sein Schwanz oder das, was da rauskommt? Na ja, jedenfalls passt es dann wieder. Alles, was nicht ins Vorurteil passt, wird einfach passend gemacht. So einfach ist das!

Wie später noch ausführlich beschrieben wird, setzt sich das Vorurteil aus drei Komponenten zusammen. Mit all diesen aufgeführten Klischees gehen zudem Gefühle der Verurteilenden einher. Meist sind es Gefühle des Ekels, der Angst, des Hasses, der Wut, des Neids, der Eifersucht etc. pp. und im weiteren Verlauf werden durch diese inneren Vorgänge Handlungen ausgelöst, die sich in Ablehnung, Verachtung, Geringschätzung, Misstrauen, aber auch verbalen Attacken, Beschimpfungen bis hin zu Tätlichkeiten, Körperverletzung und Mord äußern können. Diese auf Vorurteilen basierenden schädlichen Handlungen nennt man **Diskriminierung.**

Einfach: Schublade auf, rein und zu

Wie funktioniert die **Diskriminierung** in der Psychologie? Warum wird überhaupt diskriminiert und eine bestimmte Gruppe von Menschen als wertlos erachtet?

Ein kurzer Überblick:

Der erste Schritt, der dazu führt, dass am Ende überhaupt diskriminiert wird, ist die Bildung von **Gruppen,** auch *Kategorisierung* genannt. Erst werden bestimmte Menschen in Gruppen gepackt und diese benannt. Die größte Kategorie, die existiert und auch diskriminiert wird, ist *die Frau.* Konkret betrifft diese Kategorisierung die Hälfte der Menschheit. Doch nicht nur nach Geschlecht kann gruppiert werden, auch nach der sexuellen Ausrichtung: *die Homo-*

sexuellen, oder nach der Nationalität: *die Türken, die Italiener, die Chinesen,* auch nach der Religionszugehörigkeit: *die Juden.* Und zu guter Letzt sind es, um beim Thema zu bleiben, *die Prostituierten* und die Kunden der Prostituierten: *die Freier.*

Die Kategorisierung an sich stellt vorerst noch kein Problem dar, sofern neutral oder freundlich über diese Gruppen gesprochen wird: Die Großeltern machten Urlaub in der Türkei und berichteten anschließend davon, wie gastfreundlich doch *die Türken* waren.

Problematisch wird es erst, wenn die Gruppen negativen Vorurteilen ausgeliefert sind. Dieser Ausdruck von bestimmten Einstellungen gegenüber ganzen Gruppen und deren einzelnen Mitgliedern nennt man *Generalisierung.* Es wird also auf Grund von wenigen Erfahrungen mit einzelnen Gruppenmitgliedern auf die gesamte Gruppe geschlossen und hierbei *unzulässig verallgemeinert.*

Da die Ablehnung einer Gruppe erbarmungslos sein und sich in Extremen äußern kann, wie Hass und Mord, bis hin zum Völkermord, zählt das Vorurteil zu der am weitesten verbreiteten und *gefährlichsten sozialen Verhaltensweise.*

Gruppenbildung: Wir sind besser als ihr

Die Gruppenbildung ist meist oder eigentlich immer, wenn man von der Mann-Frau-Gruppierung absieht, ein Verhältnis von *Mehrheit und Minderheit* zu Ungunsten letzterer. Außerdem ist ein ganz spannender Mechanismus in der Gruppenbildung der der *normativen Konformität.* Gehört man erst einer Gruppe an – und jeder gehört in einer Gesellschaft diversen Gruppen an –, versucht man speziell in der eigenen Gruppe deren gängige Normen umzusetzen. Warum das so ist? Die Stichworte lauten auch hier wieder: *Anerkennung* und *Selbstwertgefühl.* Die normative Konformität trifft vor allem auf Menschen mit wenig **Selbstliebe** und **Selbstwertgefühl** zu. Diese Menschen vermeiden es strikt, mit anderen anzuecken, sondern passen sich lieber an. Sie leben konform, angepasst und schwimmen lieber mit dem Strom.

»Der Mensch versucht sein Selbstwertgefühl zu stärken, indem er sich mit bestimmten sozialen Gruppen identifiziert. Das funktio-

niert jedoch nur, wenn diese Gruppen seiner Ansicht nach anderen Gruppen überlegen sind« (Akert, Sozialpsychologie). Man kann sich vorstellen, dass durch diesen Automatismus die Fronten von gegensätzlichen Gruppen erst recht verhärten. Und wenn es zu Konflikten kommt, ergreift man in der Regel Partei für seine eigene Gruppe, auch wenn es völlig unlogisch ist. Diese *Eigengruppenbevorzugung* kennt wohl jeder noch aus seiner Schulzeit.

Die Diskriminierung von Minderheiten ist dann besonders stark, wenn die **Ressourcen** einer Gesellschaft knapp werden oder knapp zu werden scheinen – meist sind diese wirtschaftlicher oder gesundheitlicher Natur. Demnach wurde die **Sündenbockfunktion** vor allem auch Prostituierten zuteil, sobald sich Geschlechtskrankheiten oder andere lebensbedrohliche Seuchen ausbreiteten. Der Sündenbockmechanismus funktioniert besonders gut, wenn Mitglieder von Gruppen nach außen hin sichtbar gemacht werden. Im Mittelalter wurde nachgeholfen, indem Prostituierte eine bestimmte *Kleidervorschrift* befolgen mussten, die zwangsläufig der Kennzeichnung und Stigmatisierung diente. So erkannte man die Frauen an ihrer *roten Mütze*, ihrem *gelben Schleier*, ihrem *gelben Schal* oder einer *Armbinde*. Zu Zeiten der **Hexenverbrennung** war es somit ein leichtes, Prostituierte ausfindig machen zu können. Heute gehört die öffentliche Kennzeichnung in Europa zum Glück der Vergangenheit an.

Komplex: Das gefährliche Ding näher betrachtet

Ein Vorurteil besteht aus drei Komponenten: einer kognitiven (Was denke ich?), einer emotional-affektiven (Was fühle ich?) und einer Verhaltenskomponente (Wie handle ich?). Weiter drückt sich die kognitive Komponente im Stereotyp aus (Zuschreibung bestimmter negativer Eigenschaften) und die Verhaltenskomponente (schädliche, aggressive Handlungen) in der Diskriminierung. Diskriminierung bedeutet also eine schädliche Verhaltensweise, die auf ein ablehnendes Gefühl (emotional-affektiv) und die entsprechend negativen Denkmuster (kognitiv) folgt.

Wenn Menschen mit Prostituierten konfrontiert werden, allen voran Frauen, die entsprechende Vorurteile haben, kann der Prozess folgendermaßen ablaufen:

Sie sehen an diesen überspitzten Beispielen sehr gut, wie die eigene kognitive Struktur, also das eigene Denken, auch die Gefühle beeinflusst und im Nachgang auch das Handeln. Dieser gesamte Prozess wird *von festgelegten Denkmustern ausgelöst* – bei jedem Vorurteil gegen jede Person oder Gruppe, *immer wieder aufs Neue.*

Die Diskriminierung ist also die Folge eines Denkmusters und einer Einstellung *(Stereotyp)* bestimmten Menschen gegenüber.

Wie BILDen sich Menschen Meinungen?

Wie kommt ein **Stereotyp** nun zustande? Woher haben die Leute ihre negativen Meinungen und Einstellungen gegenüber anderen Gruppen, denen sie nicht angehören?

Meinungen bilden sich manche Menschen aufgrund der **Erziehung.** Die Mutter hätte schließlich auch schon oft dieses und jenes gesagt und auch der Opa und die Großtante wären immerhin dieser Meinung. Erzogen wird man als gläubiger Mensch mehr oder weniger auch von der **Religion,** der man angehört. Es wird einem über diese höher gestellte Instanz eine ganz bestimmte **Moral** mit auf den Weg gegeben. Und wie die christliche Moral in Bezug auf promiske Frauen und Prostituierte aussieht, haben Sie bereits lesen können.

Des Weiteren ist es das Umfeld, dem man angehört, Freunde, Bekannte, Arbeitskollegen, aber auch ganz allgemein Stimmungen, (religiöse) Wert- und **Normvorstellungen** in bestimmten Ländern, in denen man lebt. Die Medien sind ebenfalls Meinungsbildner, manche werben sogar damit. Dort erfährt man durch Berichterstattungen auch einiges über Bereiche, mit denen man sonst nicht in Berührung kommt. Denn gerade das ist bei Prostituierten häufig der Fall. Wer kennt denn schon wirklich »so eine«, so dass man sich ein Urteil über sie erlauben könnte? Wer? Fast niemand hat eine Prostituierte im Bekanntenkreis – jedenfalls nicht wissentlich. Die meisten jedoch haben eine Meinung über die Branche an sich, die Personen, die darin arbeiten und deren Kunden.

Manche Menschen bilden sich aber in der Tat Meinungen auf Grund ihrer eigenen Erfahrungen. Auch das gibt es natürlich und ist sinnvoll, denn es ist nichts anderes als ein Lernprozess.

So wird die immer komplexer werdende Welt mit Hilfe der Stereotypisierung ein Stück weit vereinfacht. Gordon Allport nannte diesen Ablauf das *»Gesetz der geringsten Anstrengung.«*

Frustrierte Menschen diskriminieren häufiger

Einzelpersonen diskriminieren besonders stark, wenn sie selbst frustriert sind. In Bezug auf die Prostitution kommt verheerende Kritik oft aus der Ecke der Ehefrauen, der Partnerinnen und dem rechtskonservativen Lager. Es muss nicht zwingend heißen, dass die eigene Partnerschaft schlecht läuft, aber es kann eine gewisse Unsicherheit sein, nicht zu wissen, ob der Partner den rigiden Treuevorstellungen auch nachkommt oder ob ihn der eingeschlafene Sex zu Hause vielleicht zu einer Liebesdame führt – zumal sich ein unbefriedigtes Sexualleben wieder auf die eigene Unzufriedenheit auswirkt.

Viele Partnerinnen empfinden es auch als besonders einfach, dass Männer lediglich Geld bezahlen müssen, um Sex mit einer anderen Person haben zu können. Diese Verfügbarkeit lustvoller Frauen ruft in ihnen eine gewisse Hilflosigkeit hervor. Dabei könnte das Geld doch auch eine Hürde sein, oder nicht? Wie viel müssen Frauen bezahlen, wenn sie auf der Suche nach unverbindlichem Sex sind? Ich meine, nichts. Sollten sich die Männer darüber nicht auch einmal beschweren?

Doch es sind nicht nur verheiratete oder vergebene Frauen, die sich despektierlich gegenüber Prostituierten verhalten und äußern. Lustvolle, promiske Frauen und erst recht Prostituierte wirken auf ihre Geschlechtsgenossinnen oft bedrohlich.

Männer hingegen sind, sofern alleine, wesentlich entspannter im Umgang mit Frauen aller Art. Lediglich sobald die Partnerin in der Nähe ist, geschieht eine zwar zeitlich begrenzte, aber dennoch offensichtliche kognitive Metamorphose. Da fliegt schon mal in Begleitung der Ehefrau reflexartig der Kopf in die andere Richtung, am nächsten Morgen dann – *alone again* – wird freundlich gegrüßt wie immer: *hello again.*

Die Psychologie weiß, dass Menschen, die mit ihrem Leben unzufrieden sind, häufiger diskriminieren. Das Erheben über andere Personen gibt ihnen eine gewisse Genugtuung und stärkt ihr geringes **Selbstwertgefühl** für ein paar Minuten der Überheblichkeit. In der Fachliteratur findet sich dieses Phänomen im *Frustrations-Aggressions-Prinzip* wieder, das besagt, je weniger ein Mensch in der Lage ist, seine individuellen Bedürfnisse zu stillen, wodurch Frust entsteht, desto eher ist er geneigt, Aggressionen gegen andere Menschen anzuwenden, manchmal aber auch gegen sich selbst.

Faszinierend und erschreckend fand ich unter anderem die Tatsache, dass besonders gerechte Menschen diskriminierten Personen die Schuld an ihrer Misere zuweisen. Es müsse ja schließlich einen Grund für die Misere geben. Irgendeinen Schuldigen muss es geben, denn alles hat seinen Sinn.

Nun stellt sich nach der gesamten Darstellung des Themas (fast) nur noch eine Frage:

Welche Auswirkungen haben Vorurteile auf die Einzelperson?

Wenn die Prostituierte über einen langen Zeitraum mit negativen Einstellungen ihr gegenüber konfrontiert wird, kann sie dadurch demoralisiert werden. Im weiteren Verlauf ist die Abnahme ihres **Selbstwertgefühls** eine Folge davon. Das **Selbstbild,** das sie als Mensch von sich hat, wird erheblich beschädigt. Dieses stimmt nicht mehr überein mit dem Bild, das plötzlich andere von ihr haben. Sie muss sich allerhand negativer Vorurteile erwehren. Sie könnte sich noch so sehr beispielsweise für arme und alte Menschen ehrenamtlich einsetzen oder einen besonders guten Schulabschluss mit Ausbildung hingelegt haben. Wenn ihr Umfeld ihr immer wieder zu verstehen gibt, dass ihre Tätigkeit etwas Schlechtes ist und sie dadurch zu einem schlechten Mensch wird, dem man nicht vertraut und mit dem man nichts zu tun haben möchte, wird das früher oder später negative Konsequenzen für ihr Selbstbild mit sich bringen. Aber auch die ehrenamtliche Arbeit wird sie wohl eines Tages aufgeben. Die Außenwelt erwartet von ihr, dass sie sich schämt, auch wenn sie selbst gar nicht weiß, wofür sie sich schämen sollte, denn sie tut nichts Unrechtes. Sie möchte sich nicht schämen, doch sie wird beschämt. Dadurch entwickelt sie eine beschädigte Identität und ihr Selbstwertgefühl leidet enorm. Irgendwann – je nach Stärke und Durchhaltevermögen – kann ihr Selbstwertgefühl so gering und ihre Identität so beschädigt sein, dass sie unter schweren **Depressionen** leidet, die bis zum **Selbstmord** gehen können.

Immer wieder ist in Publikationen zu lesen, Prostituierte würden unter psychischen Belastungen leiden, und so titelte unter anderem die Süddeutsche 2010 Aus dem Bordell zum Psychologen. Während der kurze Artikel den Lösungsansatz des Forschers Rössler aufführte, die **Arbeitsbedingungen** der Frauen müssten verbessert werden, nutzen **Prostitutionsgegner** Forschungsergebnisse dieser Art gerne, um die Tätigkeit an sich als menschenverachtend zu bewerten. Sie übersehen dabei völlig den massiv einwirkenden, wissenschaftlich erwiesenen **biopsychosozialen Kontext** (s. auch Kapitel 10) und zeichnen somit ein undifferenziertes, einseitiges und realitätsfernes Bild der gesamten Branche. Zudem diskriminieren prostitutionsfeindliche Organisationen die sogenannten Freier als potentielle **Vergewaltiger** und klagen diese an. Unter dem Deckmantel der Empathie oder des Mitleids betiteln sie professionelle Liebesdamen damit als Opfer und untersagen ihnen somit wieder eines: *Wertschätzung für ihre Tätigkeit und für sich als Menschen.*

Doch noch immer werden Prostituierte von offizieller Stelle diskriminiert. Wer sich schon einmal einen Blutspendebogen näher angesehen hat, weiß wovon ich spreche. Prostituierte zählen wie auch **Homosexuelle, Strafgefangene** oder **Suchtkranke** zu einer sogenannten Risikogruppe, die nicht zum Blutspenden zugelassen sind. Einbezogen werden hierbei auch Personen, die mit den »Risikogruppen« sexuell verkehren. Es wird somit von höchst offizieller Stelle diskriminiert und stigmatisiert, indem sämtlichen Prostituierten eine Gesundheitsgefährdung für die Gemeinschaft unterstellt wird.

An dieser Stelle wäre man bei den **self-fulfilling Prophecies** angelangt, den sich selbst erfüllenden Prophezeiungen, die ein fester Bestandteil in der Psychologie der Vorurteile und ihrer Auswirkungen sind. Prostituierte werden von einem Großteil der Gesellschaft diskriminiert. Die Folgen sind oft **Depressionen** und andere **psychische Krankheiten.** Das lädt **Prostitutionsgegner** und andere sexualfeindliche, konservative Untertanen dazu ein, die Prostitution an sich dafür verantwortlich zu zeichnen. Die dadurch fehlende Wertschätzung und Verachtung führt wiederum zu wenig **Selbstwertgefühl,** das sich in Depressionen und anderen psychischen Krankheiten äußern kann ... und schon dreht sich das Hamsterrad.

Natürlich gibt es auch Frauen, die sich in der Tat zum Sex mit fremden Männern überwinden, um Geld zu verdienen. Die psychischen Folgen aus der Überwindung entstammen aber nicht aus der Tätigkeit per se, sondern aus ihrer Ablehnung und der dadurch zugemuteten Selbstkasteiung.

Anerkennung und Wertschätzung sind emotionale Grundbedürfnisse des Menschen. Werden diese nicht erfüllt, stumpft der Mensch emotional ab. Übrigens auch ein Stereotyp, das Prostituierten gerne untergeschoben wird (s. Klischees). Nun kann man sich fragen, was zuerst da war, die emotionale Abstumpfung oder die fehlende Wertschätzung ihres Umfeldes.

Achte auf Deine Gedanken,
denn sie werden Deine Worte.

Achte auf Deine Worte,
denn sie werden Deine Gefühle.

Achte auf Deine Gefühle,
denn sie werden Dein Verhalten.

Achte auf Deine Verhaltensweisen,
denn sie werden Deine Gewohnheiten.

Achte auf Deine Gewohnheiten,
denn sie werden Dein Charakter.

Achte auf Deinen Charakter,
denn er wird Dein Schicksal.

Achte auf Dein Schicksal,
indem Du jetzt auf Deine Gedanken achtest.

Talmud

Welche Rolle spielen Erotik und Sex im Alter?

Prof. Erwin J. Haeberle führt in seinem Buch DIE SEXUALITÄT DES MENSCHEN (1985) im Kapitel *Sexualität und Gesellschaft* unter anderem das Untermenü *Die sexuell Unterdrückten* auf. Dort findet man neben *Homosexuelle* und *Strafgefangene* auch *Ältere Menschen* und *Geistig und körperlich Behinderte*.

In Kapitel 3 konnte man nun sehen, wie Unterdrückung stattfindet und funktioniert. Was ist wohl das häufigste Klischee, mit dem der Sexualität alter Menschen begegnet wird?

Sie haben keine!

Wenngleich in den letzten 30 Jahren schon sehr viel getan wurde, um das Bewusstsein für Sexualität im *Alter* zu verändern, wird es noch immer viel zu häufig ignoriert. Einen Bewusstseinsprozess rief, vor allem auch in deutschen Medien, der erfolgreiche Kinofilm WOLKE9 hervor. Seit diesem Film kann man verstärkt beobachten, wie sich seriöse Medien ernsthaft und wissenschaftlich diesem Thema widmen. Ältere Paare sind von dem möglichen Unverständnis meist weniger betroffen, da sie in der glücklichen Lage sind, ihre Sexualität ausleben zu können, wenn sie es möchten. Problematisch wird es aber nach wie vor, bei alleinstehenden oder verwitweten alten Menschen und solchen im **Seniorenheim.** Man müsste konkret mit ihnen über ihr Sexualleben sprechen, was in erster Linie durch Scham und Unsicherheit gebremst wird. Es entsteht eine Form von Diskriminierung, wenn beispielsweise die Kinder der Auffassung sind, Mama oder Papa bräuchten keinen neuen Sexualpartner mehr, denn so was gehöre sich schließlich in diesem Alter nicht mehr. Inwieweit Eifersucht dem neuen Partner gegenüber oder die Angst vor Verlust des Erbes die treibende Kraft ist, könnte ebenfalls hinterfragt werden. Zusätzlich lassen sich ältere Menschen selbst von diesen Vorurteilen so vereinnahmen, dass sie lieber in **Einsamkeit** leiden, anstatt sich nach einem neuen (Sexual-)Partner umzusehen.

Haeberle schreibt, dass ältere Menschen »*wegen ihrer sexuellen Interessen getadelt oder lächerlich gemacht [werden], weil man meint, Sexualität im Alter sei abnorm, unschicklich oder ekelhaft. [...] Unter normalen Umständen endet das Sexualleben eines Menschen erst mit dem Tod. [...] Da alle Menschen dazu bestimmt sind, entweder früh zu sterben oder alt zu werden, und da alle, solange sie leben, ein Bedürfnis nach Liebe und Zuneigung haben, ist die sexuelle Diskriminierung Älterer unter uns unmenschlich.«* Haeberle äußert sein Entsetzen noch deutlicher: *»Niemand, der in solcher Weise andere diskriminiert, kann sich als zivilisierten Menschen bezeichnen.«*

Auch hier ließe sich wieder der Bogen zur rigiden christlichen **Sexualmoral** spannen, Sexualität darf, wenn überhaupt, nur zur Zeugung und nicht zur Freude passieren. Wozu sollten also ältere Menschen Sex haben dürfen, vor allem, auch hier wieder, die Frauen, wenn nach ihrer Menopause die Furchtbarkeit beendet ist? Zum Glück ist die Sexualwissenschaft endlich so weit, dass nun jeder wissen kann, Sexualität dient nicht nur der Zeugung, sondern ist ein wichtiges soziales Instrument zur Schaffung von **Nähe, Geborgenheit** und **Bindung**. Und diese hört auch im Alter nicht auf. Die Bewusstseinsprozesse in Bezug auf Sexualität im Alter sind in jedem Fall in vollem Gange. Leider verändern sich tief sitzende Einstellungen und rücksichtslose Moralvorstellungen in den Köpfen nicht von heute auf morgen. Aber wir sind in jedem Fall auf einem guten Weg.

Haben auch Menschen mit Behinderung Lust?

Haeberle führt in seinem Kapitel die körperliche und geistige **Behinderung** auf und ich bin mir sicher, dass auch geistig behinderte Menschen sexuelles Verlangen haben, das gestillt werden muss. Nichtsdestoweniger fühle ich mich zum Thema geistige Behinderung und Sexualität nicht kompetent genug, näher darauf einzugehen. Ich möchte an dieser Stelle von der Darstellung *Sexualität geistig behinderter Menschen* Abstand nehmen, da mir sowohl Erfahrung aus meiner Berufszeit als auch nötiges Fachwissen fehlen. Ich bitte daher um Verständnis. Sie können sich bei Interesse Informationen aus anderen Quellen besorgen, wie beispielsweise pro familia, ISBB, Sexybilities und der Spastikerhilfe Berlin.

In Deutschland leben geschätzt zwischen sieben und neun Millionen Menschen mit körperlicher oder geistiger Behinderung. Zum

Thema Sexualität und Behinderung gab es Anfang 2012 einen Kino-film, der zu Diskussionen anregte. Ziemlich beste Freunde handelt von der sexuellen Selbstbestimmung mit Hürden des querschnittsge-lähmten Philippe.

Auf den Punkt gebracht geht es bei dieser Fragestellung um ein ähnliches Phänomen wie im Kapitel zuvor. Sexuelles Verlangen bei behinderten Menschen gibt es laut Volksmeinung schlichtweg nicht bzw. darf es nicht geben. Ob man nun ebenfalls die christlichen Vor-stellungen an dieser Stelle heranziehen mag oder diese Auffassun-gen unserer Schönkörpergesellschaft geschuldet sind, ist fraglich. Ich vermute, es ist eine Mischung aus beidem.

Die Problematik wird neben der moralischen Einstellung durch die Lebensumstände von Menschen mit Behinderung noch ver-schlimmert. Viele befinden sich in speziellen Einrichtungen oder Krankenhäusern, in denen Intimität und Privatsphäre kaum mög-lich sind. Verstärkend wird von Familie, Angehörigen und Perso-nal die Auffassung vertreten, behinderte Menschen hätten einfach keine Sexualität (mehr). Es sind wohl – ähnlich wie oben – in ers-ter Linie die Unsicherheit und das eigene Schamgefühl, das Außen-stehende zu dieser Auffassung bringt. Zudem würden auch sie sich starken Kritiken aussetzen, da Sexualität für behinderte Menschen in der Gesellschaft noch nicht angekommen ist. Womöglich müssten sie sich sogar Missbrauchsvorwürfe gefallen lassen. Wobei an dieser Stelle gesagt sein muss, dass es in der Tat den möglichen strafrecht-lichen Aspekt *Missbrauch von Widerstandsunfähigen* gibt.

Ich habe zu Beginn meiner aktiven Zeit zwei Mal die Erfahrung mit körperbehinderten Männern gemacht. Beide haben mich damals äußerst höflich per E-Mail kontaktiert und auf ihre Behinderung hin-gewiesen. Einerseits wollte ich mich dieser Herausforderung stel-len, andererseits fragten mich beide so nett an, dass ich auch nicht »nein« sagen wollte. Die Treffen waren in Ordnung, obschon sie von großer Unsicherheit meinerseits begleitet waren. Ich hatte eine gewisse Angst, mich doch ekeln zu können und dem Ganzen nicht gewachsen zu sein.

Man hört ja immer, körperbehinderte Menschen möchten ganz normal und keinesfalls sonderbehandelt werden. Doch wie macht man das vor Ort, wenn er auf Grund seines Muskelschwundes kaum mehr laufen kann und ihm bei der Vorbereitung zum gemeinsamen Kaffeetrinken die Tassen aus dem Schrank fallen? Hinrennen und helfen oder nicht? Ich wollte, doch er ließ mich nicht. Nach dem letzten Treffen, das in St. Moritz stattfand, ging ich nochmals in mich und musste mir selbst eingestehen: Das kannst du nicht und vielleicht möchtest du es auch nicht. Ich weiß, dass es Sexarbeiterinnen gibt, denen körperbehinderte Menschen teils sogar lieber sind als die körpergesunde Kundschaft. Und gerade deshalb sollte man diese wertvolle Aufgabe Frauen überlassen, die sich ihrer Sache sicher sind und die eventuell eine entsprechende Ausbildung dazu absolviert haben. Es ist nicht falsch oder menschenverachtend, an dieser Stelle seine eigenen Grenzen zu setzen. Auch tut man körperbehinderten Menschen meiner Meinung nach keinen Gefallen, wenn man mit ihnen zusammenkommt, obwohl es einem nicht liegt.

Um die Brisanz dieses Themas kümmert sich unter anderem ein querschnittsgelähmter Diplom-Psychologe. Er gründete eine Ausbildungsstätte für **Sexualbegleiter** in Trebel namens ISBB (Institut zur Selbst-Bestimmung Behinderter). Sexualbegleiter oder auch Sexualassistenten grenzen sich in ihrem Tun mehr oder weniger stark von Prostitution ab. Das ist nicht verwunderlich, da man schließlich diese sensible Aufgabe am körperbehinderten Menschen nicht mit den negativen, menschenverachtenden Klischees in Verbindung bringen möchte, die der Prostitution anhaften. Was allerdings zur Folge hat: Prostitution wird erneut als eine gewaltvolle, menschenunwürdige Tätigkeit wahrgenommen. Die Bewegung ist im Gange und in den Niederlanden ist man bereits so fortschrittlich, Patienten *Sex auf Krankenschein* anzubieten. Vielleicht ist es nur mehr eine Frage der Zeit, bis auch die deutsche Gesellschaft die Notwendigkeit einer gelebten Sexualität, auch für behinderte Menschen, anerkennt.

Vorschlag: Die Ehefrau als Praktikantin im Bordell

Es gibt in der Tat die Möglichkeit, Vorurteile zu reduzieren bzw. abzubauen, natürlich nur, wenn man offen dafür ist und sich gerne jenseits des begrenzten Horizontes bewegen möchte. Die Psychologie stellt hierfür *sechs* Bedingungen auf:

» wechselseitige Abhängigkeit der Gruppen
» gemeinsames Ziel
» gleicher Status
» freundliche, zwanglose Umgebung
» Fremdgruppe aus mehreren Mitgliedern
» soziale Normen, welche die Gleichheit unterstützen (BuVG)

Also stelle ich zur Anschaulichkeit die Gruppe der *heiligen Frauen* den Prostituierten gegenüber und komme zu der Behauptung, jede Frau sollte einmal in ihrem Leben ein Bordell von innen gesehen haben. Das gehört zum Grundwissen einer jeden Frau. Immerhin sollte sie wissen, wo sich ihr Mann unter Umständen in seiner Freizeit aufhält. Zudem: Immer nur darüber zu spekulieren, was denn das sagenumwobene Geheimnis hinter den roten Vorhängen nun ist, wird irgendwann langweilig. Also rein mit ihnen, rein in die Höhle der Verruchtheit. Doch beginnen wir ganz systematisch:

Die *wechselseitige Abhängigkeit* ist alleine dadurch schon gegeben, dass Männer, die sich gezielt eine Liebesdame aussuchen, weniger Gefahr laufen, für eine Geliebte die Familie zu verlassen. Insofern könnte die Partnerin froh sein, wenn der Mann zu einer Prostituierten geht. Manche Ehefrauen sind es auch, nämlich die, die seit langer Zeit schon nicht mehr mit ihrem Partner schlafen, sich aber trotzdem weiterhin von ihm versorgen lassen möchten. Das *gemeinsame Ziel* könnte sein, den Lebensstil nicht aufgeben zu müssen: die Liebesdame ihren Verdienst und ihre Freiheit, die Partnerin Anwesen, Auto und Ansehen. Den *gleichen Status* haben sie bereits, denn beide »Gruppen« sind in erster Linie Frauen mit Lebenserfahrung. Ja, so ein Tag der offenen Tür, wie er von der Prostituiertenorganisation *Dona Carmen* in Frankfurt bereits angeboten wird, bringt die Wissenwollenden somit in einer *freundlich-zwanglosen Umgebung* auch *mit mehreren Mitgliedern der* »*Fremdgruppe*« gleichzeitig zusammen. Was könnte es Freundlicheres und Zwangloseres für eine Begegnung dieser Art geben als ein nettes Bordell? Fragen Sie mal die Männer! Und der letzte Punkt, *der die sozialen Normen, welche die Gleichheit unterstützen,* betrifft, wurde bereits 2001 durch das Bundesverfassungsgericht in Karlsruhe (BuVG) in die Wege geleitet. Seit Januar 2002 ist Prostitution **sittenkonform.** Die Wege sind bereitet, man muss sie nur noch gehen (wollen).

4 Der Rück-Fortschritt

Die kulturelle Rückbesinnung schreitet kontinuierlich voran. Es ist sozusagen ein Rück-Fortschritt, ein back-to-the-roots, was derzeit die Gesellschaft bewegt. Angestoßen wurde dieser Prozess unter anderem von dem genialen Querdenker, Mediziner und Psychotherapeuten Sigmund Freud.

Es war zu Zeiten, als eine strenge Sexualmoral herrschte, Vernunftehen angestrebt wurden und die Hysterie unter Frauen ein weit verbreitetes, unerklärliches Phänomen war. Sigmund Freud, Mediziner und später Psychoanalytiker, stellte sehr bald fest, dass körperliche Schädigungen nicht immer organische Ursachen haben. Er entwickelte zusammen mit dem Wiener Arzt Josef Breuer die sogenannte Talking Cure, also die Redekur (auf der Couch) und stellte fest, dass viele Menschen tieferliegende **Bedürfnisse,** aber auch Ängste ins **Unbewusste** verdrängen, da sie ihnen in der Realität Angst bereiten. Es geht also vor allem um die *Vermeidung* von Angst, wenn Wünsche und Bedürfnisse nicht zugelassen werden möchten und diese verdrängt werden.

Doch in der **Verdrängung** sind sie nicht weg – ganz im Gegenteil sogar. Verdrängte Gefühle treiben immer wieder an die Oberfläche und drücken sich in bestimmten Verhaltensweisen aus. Des Weiteren kostet die Verdrängung sehr viel Energie, da sie permanent aufrechterhalten werden muss. Diese Energie geht dem Menschen selbstverständlich von seiner Lebenskraft ab, so dass es nicht nur zu psychischen Störungen, wie **Depressionen,** kommen kann, sondern auch zu körperlichen Symptomen psychosomatischen Ursprungs. Es ist nicht verwunderlich, dass auch Sigmund Freud durch seine Erkenntnisse zum Religionskritiker wurde.

Wenngleich einige von Freuds Thesen und Erkenntnissen heute umstritten sind, so war er doch einer der Pioniere, der auf die Verbindung von *Körper und Seele* aus wissenschaftlicher Sicht aufmerksam machte und somit erst wieder ein Bewusstsein weckte, das Naturvölker, wie die Minangkabau auf Sumatra, nie verloren haben.

Seine Theorien zum Unbewussten und dessen Auswirkungen auf das menschliche Erleben und Verhalten, wie **Abwehrmechanismen,** psychosomatische Krankheiten etc., werden heute zu einem beachtlichen Teil durch die moderne Hirnforschung bestätigt. Die Erkenntnisse über die Auswirkungen der Seele auf den Körper und umgekehrt sind heute anerkanntes Wissen. Und auch die Medizin beachtet heute verstärkt bei Genesungsprozessen die psychische Verfassung.

Tantra: Vereinigung von Heiliger und Hure?

Es findet eine klare Rückbesinnung statt von den ehemals getrennten Komponenten Körper und Seele zu einer Einheit. Im erotischen Dienstleistungsbereich findet sich dieses Bewusstsein vor allem im **Tantra** wieder. Auch bieten einige Escortdamen mittlerweile Tantrarituale an. Dort wird versucht Spiritualität, Toleranz, Nächstenliebe, körperliche Bedürfnisse und seelische Befindlichkeiten in Einklang zu bringen. Ich habe nach drei langen Jahren des Zögerns 2008 die Gelegenheit ergriffen, ein Paarseminar in der Tantraschule Ananda-Wave® in Köln zu besuchen. Es ging mir vor allem um eine gewisse Inspiration für meine Escortdates. Ich wollte gerne neue Sextechniken lernen, aber auch etwas von der speziellen Energie erfahren, von der ich schon so oft gehört hatte.

Meine Bedenken zu Beginn waren riesig und insgeheim stellte ich mir eine Ökotruppe in Batiktüchern vor, die singend und mit seligem Blick ihre Namen tanzen. In der Tat blieb die Spiritualität bei diesem Workshop nicht aus, doch sie war in einer Art, in der ich, als esophobe Frau, sie annehmen konnte und mich wohl dabei fühlte. Sie war sogar notwendig, da sie für Tiefgang sorgte und zum Entspannen den passenden Rahmen schuf. Ich tauchte spätestens am zweiten Tag völlig in dieses Seminar und dessen Stimmung ein und konnte den Alltag, inklusive störender Gedanken, auf diese Weise völlig außen vor lassen.

Was mich an diesem Workshop besonders faszinierte – ich muss ehrlich sagen, ich habe nie wieder eine Vergleichsmöglichkeit in Anspruch genommen –, war die Einstellung, mit der sich Mann und Frau gegenübertreten durften. Der Grundsatz oder die Leitlinie, auf der das gesamte Geschehen aufbaute, stellte sich folgendermaßen dar:

Der Körper ist der Tempel der Seele. Um der schönen Seele zu huldigen und um ihr etwas Gutes zu tun, verwöhnt man den Körper. Was könnte es Natürlicheres geben, als bei einem Körper, den man liebt, die Geschlechtsorgane mit einzubeziehen? Ein Aussparen derselben könnte kaum widersprüchlicher sein. Es geht um Akzeptanz seiner selbst, aber auch um Akzeptanz des Partners. Man verwöhnt den Partner aktiv, während sich dieser völlig passiv feiern lässt. Dabei werden **Wertschätzung,** Achtung, **Respekt** und Nächstenliebe großgeschrieben. Die **Schönheit** des Menschen richtet sich bei dieser Erfahrung nicht nach den vorgegebenen Schönheitsidealen, sondern jeder Mensch ist schön in seiner Nacktheit und Einzigartigkeit. Es ist ein faszinierend natürlicher Umgang mit der schönsten Nebensache der Welt.

Während des Workshops erstaunte mich vor allem mein persönliches Unwissen trotz der bereits dreijährigen Tätigkeit als Erotikdienstleisterin und unzähliger privater Erfahrungen. Man macht es eben irgendwie und irgendwie wird es schon passen, solange sich niemand beschwert oder Aua ruft; bis zum **Orgasmus** hat es immer gereicht. Doch nach diesem Workshop veränderte sich zum einen mein Bewusstsein dahingehend, meinen Kunden noch wertschätzender gegenüberzutreten, und zum anderen meine Sicherheit, mit allen »Exemplaren« diverser Penisse umgehen zu können. Ein wichtiger Bestandteil des Seminars war es, mit seinem Partner über **Bedürfnisse** und Unwohlsein zu sprechen. Tantra kann eine gute Möglichkeit sein, sich zu entdecken, aber auch ein Wiederentdecken in längeren Beziehungen ist dadurch möglich.

Inhalte dieses Workshops, man könnte das Geschehen auch als sinnliche Sexschule bezeichnen, waren die Ganzkörpermassage zur Einstimmung, die geschlechtliche Anatomie von Mann und Frau in der Theorie und zu guter Letzt die eigentliche Intimmassage. Nach einer kurzen Einführung wurden die Massagetechniken zunächst am Modell demonstriert und anschließend am Partner geübt.

Es saßen die erwachsenen Paare im Kreis und lauschten gespannt der Lehrerin zu den Themen Anatomie und Lustzentren

bei Mann und Frau. Ich saß mittendrin, fand das ziemlich unterhalt-
sam und fragte mich doch: Warum lerne ich das erst mit fast 30 Jahren!? Warum hat mir noch niemand vorher gesagt, wie das genau
funktioniert? Und dabei war der Sexualkundeunterricht in Biologie wirklich ausführlich und auf Leistungskurs-Niveau, wie unser
Lehrer damals erwähnte. Andererseits merkte ich nun: Ich wusste
bereits alles und doch wieder nichts. Aber mal im Ernst: Warum
bringt einem das niemand bei? Das würde doch gerade jungen Menschen viel an Unsicherheit und falscher Scham nehmen, würde man
sie nicht völlig ins kalte Wasser werfen. Die Mütter müssten ihre
Töchter und die Väter ihre Söhne in erotischer Kompetenz ausbil-
den. Doch vielleicht wissen sie es selbst nicht so genau? Möglich ...

Was beim Tantra passiert, ist die Zusammenführung von Komponenten, die über Jahrtausende getrennt wurden. Deshalb mag es
nur logisch erscheinen, wenn dieses neue Erleben und das neue
Bewusstsein wieder in einen kultischen Rahmen gepackt werden.
Und obwohl ich persönlich mich nur selten von christlichen Regle-
ments unterdrückt fühlte, spürte ich in diesem Moment ein Gefühl
der Befreiung, das mir sagte:

Es ist richtig, was du tust. Es ist auch mit Gott oder den höhe-
ren Mächten vereinbar, was du tust. Es ist sogar gut, was du tust,
denn du tust niemandem etwas Böses. Ganz das Gegenteil ist sogar
der Fall. Du trägst dazu bei, einen anderen Menschen und dich
selbst glücklich zu machen.

Ergänzend zu erwähnen ist, ähnlich wie bei der **Sexualbeglei-
tung** auch: Tantramassagestudios grenzen sich bewusst von Prostitution ab. Es ist wohl eine Art sexuelle Dienstleistung, doch mehr im
Sinne von Art (engl.) = Kunst, die eine Ausbildung voraussetzt.

Eine weitere Pionierin auf dem Gebiet der weiblichen Sexualität ist Maggie Tapert, die sich in ihren Wings-of-Joy®-Seminaren in
der Schweiz besonders um die Lust der Frauen kümmert.
Ihre Erkenntnisse veröffentlichte sie unter anderem in ihrem Buch
PLEASURE: BEKENNTNISSE EINER SEXUELLEN FRAU.

Ich freue mich wirklich sehr darüber, dass ich persönlich in
einem Zeitalter leben darf, in dem ein solcher Wandel der Sicht auf
die Sexualität, vor allem der weiblichen, stattfindet. Selbst wenn es
vielleicht noch ein bis zwei Generationen dauern kann, bis Toleranz

und Bewusstsein in Sachen Sexualität auch die letzten Moralinsauren erreicht hat, bin ich voller Zuversicht und Hoffnung.

Prostitution – (k)ein ehrenwerter Beruf?

Vor dem Wissen der Hintergründe, wie die Diskriminierung der *weiblichen* Sexualität zustande kam, stellt sich nun die berechtigte Frage, ob Prostitution (k)ein ehrenwerter Beruf ist. Deshalb fasse ich an dieser Stelle die wichtigsten Punkte noch einmal zusammen:

Sexualität dient, auch aufgrund der Ausschüttung des Bindungshormons Oxytozin, der Befriedigung des Bedürfnisses nach Nähe und Geborgenheit. Klar ist, auch die Bedürfnisse des Mannes verändern sich im Laufe seiner Entwicklung vom oftmals ungestümen Abenteurer zum erfahrenen Genießer. Wenn auch der Sex noch so kurz sein mag (in den Augen einer Frau), ein reines Aneinanderreiben der Genitalien ist es doch meist nicht. Man küsst sich, man streichelt und liebkost sich. Und obwohl manche lieber lesen würden, der Mann befriedige im Bordell nur seinen blanken, tierischen Trieb, der sich ausschließlich auf seine Genitalien bezieht, sieht die Realität oft anders aus.

Auf der einen Seite wird diese reine Triebbefriedigung des Mannes so sehr verachtet: »Wir hocken schließlich nicht mehr auf den Bäumen«. Auf der anderen Seite dient der Partnerin dieses **Klischee** als Schutz: »Na immerhin sind wenigstens keine Gefühle im Spiel«, denn sie fühlt sich besser, wenn seine Gefühle scheinbar nur auf sie beschränkt sind, und gleichzeitig ist es eine bequeme Herabsetzung (schon wieder!) der Liebesdamen: »Die müssen nur hinhalten und sich von jedem benutzen lassen.« Gut, so weit sei also festgestellt – auch wenn es schmerzt: Männer finden im Bereich der sexuellen Dienstleistungen mehr als reine Triebbefriedigung. Erst recht, je länger sie Zeit mit einer Dame verbringen, was bei Escortservice offensichtlich der Fall ist und auch gewünscht wird.

Kommen wir zum **Coolidge-Effekt.**

Frauen mögen es nicht, mit Leibspeisen oder Lieblingsautos verglichen zu werden à la *Jeden Tag Sauerbraten wird irgendwann langweilig*, doch der Coolidge-Effekt beschreibt exakt dieses Phänomen.

Im Menschen ist veranlagt, auf immer neue Reize zu reagieren. Er ist von Natur aus neugierig, denn sonst würde er wohl in der Tat noch auf den Bäumen hocken. Und seien wir mal ehrlich: Übung macht den Meister, davon profitiert doch am Ende jede Frau, oder?

Würde er sich als Ersatzhandlung zu unrealistischen Pornofilmen selbst befriedigen, ist die Gefahr groß, dass sich eine gewisse sexuelle Unzufriedenheit in der Partnerschaft einstellt. Beim Sex mit einer Liebesdame hingegen ist man(n) im Anschluss auch wieder zu Hause motivierter (Coolidge-Effekt). Sei es, weil ihn das schlechte Gewissen plagt, oder, weil er sich in der Tat fühlt wie ein Cock. Aber was soll's? Das Ergebnis zählt doch!

Die kulturelle Entwicklung zeigt ganz klar auf, dass Frauen ursprünglich lustvoll sein durften. Diese Eigenschaft ist in einigen Köpfen noch immer den Prostituierten vorbehalten. Von seiner eigenen Frau erwartet man sexuelle Freizügigkeit nicht und möchte ihr auch selbige Freiheit oft nicht zugestehen. Gerade an dieser Stelle könnte sich die Heilige der Hure wieder nähern und vice versa, um ein freieres Leben zu führen. Oder wie im Berliner Theaterstück von Volker Lösch LULU – DIE NUTTENREPUBLIK als Manifest ausgerufen wurde: »*Muschis aller Länder, vereinigt euch!*«

Ich bezog mich in meinen Vergleichen nun in erster Linie auf gebundene Männer. Doch aktuelle Statistiken zeigen, dass immer mehr **Single**haushalte Realität sind und somit auch die Nachfrage nach unverbindlichem Sex steigt. Gerade Männer, die noch beruflich in Jugendschuhen stecken, haben oft nicht die Zeit für eine Beziehung. Ältere Männer wiederum sind oft bereits geschieden und führen ein freiwilliges Singledasein. Für die große Männergruppe, die Nachwehen von One-Night-Stands nicht erleiden möchte, trotz alledem jedoch eine schöne Zweisamkeit genießen will, bieten sich erotische Dienstleistungen geradezu an.

Weiter gibt es ältere, alleinstehende Menschen und auch behinderte Menschen, die sich nach Zuwendung und Zärtlichkeit sehnen. Wie ausgeführt, hört das Bedürfnis nach Nähe und Bindung erst mit dem Tod auf. Sogenannte **Sexualbegleiterinnen,** die ebenfalls laut Gesetz in die Kategorie der Prostitution fallen, kümmern sich liebevoll und mit ganzem Einsatz um diese Gruppe von Menschen. Es ist bereits kein Geheimnis mehr, dass Liebesdamen ihre Kundschaft auch im **Seniorenheim** aufsuchen. Sie leisten damit einen großen Dienst an der Gesellschaft. In den Niederlanden ist das Verständnis zu Körper und Seele bereits so weit fortgeschritten, dass Menschen mit Behinderung sexuelle Zuwendung auf **Krankenschein** erhalten.

Wenn die Gesellschaft einsieht, dass Sexualität ein Grundbedürfnis ist, welches man älteren Menschen und jenen mit Körperbehinderung gerne zugesteht, dann ist es auch nur selbstverständlich, dass auch junge, gesunde und autonome Menschen ein berechtigtes Bedürfnis nach Sexualität haben. Gerade besonders schüchterne oder jene Männer, die nicht dem Schönheitsideal entsprechen, würden sonst einen großen Mangel verspüren.

Wenn Sexualität im gegenseitigen Einverständnis stattfindet und die Begegnungen auf **Respekt** und **Wertschätzung** beruhen, trägt die erotische Dienstleistung maßgeblich zur **Zufriedenheit,** zur seelischen und körperlichen **Gesundheit** bei. Menschen mit einem erfüllten Sexualleben, so wie sie es sich wünschen, sind *glücklicher* und strahlen mehr *Lebensfreude* aus. Sie sind *ausgeglichener*, haben ein *stärkeres Immunsystem* und sind *weniger aggressiv*. Sexualität *entspannt* den Menschen *ganzheitlich – im Kopf und im Körper*. Sie ist, wenn alles stimmt, ein wahrer *Kurzurlaub*, der Kraft schenkt und die Sinne aufleben lässt. *Sexualität und Erotik ist pures Lebenselixier.*

Die schlechte Reputation, mit der promiske Frauen jedweder Art konfrontiert werden, und die Diskriminierung, die sie bis heute noch immer erleben, geht auf über 4000 Jahre Patriarchatsgeschichte zurück. Die positive Bedeutung von Sexualität an sich wurde über Jahrtausende mit Füßen getreten. Diese Einflüsse sind in unserer Kultur nach wie vor hochaktuell. Dass die vermeintlich unterschiedlich gelebte Sexualität von Mann und Frau kulturell und nicht biologisch bedingt ist, wurde ebenfalls aufgezeigt. Prostituierte widmen sich dem lange Zeit unterschätzten und gesundheitsfördernden Grundbedürfnis Sexualität und machen damit viele Menschen glücklich und zufrieden. Durch ihren großen Dienst an der Gesellschaft verdienen sie selbstverständlich Respekt und Wertschätzung. All diese Erkenntnisse bringen mich zu dem Standpunkt:

Prostitution *ist* ein ehrenwerter Beruf!

Es obliegt selbstverständlich der Verantwortung aller Beteiligten, sich gegen eine mögliche Ansteckung von **Geschlechtskrankheiten** mit **Kondomen** zu schützen, damit weitere Sexualpartner gesund bleiben.

5 Die Sparten der Prostitution

So wie sich die Gesellschaft und auch das Schulsystem in Kategorien unterteilen, so ist auch die Prostitution in verschiedene Abstufungen gegliedert. Damit einher geht ein gewisser **Status**/ein gewisses **Image** inklusive bestimmter Erwartungen einer speziellen Zielgruppe und somit ein entsprechender **Verdienst**.

Die Prostitution spaltet sich bereits im **Gilgamesch**-Epos in drei verschiedene Gruppierungen. Die Göttin Ischtar beschützt alle Huren, egal ob sie als *Priesterinnen* in ihren Tempeln, *Helferinnen* der Tempeldienerinnen oder als freie *Prostituierte* vor den Tempeln arbeiten. Die gesellschaftliche Wertung dieser Dreiteilung war eindeutig. Während die Frauen in den Tempeln (Priesterinnen, Helferinnen) heiraten können, ist es den Mädchen auf der Straße verboten.

In Griechenland unterschied man strikt zwischen den angesehenen **Hetären** und den *Porne*, den einfachen Prostituierten. Die *Deiktriden* stellten dabei die unterste Stufe dar. Über ihnen standen die musisch gebildeten *Auletriden*, die nur noch von den *Hetären* »überboten« wurden.

In Indien sprach man über die »billige Hure« als *recya*, da diese durch offensives Werben den Männern hinterherlief. Dieses Werben wurde als *pumscali* bezeichnet. Die höher gestellten Tempelprostituierten waren die *devadasi*, gefolgt von in 64 Künsten *(kamasutra)* ausgebildeten Luxusprostituierten, den *ganika*.

In China differenzierte man während der Tang-Dynastie zwischen *Straßenmädchen, Bordellmädchen* und *Kurtisanen*.

Und zu guter Letzt sei noch die Aufteilung in Japan erwähnt. Dort waren die *hashi* die billigen Mädchen und die *yuna* die höher gestellten Bademädchen. Die *tayu* arbeiteten als Luxusprostituierte und an oberster Stufe fand man die berühmten **Geishas.** Diese standen gesellschaftlich auf einer Ebene mit den **Kurtisanen** des 16./17. Jahrhunderts in Europa und den Hetären im antiken Griechenland. Diese drei Titel (Geisha, Kurtisane, Hetäre) beschreiben die höchste und anerkannteste Form der Prostitution, wenn man es überhaupt noch so nennen möchte. Einige von ihnen führten feste

Beziehungen als Zweitfrauen oder hatten nur wenige, feste Liebhaber. Diesen Status erreichten jedoch nur wenige Frauen und die Übergänge zu anderen Formen der Prostitution waren fließend.

Auch heute noch ist eine berufsspezifische Teilung vorhanden, die ebenfalls wieder eine zugeschriebene moralische und gesellschaftliche Wertung mit sich bringt. Ich möchte an dieser Stelle aber nicht erneut auf Vorurteile oder Klischees eingehen, sondern lediglich einen kurzen Überblick geben, wie sich die Prostitution derzeit in Deutschland aufteilt. Ich unterscheide nach Anwesenheit/Verfügbarkeit, Preisgefüge, Mindestbuchungsdauer und Kundenfrequenz. Sie sehen hier eine Einordnung auch der Bereiche Callgirl, Escort und Kurtisane in den Gesamtbereich der Prostitution:

	Anwesenheit/ Verfügbarkeit	Kunden- frequenz	Preisgefüge	Mindest- buchung
Straßenprostituierte	+	+	–	–
Laufhaus	+	+	–	–
Bordell	+	+	–	–
FKK-/**Saunaclub**	+	o	o	o
Wohnungsprostituierte	o	o	o	o
Callgirl	–	o	o	o
Escortdame	–	–	+	+
Kurtisane	– –	– –	+	++

– – sehr niedrig – niedrig o mittel + hoch ++ sehr hoch

Die Anwesenheit beschreibt die Zeit der **Verfügbarkeit,** die aufgewendet werden muss, um Kundschaft zu generieren. Während Straßenprostituierte oder auch Bordelldamen zur **Kundenakquise**

»vor Ort« sein müssen, vereinbaren Wohnungsdamen Treffen oftmals auf Termin. Callgirls oder Escortdamen sind in der Regel ausschließlich nach Vereinbarung verfügbar und somit ortsungebunden. Da Kurtisanen partnerschaftsähnliche Geschäftsbeziehungen zu ihren Liebhabern unterhalten und so kaum mehr laufende Neukundenakquise betreiben, ist ihre aufgewendete Zeit dafür sehr niedrig.

Das **Preisgefüge** erklärt sich von selbst, wobei Kurtisanen im Normalfall, auf Einzelstunden heruntergerechnet, unter Escortdamen liegen. Höher ist jedoch ihr Einkommen auf einen langen Zeitraum gesehen, da es beständiger ist.

Die **Mindestbuchungsdauer** liegt bei Straßenprostituierten oftmals schon bei nur einer einzigen Serviceleistung, wie beispielsweise Oralverkehr, der bereits nach fünf bis zehn Minuten beendet sein kann. Im Bordell beginnt der Service häufig ab 15 Minuten, im FKK-/Saunaclub ab 30 Minuten. Callgirls beginnen meist ab einer Stunde, Escortdamen ab zwei Stunden und Kurtisanen handhaben das bei Kavalieren, in der ersten Phase des Kennenlernens, weitestgehend ab einem Abend oder einer ganzen Nacht.

Die **Kundenfrequenz** sollte selbstredend sein. Bei einem Serviceangebot, das bereits bei fünf Minuten startet, ist es nur selbstverständlich, wenn mehr Termine pro Tag vereinbart werden müssen, um auf das gleiche Geld zu kommen wie eine Dame, deren Service erst bei zwei Stunden oder höher beginnt. Hinzu kommt, dass bei Angeboten, deren Mindestbuchungsdauer und Preisgefüge enorm niedrig sind, die Zeit der Anwesenheit umso ausgedehnter ist. Was wiederum im Umkehrschluss bedeutet: Möchte man von dem Geld der ersten drei Unterkategorien leben, wird man den Job hauptberuflich machen müssen. Hingegen könnte man von dem Geld als Escortdame bereits leben, während man trotzdem Zeit findet, seinem **Hauptberuf** weiterhin nachzugehen. Oder anders herum: Es genügen im Escortservice schon sehr wenige Treffen, um den Lebensstandard signifikant zu erhöhen.

Sowohl der Escortservice als auch das Kurtisanendasein reiht sich laut Gesetz in die Sparten der Prostitution ein. Dabei wird selbst in den Medien manchmal zwischen Escortservice und Prostitution unterschieden, wie es in der Berichterstattung über die Frau des ehemaligen deutschen Bundespräsidenten im Jahr 2012 passierte.

So schrieb beispielsweise die Süddeutsche Zeitung in einem Artikel am 08.09.2012 davon, dass *»Behauptungen über ihr angebliches Vorleben als Prostituierte oder als Escort-Dame falsch seien«.* Ebenso berichtete ZEIT online in einem Artikel am 08.09.2012 zu den Prostitutionsverleumdungen: *»geht gegen die Verbreitung von Gerüchten und Verleumdungen gegen ihr angebliches früheres Leben als Prostituierte oder Escortdame vor.«* Und auch ich hörte vermehrt Stimmen zu meiner aktiven Zeit im Escortservice, dass das, was ich mache, doch gar keine richtige Prostitution sei. Unter Prostitution würde man sich Frauen vorstellen, die in Vollzeit mehrere Kunden am Tag bedienen, zumeist in dem Zusammenhang, sie würden das nur aus einer Notlage heraus tun. Was im Umkehrschluss heißt, wirklich freiwillig tun das *»richtige«* Prostituierte nicht.

Was ist eine »richtige« Prostituierte?

Der Begriff Prostitution wurde zu verschiedenen Zeiten unterschiedlich interpretiert. So war laut Oscar Commenge (1897) eine Prostituierte *»eine Frauenperson, die mit ihrem Körper ein Gewerbe ausübt, sich dem ersten Besten gegen Bezahlung hingibt und über keine anderen Existenzmittel verfügt«.* Für Blaschko waren es all jene Frauen, die außerhalb der Ehe mit Männern schliefen. Er bezog in seine Überlegungen jedoch ebenfalls die männlichen Prostituierten mit ein und machte auch nicht vor der prostitutiven Versorgungsehe halt. Seit den zwanziger Jahren bis in die Nachkriegszeit hinein wurden auch Frauen als Prostituierte bezeichnet, die lediglich ein promiskes Leben führten. Sie wurden **hwG-Mädchen** genannt, also Frauenpersonen mit häufig wechselndem Geschlechtsverkehr. Die *geächtete* promiskuitive Lebensweise betraf allerdings ausschließlich Frauen.

Der Begriff Prostitution ist somit äußerst negativ belegt und das nicht nur, wenn es um das Erotikgewerbe geht. So spricht man auch in der Kreativbranche abwertend von Künstlern, die sich prostituieren, wenn diese beispielsweise lukrative Aufträge annehmen, die nicht mit ihrer Gesinnung, ihren Überzeugungen und Werten übereinstimmen. Denn man erwartet von ihnen, dass sich ihre innere Haltung in den Werken widerspiegelt. Auch bei Diskussionen über

Liebesdamen hört man gut und gerne, dass sich doch viele Menschen ebenso prostituieren würden, nämlich wenn sie ausschließlich des Geldes wegen Jobs nachgingen, die sie lieber nicht tun wollten. Dieses Argument soll meist Prostitution rechtfertigen und wird gerne von Pro-Prostitutions-Diskutanten aufgegriffen. Paradoxerweise wird jedoch nicht wahrgenommen, dass genau diese Begründung Prostituierte wieder in die Schublade der Unfreiwilligkeit und des Zwangs steckt.

Nach wie vor wird auch heute noch eine »richtige« Prostituierte im Zusammenhang mit häufig wechselndem Geschlechtsverkehr gesehen. Sie arbeitet meist auf der Straße, in einem Bordell oder einem Club. Ihre Motivation ist in erster Linie eine monetäre, daher wird die Freiwilligkeit in Frage gestellt. Sie übt die Tätigkeit als Hauptberuf aus. Zusätzlich wird sie mit dem kriminellen Milieu, Drogen und Alkohol in Verbindung gebracht.

Ist Escortservice Sexarbeit?

Aufgrund der negativen Konnotation der Bezeichnung Prostituierte haben Berufsorganisationen den Begriff **Sexarbeiter/-innen** eingeführt in der Hoffnung, damit eine neutralere Sichtweise auf die Tätigkeit zu erlangen.

Doch trifft der Begriff Sexarbeiterin wirklich die Beschäftigung einer Escortdame, die ihre Kunden mehrere Stunden begleitet? Oder ist er nicht doch nur wieder auf die rein sexuelle Dienstleistung begrenzt? Selbst Escortkunden sprechen oft davon, sie würden nie zu einer Prostituierten gehen, sie buchen ausschließlich Escorts. Das mag daran liegen, dass der Begriff Prostituierte meist mit

» Unfreiwilligkeit durch finanziellen Zwang
» mehreren Männern täglich (hwG)
» Lustlosigkeit
» Ausübung als Hauptberuf
» Sex gegen Geld

assoziiert wird. Das Bild einer Escortdame ist ein anderes.

Und so trennte auch ich im RTL2-Interview 2008 in Exklusiv, die Reportage – Deutschland, Deine Escort-Ladies, als ich gefragt wurde, wo der Unterschied zwischen einer Prostituierten und einer Escortdame wäre. Diese Differenzierung nahm ich nicht aus einer Laune heraus vor, sondern weil ich vier Jahre zuvor die Gelegenheit hatte, in diverse Sparten Einblick zu erhalten:

Bordell oder Escort? Sex ist Sex und Geld ist Geld?

Mein Einstieg in die Branche fand Ende 2003 über eine sogenannte Escortagentur in der Schweiz statt, die Frauen stundenweise zu Kunden nach Hause oder ins Hotel vermittelte. Nach der oben vorgenommenen Gliederung war ich also ein **Callgirl,** das Haus- und Hotelbesuche machte. Durch geschicktes Agieren des Agenturbetreibers verbrachte ich auch insgesamt fünf Tage in drei verschiedenen Bordellen.

Nachdem die Aufträge über Wochen gleich null waren und mir langsam, aber sicher das Geld ausging, sollte die vermeintliche Rettung eines der Bordelle sein, das dringend eine Dame suchte. Ach, was ist denn schon dabei? Die Tätigkeit an sich ist doch dieselbe, oder? Und dann muss man nicht in der Gegend herumfahren, sondern ist an einem sicheren Ort. So oder so ähnlich wurde mir der Aufenthalt schmackhaft gemacht. Ich fuhr also dorthin, denn ich hatte nichts zu verlieren und es war allemal besser, als den ganzen Tag herumzusitzen und auf Aufträge zu warten. Was ich noch nicht wissen konnte, war, dass auch im **Bordell** nichts anderes getan wird, als herumzusitzen und zu warten – allerdings jederzeit »startklar«. So saß ich also mit einer Kollegin im Wohnzimmer, naschte aus lauter Langeweile Süßigkeiten und wartete auf das Türklingeln. Bei jedem Klingeln erschrak ich gehörig und bekam riesiges Herzklopfen. In der Kamera konnten wir sehen, wer vor der Tür stand, und so öffnete meine Kollegin, eine 40-jährige, stark übergewichtige, blonde Polin. Das mit dem Türöffnen hatten wir so vereinbart, da sie, wie sie sagte, bereits seit zwei Tagen kein Geld mehr verdient hatte. Sollte der Mann fragen, ob sonst noch jemand da sei, würde ich hinzukommen. Ich fühlte mich äußerst unwohl dabei, zu sehen, wie sie abgelehnt wurde, wenngleich ich somit Geld verdienen konnte. Ich reiste nach zwei Tagen wieder ab und hätte mir nicht vorstellen können, wie diese Ungleichheit auf Dauer unter Frauen funktioniert, wenn eine Dame der Renner ist und die anderen völlig nachstehen müssen.

Direkt im Anschluss fuhr ich ebenfalls für zwei Tage in ein anderes Bordell desselben Betreibers und der Ablauf war exakt gleich. Interessanterweise traf die Gleichheit auch auf meine Kollegin zu. Statur, Alter und Herkunft waren dieselben, lediglich die Haare waren dunkel. Sie war ziemlich depressiv, als ich sie kennenlernte, auch da das Bordell keinerlei Tageslicht hatte. So saß man also von mittags um 12 Uhr bis nachts um 24 Uhr und wartete – ohne Tageslicht. Es waren nun insgesamt vier Tage, doch mir ging es beschissen. Dazusitzen und zu warten. Nichts tun zu können, sondern einfach »das« nehmen zu müssen, »was« da ankam, war grauenhaft. Ich sprach mit meiner Kollegin darüber, dass ich es hier nicht aushalten würde, und sie empfahl mir ein anderes, wie sie meinte, ganz tolles Bordell. Sie schwärmte von der Atmosphäre, den tollen Zimmern, dem korrekten Chef mit seiner Frau und vom Umsatz, den sie in seinem Laden machen konnte. Ich überlegte nicht mehr, denn Alternativen gab es zu diesem Zeitpunkt keine, so dass ich einen Termin zum Vorabgespräch vereinbarte. Direkt am nächsten Tag fuhr ich also nach Feuerthalen, sah mir die Räumlichkeiten an und sprach mit dem Betreiber des Bordells. Dieser war Schweizer und in der Tat äußerst fair. Die Frauen bezahlten 40 % Provision von ihren Einnahmen, dafür waren alkoholfreie Getränke, Verpflegung und Übernachtung frei. Der Ablauf war dann folgendermaßen:

An die zehn bis fünfzehn Damen tummelten sich im großen Aufenthaltsraum in ihren Dessous, eingewickelt in ihre Bademäntel, meist barfüßig und sich die Zeit mit Gesellschaftsspielen vertreibend. Sobald ein Gast klingelte, warfen sie ihre Mäntel aufs Sofa, schlüpften in ihre High Heels und klackerten die Treppe nach unten, wo der Gast von der Hausdame in Empfang genommen wurde. Alle Mädels stellten sich in einer Reihe auf und der Herr traf seine Entscheidung. War er unschlüssig, half ihm die **Empfangsdame,** indem sie einzelne Frauen näher beschrieb und vorstellte. Hatte er sich entschieden, klackerten alle Damen, außer der einen, wieder nach oben, zogen sich wieder ihre Bademäntel über, entledigten sich ihrer High Heels und spielten an der Stelle weiter, an der sie unterbrochen wurden.

Ich war die einzige deutsch sprechende Frau in diesem Bordell, so dass ich mich ausschließlich mit der »Puffmutti« unterhalten konnte. Wir waren uns beide sehr wohlgesonnen und doch merkte sie an, dass ich hier nichts verloren hätte. Sie meinte wohl, dass ich als deutsches Mädchen, die der Sprache mächtig und nicht auf den Kopf gefallen ist, andere Möglichkeiten haben sollte, mein Geld zu verdienen. Nichtsdestoweniger war die Stimmung unter den Frauen erstaunlich positiv. Der Aufenthaltsraum war hell und freundlich und es wurde viel gelacht.

Und obschon diese Location wirklich schön war, wie es meine Kollegin angekündigt hatte, fühlte ich mich entsetzlich. Ich versuchte die ganze Zeit irgendetwas Nettes an der Situation zu finden, doch da war nichts. Nichts für mich. Bei jedem Klingeln hatte ich erneut Herzklopfen, und wurde ich ausgesucht, war die Aktion meist nach 20 Minuten wieder beendet. Der Gast hatte die Möglichkeit, für den Eintrittspreis mit verschiedenen Damen zu verkehren, was die meisten gerne nutzten. Abgesehen davon, dass ich dieses »Aussuchen« zu Beginn als sehr verachtend empfand, war auch die kurze Zeit auf dem Zimmer wenig zufriedenstellend für mich. Es ging nicht um den Menschen, um ihn oder um mich, es ging um die reine Triebbefriedigung. Jedenfalls fühlte ich es so. Wenngleich ich heute weiß, dass Sexualität in der Auswirkung immer mehr ist als reine Triebbefriedigung, so stimmten die Bedingungen, unter denen ich Zärtlichkeiten gab, nicht mit meinen Bedürfnissen nach Tiefgang und intensiven Begegnungen überein. Die Zusammentreffen waren schnell, vergänglich und oberflächlich. Das stimmte mich traurig.

Vielleicht betrübte es mich auch, weil ich nicht zwischendurch mit einer guten Freundin dasitzen, mich ablenken und lachen konnte. Im Aufenthaltsraum bildeten sich diverse Gruppen nach Herkunftsregionen. So spielten die Ungarinnen im Kreis sitzend *Mensch ärgere Dich nicht,* die Tschechinnen Karten und die Polinnen quatschten über dies und das und alle hatten einen Heidenspaß.

Der Laden war wohl ein Positivbeispiel für Etablissements dieser Art und selbstverständlich erkannte ich den Unterschied zu den zwei vorherigen, in denen ich arbeitete. Die Atmosphäre war höflich und fair, der Chef ein Mann, der hinter den Frauen stand und dem es vor allem wichtig war, dass die Frauen gerne und freiwillig bei ihm arbeiteten. Für mich war es ein **Absturz.** Den ganzen Tag in einem Laden zu sitzen und zu warten, dann ausgesucht zu werden, nett sein zu müssen und anschließend wieder zu warten. Ich fühlte mich in diesen fünf Tagen Bordellarbeit wie eine »richtige« Prostituierte. Ich fühlte mich so, wie Laien negativ über Prostitution urteilen. Dabei möchte ich nicht behaupten, dass sich jede Frau so fühlt, doch mir ging es so. Nach diesem Probetag sprach ich mit dem Inhaber des Bordells und erklärte ihm, dass er wirklich eine sehr schöne Arbeitsstätte habe, ich jedoch endgültig gemerkt hätte, dass ich auf diese Art und Weise Männern nicht begegnen möchte.

Es war also doch nicht dasselbe, wie zuvor vom Inhaber der Callgirlagentur behauptet wurde.

Die Tätigkeit als **Callgirl** bei meinem **Einstieg** Ende 2003 war besser. Viel besser! Ich musste nicht den ganzen Tag irgendwo sitzen und warten, sondern gestaltete meinen Tagesablauf, wie ich wollte. Ich las viel, trieb Sport, ging spazieren und genoss meine Freizeit. Das einzig Nervige war der **Bereitschaftsdienst.** Nicht einmal einen Kinobesuch konnte ich verabreden, denn in dieser Zeit wären mir potentielle Aufträge verloren gegangen. Deshalb versuchte ich meine Freizeitgestaltung so zu organisieren, dass ich möglichst kurzfristig nach Hause kam, um mich für den Termin zurechtmachen zu können.

Ein paar Wochen nachdem ich aus der Agentur ausgestiegen war, mietete ich Anfang 2004 ein separates Zimmer für Kunden an, die immer wieder nachfragten, ob ich auch *besuchbar* sei. Mir erschien das praktisch und sicherer, da ein Hausbesuch auch gefährlich sein kann (s. Kapitel 14, Sicherheit). Ich organisierte meine Termine dann selbst, musste nicht mehr auf Abruf bereit sein und konnte somit auch wieder einen Job in der Gastronomie annehmen. So hatte ich nach wochenlangem Hin und Her eine Möglichkeit für mich geschaffen, unter damals optimalen Bedingungen dieser Tätigkeit nachzugehen. Ich war durch den festen Job in der Gastronomie nicht zwingend auf das zusätzliche Geld angewiesen, sah noch etwas anderes als nackte Männer, kam unter Leute und mein Tagesablauf hatte eine gewisse Abwechslung und gleichzeitig Routine.

Die Aussage, die ich im Fernsehen traf, als ich zwischen Prostitution und Escortservice unterschied, bezog sich auf den Status, den ich zu diesem Zeitpunkt bereits erreicht hatte: Ich war 2008 stolze Besitzerin des Geschäftes **Egoistin** in Bayreuth für Farb-, Stil- und Imageberatung, betrieb ein kleines Seitensprungappartement für Paare und mein Escortservice gestaltete sich äußerst selektiv. Ich nahm nur mehr bis zu vier Treffen im Monat an, meine **Mindestbuchungsdauer** betrug vier Stunden mit einem Honorar von 950 Euro. Ich ließ mir von jedem Kunden ein **Foto** schicken, hatte eine **Gewichtsbeschränkung,** eine **Altersbegrenzung** von 30 bis 55 Jahren, erwartete Anfragen mindestens eine bis zwei Wochen vor dem eigentlichen Termin und immer eine **Anzahlung** des Honorars auf mein Konto. Und als ob das noch nicht genügte, setzte ich bei jedem Treffen ein gemeinsames Essen voraus. Reine Hotelzimmertreffen oder gezielte Serviceanfragen lehnte ich ab. Ich hatte den Anspruch, dass man(n) mich trifft, mich als Mensch und nicht irgendeine Erotikdienstleisterin, so komisch das vielleicht klingen mag.

Ich kann mich noch erinnern, als ich im Sommer 2008, in meinem Auto sitzend und die Gedanken schweifen lassend, sinnierte, es wäre wohl jetzt endlich an der Zeit, mit dem Job aufzuhören. Immerhin war ich ja nun Geschäftsfrau und verspürte einen leichten innerlichen Druck, endlich »seriös« werden zu müssen. Es kämpften Engelchen und Teufelchen auf meinen Schultern: »Du musst jetzt damit aufhören. Du bist doch eine seriöse Geschäftsfrau, da kannst du nicht abends so dein Geld

verdienen.« – »Ach was! Seriöse Geschäftsfrau! Ist Escortservice etwa unseriös? Jetzt hast du genau das erreicht, was du wolltest. Du bist selektiv wie noch nie zuvor. Triffst super Männer, die dich auf Händen tragen. Dein Leben ist so reichhaltig, du hast guten Sex, bist Single, attraktiv – was willst du mehr? Aufhören, nur der Gesellschaft und eines vermeintlich guten Rufes wegen? Pah!«

Was soll ich sagen? Das Teufelchen in mir siegte. Doch wenn ich genau überlege, war es eigentlich das Engelchen bzw. waren es vertauschte Rollen, denn meine Entscheidung machte mich glücklich und zufrieden.

Vor dem Hintergrund meiner Erfahrungen: fünf Tage Bordell vs. Wochen im High End Escort, erscheint meine Aussage bei RTL2 vielleicht klarer. Ich dachte zu dieser Zeit nicht über Political Correctness oder Ähnliches nach. Für mich war die Antwort ein Gefühl. Ich konnte nie nachvollziehen, wenn meine Art Escortservice mit *der* Prostitution in einen Topf geworfen wurde, die die blanke Sexdienstleistung mit mehreren Männern täglich betrifft.

Zumal die Definitionen von Prostitution immer recht ähnlich waren: Es ging in erster Linie um Sex gegen Geld, und das häufig mit verschiedenen Männern am Tag (**hwG**). Doch so viele waren es bei mir doch gar nicht. Ich würde sogar schätzen, weniger als bei manchen Damen, die sich am Wochenende in Tanzcafés vergnügen. Und dazu ging es bei meinem Escortservice auch nicht ausschließlich um Sex. Selbstverständlich war die erotische Komponente Bestandteil des Treffens, doch alles war frei und willig, eben freiwillig. Fühlt sich so Prostitution an, vor allem vor dem Hintergrund der negativen Konnotation des Begriffs?

Was genau trennt die Sparten der Prostitution wirklich?

Abgesehen von Arbeitsort, Bedingungen und einem Gefühl – gibt es vielleicht noch weitere, konkretere Unterscheidungsmerkmale?

Dr. Catherine Hakim beschreibt in ihrem Buch EROTISCHES KAPITAL Eigenschaften und Fähigkeiten, die Menschen zu mehr Erfolg verhelfen. Näher gehe ich darauf in Kapitel 9 ein. Maßgeblich unterscheiden sich die einzelnen Erotikdienstleistungen durch das von der Frau eingesetzte erotische Kapital. Je mehr Kapital eingesetzt wird, desto höher kann der Verdienst sein und desto mehr entfernt sich die Tätigkeit von der klassischen Prostitution. Bei der Differenzierung geht es nicht darum, eine Wertung der Tätigkeit oder gar der Personen vorzunehmen, denn selbstverständlich kann auch eine Akademikerin, die allen Modelkriterien entspricht, für sich entscheiden, lieber an der Straße arbeiten zu wollen.

Auch Hakim lässt in ihrem Buch die Prostitution als Beispiel direkter Umwandlung von **erotischem** in **ökonomisches Kapital** (sprich: Geld) nicht aus. Erwähnenswert in diesem Zusammenhang sind auch das **kulturelle** und das **soziale Kapital,** die sich ebenfalls sehr gut eignen, um die verschiedenen Ausprägungen im Erotikgewerbe aufzuzeigen und weiter zu verdeutlichen. Natürlich ist eine exakte Zuordnung nicht möglich, da die Grenzen zwischen den Sparten des Gewerbes und innerhalb des eingesetzten Kapitals fließend sind.

Im untenstehenden Diagramm erhalten Sie einen Überblick über die schwerpunktmäßig eingesetzten Kapitalarten für die unterschiedlichen Bereiche der Prostitution.

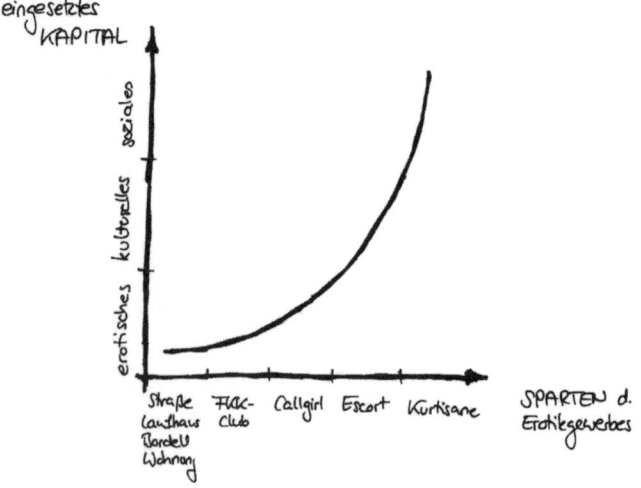

In den Bereichen **Straßenprostitution** bis **FKK-Club** kommt in erster Linie nur *erotisches Kapital* zum Einsatz, wobei in den ersten drei Kategorien **(Straße, Laufhaus, Bordell)** nur ein geringer Teil des erotischen Kapitals eingesetzt wird, allen voran die *sexuelle Kompetenz* und die *Attraktivität.* FKK-Club- und **Wohnungsdamen,**

wie **Callgirls,** benötigen für Erfolg in ihrer Arbeit zusätzlich *Sex-Appeal, soziale Fertigkeiten* und *Vitalität.*

Speziell im **Escortservice** benötigt die Dame zusätzlich noch Geschick in Bezug auf ihre *soziale Präsentation.* Das gekonnte Auftreten in der Öffentlichkeit muss bei einer Escortdame sitzen. Sie bringt also mindestens das gesamte *erotische Kapital* zum Einsatz, denn von einer **Escortdame,** die sich in bestimmten Kreisen bewegt, wird oftmals noch mehr erwartet. So hilft das eingesetzte *kulturelle Kapital,* wie beispielsweise **Fremdsprachen,** eine bestimmte Ausbildung und kulturelle Interessensgebiete, um seinen Kundenkreis in eine bestimmte Richtung zu lenken und entsprechende Buchungen zu generieren. Gerade bei Urlaubsbegleitungen ins Ausland oder für ausländische Kundschaft im eigenen Land haben Frauen mit Sprachkenntnissen die Nase vorn. Auch ist für kulturinteressierte Kunden eine Begleitdame mit Kulturkenntnissen immer wieder eine nette Konversationspartnerin auf Augenhöhe.

Bei einer **Kurtisane** kommen schlussendlich *alle Kapitalarten* zum Einsatz, denn sie führt bereits *partnerschaftsähnliche Beziehungen* mit ihren Kunden. Oft verschwimmen hier private und geschäftliche Grenzen und Interessen, so dass der Kunde oder auch umgekehrt die Kurtisane im Bekanntenkreis als Freund oder Freundin vorgestellt wird. Es wird also auch das soziale Kapital im Sinne des Beziehungsnetzwerkes ebenso mit eingebunden wie das erotische und das kulturelle Kapital. Man kennt sich bereits mit Realnamen, Diskretion wird eher kleingeschrieben und so werden auch offizielle Anlässe wie Bälle, Empfänge und Geschäftsmeetings gemeinsam besucht.

Zuletzt möchte ich gerne nochmals betonen, dass ich bei meiner eigenen Differenzierung (Skizze) nicht das bei der Anbieterin insgesamt vorhandene Kapital verwende, sondern lediglich das, was sie bereit ist, *einzusetzen.*

Während ich mich in den fünf Tagen Bordell äußerst unwohl fühlte, da mir das Zwischenmenschliche fehlte, mag es Frauen geben, die sich lieber gerne emotional abgrenzen. Ich habe im Erotikgewerbe vor allem den Menschen gesucht, denn nur so wollte ich Intimitäten teilen. Natürlich ging das nicht immer, aber es war zumindest im Ansatz mein Anspruch. So findet jede Frau für sich den passenden Bereich, je nachdem, was sie einzusetzen bereit ist.

Vielleicht tragen diese Erläuterungen dazu bei, in Zukunft differenzierter über das Erotikgewerbe zu sprechen. Denn ganz offensichtlich sind die Unterschiede zwischen den einzelnen Sparten riesengroß.

Im nächsten Kapitel erläutere ich die Bereiche Callgirls, Escortdamen und Kurtisanen nochmals ein wenig näher. Sollten Sie sich auch für die anderen Gebiete interessieren, finden Sie hierzu ausführliche Informationen im BERUFSRATGEBER FÜR HUREN von Micha Ebner, erhältlich bei Amazon und anderen Online-Verkaufsstellen sowie im Buchhandel.

6 Die Definition –
Escort, ein Euphemismus?

Nachdem ich im Kapitel zuvor die verschiedenen Bereiche der Prostitution kurz erläutert habe, möchte ich mich hier nur mehr auf die Begriffe **Callgirls, Escortdamen** und **Kurtisanen** beschränken. Diese drei Bereiche unterscheiden sich von den anderen fünf in erster Linie durch ihre Ortsungebundenheit. Diese Gemeinsamkeit veranlasst Medien, aber auch Damen wie Kunden, die Bezeichnungen wild durcheinanderzuwerfen. An sich könnte man sagen, es ist schließlich jedermanns Sache, wie er sich bezeichnet, und daher völlig egal – Bezeichnungen sind schließlich nur Schall und Rauch. Und doch habe ich die Erfahrung gemacht, dass mit bestimmten Begriffen ganz spezifische Vorstellungen einhergehen, sowohl für Damen, die sich für die Tätigkeit interessieren, als auch für Herren, die auf der Suche nach einer Dame sind.

Selbst Journalisten und Redakteure mixen die Begriffe, entweder aus Unwissenheit oder Schludrigkeit. So wurde ich, zuletzt als aktive Kurtisane tätig, in Artikeln als Callgirl bezeichnet und während meiner Zeit im Escortservice kurzerhand als Hure.

Wenn Sie sich im Internet umsehen, welche Dienstleistungen dort in Verbindung mit dem Begriff Escortservice angeboten werden, stellen Sie sehr schnell fest, dass es keine Rahmenbedingungen für diesen Bereich gibt.

Im Grunde genommen nennt sich heute alles Escortservice, was in der Lage ist, außerhalb eines festen Etablissements zu arbeiten. Escortservice wird also verwechselt mit: *Wir kommen auch zu Ihnen nach Hause oder ins Hotel* – es ist oftmals der *Lieferservice eines Bordells frei Haus* und wird als Zusatzangebot beworben.

Und auch ich startete meine Karriere nicht im Escortservice, so wie ich ihn später verstand. Mein Einstieg war der eines Callgirls. Escort ist englisch und heißt nichts anderes als Begleitung. Die Begleitung im »Escortservice« ab einer Stunde reicht allerdings gerade einmal vom Badezimmer bis zum Bett, und das ist in der

Regel nicht wirklich das, was sich sowohl Frauen als auch Kunden unter Escortservice vorstellen.

Wie Sie in Kapitel 5 bereits lesen konnten, unterscheiden sich die drei Bezeichnungen in Sachen Verfügbarkeit, Preisgefüge, Mindestbuchungsdauer, Kundenfrequenz und den eingesetzten Kapitalarten. Ich möchte hier eine weitere Differenzierung vornehmen, nämlich die der **Kundenbindung** und des **Serviceschwerpunktes.**

Callgirl, Escort und Kurtisane näher betrachtet

Zur besseren Übersicht hier die feinere Unterscheidung zwischen Callgirl, Escort und Kurtisane:

	Callgirl	Escortdame	Kurtisane
Verfügbarkeit	o	–	– –
Preisgefüge	o	+	+
Mindestbuchung	–	o	+
Kundenfrequenz	o	–	– –
Kundenbindung	–	+	++
Serviceschwerpunkt	Sex	Erotik, Begleitung	partnerschaftsähnliche Beziehungen

– – sehr niedrig – niedrig o mittel + hoch ++ sehr hoch

Während das Callgirl schon eher »auf Abruf bereit« sein muss, hat die berufstätige Escortdame oftmals eine Vorlaufzeit von zwei bis drei Tagen, die Kurtisane hingegen bis zu mehreren Wochen. Das **Preisgefüge** ist auf Grund der Mindestbuchungsdauer (ab einer Stunde) beim **Callgirl** verhältnismäßig gering. Eine Stunde kostet in der Heimatstadt der Dame oftmals 150 Euro ohne zusätzliche **Fahrtspesen.** Das heißt, die Zeit und die Kosten der Fahrt zum

Kunden sind inklusive und schmälern dadurch ihren Gewinn. Die **Escortdame** besucht Herren in der Regel ab zwei Stunden zu circa 400 Euro bis 1000 Euro. Die **Kurtisane** vereinbart Termine mit Neukunden meist erst ab sechs Stunden/einem Abend, so dass das Preisgefüge von Beginn an im vierstelligen Bereich liegt. Die **Kundenfrequenz** ist auf Grund des geringeren Verdienstes pro Kunde beim Callgirl in der Regel höher und so werden manche Damen von ihren Agenturen mehrmals täglich vermittelt. Bei einer Mindestbuchungsdauer von beispielsweise einem ganzen Abend ist das kaum mehr möglich. Entsprechend niedrig ist die Kundenfrequenz bei einer Kurtisane (sechs bis zwölf Stunden), zumal diese eher an beziehungsähnlichen Modellen interessiert ist, so dass sich eine sehr hohe **Kundenbindung** daraus ergibt.

Der wesentliche Unterschied jedoch, der zwischen den drei Kategorien besteht und der sich aus den vorausgegangenen Bedingungen ergibt, ist der **Serviceschwerpunkt.** Callgirls, die für eine Stunde Haus- und Hotelbesuche anbieten, reduzieren ihre Dienstleistung eindeutig auf den sexuellen Part. Erkennbar ist das auf den ersten Blick an den Sedcards im Internet, die eine ausführliche Serviceliste beinhalten. Dort werden konkrete Dienstleistungen, meist abgekürzt, aufgeführt: AV, GV, FO, FT, FM etc. Diese **Serviceliste** findet man teilweise auch noch bei Escortagenturen, dort allerdings eher umschrieben, weniger aggressiv und offensichtlich. Hinzu kommt, dass bei einem Kurzzeitdate ab zwei Stunden zwar mehr Zeit für Erotik oder ein kurzes Kennenlernen an der Bar ist, doch auch in diesem Zeitraum tritt die Begleitung völlig in den Hintergrund. Wirkliche Begleitung in Kombination mit Erotik kann kaum unter einer Mindestbuchungsdauer von vier Stunden stattfinden. Deshalb ist der Begriff Escortservice bei einem Angebot von zwei Stunden »Begleitung« bereits irreführend. Die Übergänge zwischen diesen Kategorien sind selbstverständlich wieder fließend.

Warum bieten Escortagenturen Kurzzeitdates an?

Die einfache Antwort lautet: Weil die Nachfrage vorhanden ist. Wenn man sich vorstellt, dass sich der Großteil der Prostitution im Bordell- und Wohnungsbereich abspielt, wo der Service bereits bei 15 Minuten beginnt, ist es nur logisch, dass hier ein reges Bedürfnis besteht. Es ist für viele Herren einfach bequemer, sich eine Dame ins Hotel kommen zu lassen, anstatt selbst losmarschieren zu müssen.

Selbst viele der sogenannten High-Class-Escortagenturen vermitteln ihre Damen bereits ab 1,5 Stunden. An dieser Stelle sollte man sich – je nachdem, was einem selbst wichtig ist – nicht blenden lassen. Die Preise mögen hoch sein, doch kommt diese Arbeit in der Tat eher einem Callgirl gleich – einem Luxus-Callgirl eben.

Des Weiteren macht es derzeit immer mehr Schule, den Escortdamen auch Appartements zur Verfügung zu stellen, so dass diese sich dann besuchbare Escorts nennen. Also besuchbare Begleitungen oder auch begleitbare Besuchungen oder Appartements to go – oder vielleicht doch besser Escort, ein Euphemismus ...

Warum nennen sich auch Bordelle, die Haus- und Hotelbesuche anbieten, Escortservice?

Es handelt sich beim Begriff Escortservice oder Begleitservice oft um Lockangebote diverser Betreiber. Wie kann man Frauen schneller für den Job begeistern als mit diesem anerkannten Begriff? Wer sagt schon gerne selbst von sich, er arbeite als Prostituierte oder in einem Bordell? Der Begriff Escortservice wird hier also tatsächlich missbraucht, um falsche Tatsachen vorzutäuschen. Falsche Tatsachen wie, dass die Dame den Job nur nebenberuflich ausübt, denn für viele Kunden impliziert der Begriff Escortdame »wenig wechselnden Geschlechtsverkehr« (wwG) im Gegensatz zum Bordell mit »häufig wechselndem Geschlechtsverkehr« (hwG). Welche Assoziationen für den Kunden sonst noch mit dem Begriff und der Dienstleistung einhergehen und was Männer besonders im Escortservice suchen, beschreibe ich ausführlicher in Kapitel 15.

Und was ist mit Begriffen wie High Class, Elite, Luxus, VIP etc.?
Alles heiße Luft?

Man versucht sich vom Markt abzuheben, abzugrenzen und gibt
sich selbst Begriffe dieser Art. Man ahnt es schon: Leider haben diese
Bezeichnungen ebenso an Bedeutung verloren wie auch schon der
Begriff Begleitservice. Es nennen sich manche Independent-Damen
High-Class-Escort, sind aber sogar in einem Bordell besuchbar.

Escortservice ist für viele Agenturen, aber auch Damen ohne
Vermittlungsagentur, ein Werbebegriff ohne Inhalt. Es ist meist ein
Versuch, etwas darzustellen, was nicht ist. Über Begriffe an sich
fängt man auf Dauer jedoch keine Kunden. Wenn sich Wörter am
Ende als leere Hülsen entpuppen, kann der Schuss des Marketings
nach hinten losgehen. Damit Sie selbst einen glaubhaften Auftritt
haben, lesen Sie weiter in Kapitel 12. Dort finden Sie alle wichtigen
Informationen zur professionellen Internetpräsentation.

Wann ist Escortservice wirklich Escortservice?

Ich habe mich dazu entschlossen, an dieser Stelle eine **Definition** von Escortservice festzulegen, da ich von vielen Damen kontaktiert wurde, die meine Art, Escortservice zu leben, faszinierte.

> Escortservice heißt Begleitservice und deshalb beginnt dieser für mich ab einer *Mindestbuchungsdauer von vier Stunden.* Reine Zimmerdates sind in einem Begleitservice nicht vorgesehen, ebenso wenig wie eine Serviceliste mit erotischen Dienstleistungen. Eine Escortdame ist in der Regel *berufstätig* oder befindet sich gerade in *Ausbildung,* weshalb sie mit Attributen wie hobby-, spaßig, neugierig, aufgeschlossen, gebildet, selbstbewusst, selbstbestimmt, attraktiv, lebensfroh, glücklich etc. in Verbindung gebracht wird. Keinesfalls sollte sie auf Abruf bereit sein. Auch steht ihr eine gewisse *Selektion* ihrer Kundschaft gut zu Gesicht. Eine Escortdame ist nicht auf eine sexuelle Dienstleistung zu beschränken, eher spricht sie *Körper, Geist und Seele* gleichermaßen an. Sie setzt ihr gesamtes *erotisches Kapital* und auch ihr vorhandenes *kulturelles Kapital* ein, um den Kunden ganzheitlich zufriedenzustellen. Sie ist unter diesen Gesichtspunkten in jedem Fall weit entfernt von der klassischen Prostitution, die sich auf Sex gegen Geld und hwG beschränkt. Die Kurtisane, die sich in partnerschaftsähnlichen Beziehungen wiederfindet und annähernd dem amerikanischen Sugardaddy/Sugarbaby-Modell gleichkommt, würde ich von der Prostitution im Sinne des hwG und Sex gegen Geld gänzlich ausschließen.

Eine weitere Frage, die oft im Zusammenhang mit Escort-/Begleitservice gestellt wird, ist …

Gibt es auch Escortservice
ohne erotische Dienstleistungen?

Der ursprünglich genutzte Begriff von Escort- oder Begleitservice war in der Tat die reine Begleitung von Personen zu verschiedenen Ereignissen, wie Theaterabenden, Opernbesuchen, offiziellen und privaten Anlässen. Die Begleitung beschränkte sich rein auf die Gesellschaft und sexuelle Interessen wurden nicht bedient (zumindest nicht offiziell).

Schätzungsweise 98 % aller Escort- und Begleitagenturen jedoch vermitteln heute ihre Damen und auch Herren für erotische Dienstleistungen. Es ist die modernste und anerkannteste Form der Prostitution. Der Escortservice ist gesellschaftsfähiger und lässt sich alleine durch die Tatsache, dass der Begriff nicht eindeutig ist, im Umfeld gut verschleiern. Als arbeitende Dame hat man im Bekanntenkreis somit die Möglichkeit, vom »rein seriösen Begleitservice« zu sprechen. Ich schätze, viele Damen nutzen diese Möglichkeit für sich. Denn anders ist es kaum zu erklären, weshalb noch immer viele Leute nicht exakt wissen, was genau Escortservice ist. Die Preise im Begleitservice ohne Erotik (wer danach sucht, muss explizit auf die Formulierung achten: ohne Erotik, ohne sexuelle Dienstleistung) liegen bei circa 30 Euro pro Stunde.

Mein Escort-Coaching-Tipp

Seien Sie sich dessen bewusst, dass auch erotischer Escortservice vor dem gesetzlichen Hintergrund Prostitution ist. Es liegt ganz an Ihnen bzw. Ihrer Agentur, wie gehaltvoll Sie Ihre Dienstleistung an den Mann bringen. Mit dem Begriff Escortservice alleine ist es noch lange nicht getan. Dieser wird erst durch Sie, Ihre Persönlichkeit und Ihren Auftritt, mit Leben gefüllt und dadurch erfolgreich oder erfolglos.

Lassen Sie sich, egal ob Sie auf Agentursuche sind oder sich selbst vermarkten möchten, nicht zu Bezeichnungen hinreißen, denen Sie oder Ihr Service nicht gerecht werden. Lassen Sie sich auch nicht von Escortangeboten locken, die lediglich Ausdrücke dieser Art verwendet.

Sie wissen nach diesem Kapitel nun in etwa, was hinter diversen Angeboten stecken kann. Wie Sie die richtige Agentur für sich finden, beschreibe ich in Kapitel 13. Wie Sie Ihren Markt als Independent-Escortdame oder Kurtisane finden, erkläre ich Ihnen in Kapitel 12.

---

7 Der Einstieg –
Geld oder Geilheit?

Was ist Ihre **Motivation,** in den Escortservice einzusteigen? Das viele Geld? Möchten Sie auch möglichst schnell reich werden, um die ganze Welt fliegen, in den schönsten Hotels übernachten und die tollsten, reichsten Männer treffen, um einen von ihnen am Ende sogar noch zu heiraten? Dann legen Sie das Buch am besten wieder zurück ins Regal. Denn dieses Märchen wird sich höchstwahrscheinlich nicht erfüllen. Auch nicht mit mir als Escort-Coach. Zumindest strebt, wenn ich in Stochastik richtig aufgepasst habe, diese Wahrscheinlichkeit gegen null.

Vielleicht ist es aber auch Ihr Grundbedürfnis nach Sex, das nach dem amerikanischen Psychologen Abraham Maslow jeder Mensch hat.

Was war damals meine Motivation, in den Escortservice einzusteigen? Es war Winter 2002, als ich mich das erste Mal mit dem Gedanken beschäftigte, mein Geld im Erotikgewerbe zu verdienen. Noch relativ unklar über die Art und Weise besprach ich mit meinem Freund meine Gedanken. Unsere Beziehung war so frei, dass über solche Themen offen geredet werden konnte. Er kannte den ein oder anderen Inhaber eines Etablissements und fuhr mit mir am Tag X zu einem solchen. Da standen wir nun vor den Türen des FKK-Clubs und ich bekam Muffensausen. Da jetzt reingehen? Oje. Was erwartet mich da nur? Irgendwie war es nicht das Gefühl, das ich erwartet hatte. Ich dachte eher an Abenteuer und Freiheit, doch nun überkam mich ein beklemmendes Gefühl: Enge, Zwang und Unsicherheit. Wir standen eine halbe Stunde auf dem Parkplatz, zwischendurch betrat er das Etablissement ohne mich. Er sprach kurz mit dem Inhaber, doch ich setzte keinen Fuß vor die Autotür, so dass wir »unverrichteter Dinge« weiterfuhren.

Es sollte noch ein ganzes Jahr dauern, ehe ich eine Frau kennenlernte, die mich faszinierte. Sie war 28 Jahre alt, kam aus Polen und versorgte durch ihren Job als Callgirl in der Schweiz ihre drei

Kinder zu Hause als alleinerziehende Mutter. Ina, so ihr Künstlername, war eine Erscheinung. Wo sie lief und schlief, machte sie die Männer verrückt. Es war kaum möglich, mit ihr durch ein Kaufhaus zu gehen, ohne dass sich die Kerle fast den Hals verrenkten. Dabei war sie keinesfalls obszön oder billig, sondern immer elegant gekleidet, hatte eine perfekte Figur, langes volles Haar und ein bildschönes Gesicht.

In ihr sah ich eine selbstbestimmte und taffe Frau, die sich ihrer weiblichen Reize voll und ganz bewusst war, diese auskostete, mit ihnen spielte und am Ende damit Geld verdiente. Sie war für mich zu dieser Zeit der Inbegriff einer starken, eigenständigen Frau, die straight ihren Weg ging. Die Psychologie bezeichnet diese Art der Motivation als Modelllernen (Bandura). Ina war mein Modell, ich ihr Beobachter und ich lernte.

Die Tatsache, dass sie nicht den ganzen Tag in einem Etablissement herumsitzen musste, sondern ihren Tag so gestaltete, wie sie es wollte, faszinierte mich. Zudem empfand ich es als besonders geheimnisvoll, wie sie zu fremden Männern fuhr, um eine teure Dienstleistung zu erbringen. Aufregend war für mich die Vorstellung, dass Männer bereit sind, viel Geld zu bezahlen, um mit einer Frau zusammen sein zu dürfen. Welche Macht hatten diese Frauen über diese Männer? Was hatten diese Frauen an sich, dass Männer so viel Geld ausgaben, um nur für ein paar Stunden kostbare Zeit mit ihnen zu verbringen?

Ich war gerade an einem Punkt in meinem Leben, in dem ich sehr kraftlos war. Ich hatte vier Jahre Saisongastronomie hinter mir, damit einhergehend unzählige Umzüge und mich gerade mit großem Tohuwabohu morgens um zwei von meinem Freund getrennt. Ich war völlig ausgebrannt und hatte die Nase von Männern gestrichen voll. Also von den Männern, die meinten, sie müssten mein Leben bestimmen, mich manipulieren und schlecht behandeln. Erst später erkannte ich, dass dazu natürlich immer zwei gehören. Somit war für mich der Escortservice eine echte Alternative. Ich wollte endlich frei und selbstbestimmt leben. Ich wollte nicht mehr zehn Stunden täglich im Zigarettenqualm eines Pubs stehen, der mich, im wahrsten Sinne des Wortes, rotsehen ließ. Ich wollte nicht mehr nur funktionieren müssen und immer freundlich sein, auch wenn mir nicht danach war. Ich wollte mich nicht mehr respektlos behandeln lassen, egal ob von Gästen oder diversen Chefs. Ich wollte einfach meine Ruhe haben. Und Zeit für mich. Einfach mein Ding machen, meine Ruhe haben und mich um mich kümmern. Mein Ding machen und meine Ruhe haben.

Manche junge Damen, die mich später, als ich als Escort-Coach tätig war, per E-Mail kontaktierten, stellten sich vor, nach dem Abitur und vor dem Studium auf diese Weise erst einmal Geld zu verdienen. Nicht ohne Grund fügte ich eines Tages auf meiner Website den Zusatz ein, dass ich junge Frauen *erst ab einem Alter von 21 Jahren berate,* was mit meinem Verantwortungsgefühl für diese Frauen zu tun hatte. Wenngleich der Gesetzgeber das Schutzalter von 18 Jahren vorsieht, habe ich hierzu eine andere Einstellung. Ich behandle die Fragestellung zu Ethik im Escortservice und Verantwortung meiner Beratung im Allgemeinen ausführlicher in Kapitel 18. An dieser Stelle möchte ich die Empfehlung geben, dass man mindestens das 21. Lebensjahr erreicht (**Mindestalter**) und in jedem Fall wenigstens eine feste Liebesbeziehung über einen längeren Zeitraum erlebt haben sollte, ehe über einen Einstieg nachgedacht wird. Zusätzlich sollte man unbedingt bereits auf andere Art und Weise sein Geld verdient haben, um den Bezug zur deutschen Lohn- und Gehaltsrealität nicht zu verlieren.

Eine andere Motivation vieler Damen, in den Escortservice einzusteigen, sind das Ausbrechen aus dem Alltag und die sexuelle Abwechslung. Denn die gesellschaftlichen Normen, denen eine Frau nach wie vor unterliegt (hallo, Heilige!), lassen ein Ausleben einer promisken Sexualität, also einer Sexualität mit häufigem Partnerwechsel, in der Regel nicht zu. Mal weg sein von all den gesellschaftlichen Wertvorstellungen und sich hineinstürzen in ein verpöntes Abenteuer. Ein bisschen Luder sein, unanständig und verrucht. Dabei Abenteuer, Lust, Neugierde ausleben, die schönsten Hotels und Plätze entdecken, neue Menschen kennenlernen und interessante Gespräche führen, das alles bereichert das Leben dieser Frauen. Für sie bietet sich der Escortservice förmlich an.

Kann man im Escortservice reich werden?

Die Hauptmotivation der meisten Frauen, die sich zu einem Einstieg entscheiden, ist jedoch von Beginn an das Geld. Und das ist an sich auch völlig in Ordnung, nur sollten die Ziele des Geldverdienens realistisch sein und ebenso die Vorstellung, was Escortservice genau beinhaltet (s. Kapitel 6). Ganz nach dem Untertitel des Films STELLUNGSWECHSEL: »*Lieber Sex für Geld als kein Sex und kein Geld*«, lässt sich zwischen diesen beiden Komponenten eine wunderbare Symbiose herstellen. Ich habe in meiner gesamten Zeit im Erotikgewerbe noch keine Dame kennengelernt, die rein aus Libidogründen eingestiegen wäre.

In meinem Escort-Coaching zeigte sich jedoch, dass die meisten Damen verantwortungsbewusst und realistisch mit ihrer finanziellen Vorstellung umgehen und selbstverständlich einen aufgeschlossenen Zugang zu ihrer Erotik haben – alles andere wäre kontraproduktiv, sowohl für ihren Körper und ihre Seele als auch ihr Portemonnaie. Die meisten von ihnen wollten sich durch einen Nebenjob ein nettes Zusatzeinkommen sichern, sich mehr als nur einen Urlaub im Jahr leisten können und/oder einfach ein finanziell sorgenfreies Leben führen, ohne zwingend von einem Mann abhängig zu sein oder wertvolle Lebenszeit in einem anderen Nebenjob zu verlieren. Das Geld spielte immer eine gravierende Rolle, womit ich dann auch schon beim interessanten Thema, den **Verdienstmöglichkeiten,** wäre.

Diese sind sicherlich in erster Linie davon abhängig,
1. wie viele Treffen die Dame vereinbaren möchte und
2. welches Honorar sie bzw. ihre Agentur verrechnet.

So kann der monatliche Verdienst zwischen null und 10.000 Euro brutto liegen. Zweites setzt absolute Professionalität, einen internationalen Bekanntheitsgrad, hauptberufliche Ausübung des Jobs, psychische Stabilität, physische Gesundheit, Erfüllung des Schönheitsideals, eine geringere Mindestbuchungsdauer, hwG (häufig wechselnden Geschlechtsverkehr) und vieles mehr voraus und ist zu Beginn ausschließlich über eine Agentur möglich. Man sollte sich aber ernsthaft fragen, ob diese Rahmenbedingungen erstrebenswert sind. Ein guter dauerhafter Durchschnittsverdienst einer Escortdame liegt in etwa bei 1.000 bis 6.000 Euro monatlich. Dabei handelt es sich nicht um den Reingewinn, denn von diesen Beträgen sind die MwSt., die Einkommenssteuer, Auslagen und eventuell noch die Agenturprovision abzuziehen.

Prostitutionskritiker werfen dem Gewerbe oft ein menschenverachtendes Arbeitsklima vor, da Frauen sich in erster Linie aus finanziellen Notlagen heraus zu dieser Tätigkeit entscheiden würden. Diese Kritikaster pressen Frauen damit in eine **Opferrolle,** die ihnen jedoch so nicht gerecht wird.

Eine kleine Denkübung

Wenn Menschen als Sexarbeiter tätig werden – ja, es gibt auch Männer, die diesen Beruf ausüben, weil sie (aus einer **Notlage** heraus) Geld verdienen möchten –, ist das in erster Linie eine Entscheidung, die fast jeder Bürger tagtäglich aufs Neue trifft: arbeiten, um Geld zu verdienen. Welche Art von Tätigkeit jemand ausüben möchte, ist in Deutschland, sofern die Arbeit legal ist, noch immer das Recht eines jeden Bundesbürgers. Dies ist unter dem Begriff der Berufsfreiheit sogar in unserem Grundgesetz geregelt! (Art. 12, Abs. 1, GG.) Eine Garantie, dass man den Beruf auch bekommt, den man sich wünscht, gibt es natürlich nicht und es ist zudem verboten, einen Menschen zu einer Arbeit zu zwingen, die dieser nicht tun möchte – das wäre Zwangsarbeit.

Darüber hinaus greift im speziellen Fall der Prostitution das Recht auf **sexuelle Selbstbestimmung.** Auch diese ist seit 1973 in Deutschland gültiges Recht.

Die Opferrolle bei Prostituierten wird im Speziellen von Prostitutionskritikern mit der finanziellen Notlage begründet. Eine finanzielle Notlage oder einen finanziellen Engpass haben sicherlich viele Menschen auf Grund von Schicksalsschlägen oder anderen Dingen schon einmal erlebt. Die Scham, nicht genügend Geld zu besitzen, um in dieser Leistungsgesellschaft mithalten zu können, ist dabei enorm hoch. Doch wer bereits im Winter, eingehüllt in eine oder zwei Decken, in seinem kalten Wohnzimmer saß, mit einer Kerze auf dem Tisch, weil man ihm den Strom abgestellt und er kein Geld mehr für die Heizung übrig hatte, der wird die Scham vielleicht lieber eintauschen gegen ein menschenwürdiges Leben und eine Tätigkeit, die er mit sich vereinbaren kann.

Die Denkübung geht weiter: Wenn nun die finanzielle Notlage, aus der heraus sich manche Menschen prostituieren, sie zu Opfern macht, sind dann nicht all jene Menschen **Opfer,** die aus einer finanziellen Notlage heraus arbeiten gehen? Und sind nicht alle Menschen, die nicht arbeiten gehen, dann früher oder später Opfer? Also ist das Arbeiten an sich nur eine Tätigkeit für Opfer? Und warum werden männliche Callboys, die Frauen bedienen, nicht als Opfer wahrgenommen? Ist diese Opferdiskussion vielleicht in Wirklichkeit eine politische, eine feministische? Mann gegen Frau – männliche Sexualität gegen weibliche Sexualität?

Doch einen Vorteil hat diese Rolle: Als Opfer kann man sich des Mitleids der von oben herabschauenden Meute sicher sein. Sie hilft einem dann auch gerne wieder auf, sofern man zur Katharsis von allem Schlechten fähig ist. Nur dient die von der Hure verlangte Katharsis in Wirklichkeit ausschließlich der eigenen. Das wusste schon Aristoteles und vielleicht ist das auch der Grund, weshalb die pseudo-empathischen Claqueure so erpicht auf die Tragödie der Hure sind.

Kurzum: *Das Bedürfnis nach Geld macht noch keine Opfer, das Bedürfnis nach Sex noch keine Täter.*

Welche Bedürfnisse hat der Mensch?

Der amerikanische Psychologe Maslow stellte hierzu eine nach Prioritäten geordnete **Bedürfnispyramide** auf. Laut dieser **Bedürfnishierarchie** müssen erst die unteren Bedürfnisse befriedigt sein, ehe die anderen Stufen überhaupt relevant werden.

Die Pyramide zeigt in der untersten Kategorie Bedürfnisse, die lebenserhaltenden Maßnahmen entsprechen. Alles, was zum Überleben notwendig ist, muss also als Erstes befriedigt werden, ehe andere Bedürfnisse in Frage kommen. Maslows spezielle Ansicht,

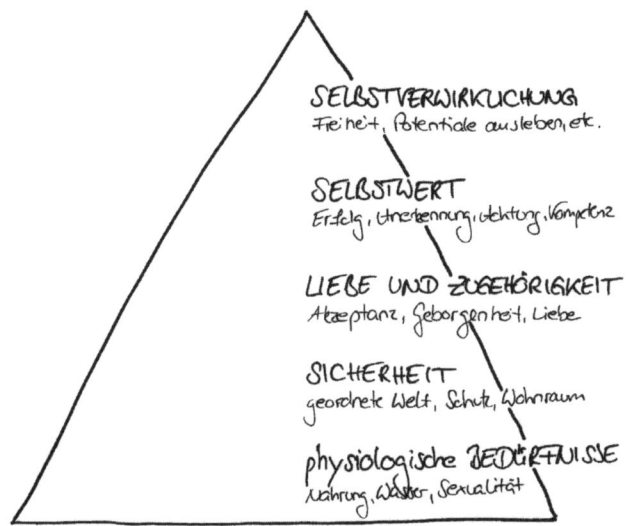

SELBSTVERWIRKLICHUNG
Freiheit, Potentiale ausleben, etc.

SELBSTWERT
Erfolg, Anerkennung, Achtung, Kompetenz

LIEBE UND ZUGEHÖRIGKEIT
Akzeptanz, Geborgenheit, Liebe

SICHERHEIT
geordnete Welt, Schutz, Wohnraum

physiologische BEDÜRFNISSE
Nahrung, Wasser, Sexualität

dass die Sexualität ebenfalls zu den Urbedürfnissen gezählt wird, ist nicht unumstritten. Ob die Sexualität wirklich wichtiger ist als das Bedürfnis nach Sicherheit oder Zugehörigkeit und Liebe, muss jeder Mensch für sich entscheiden. Es steht jedoch außer Zweifel, dass die Bedeutung der Sexualität in unserer Gesellschaft nach wie vor und trotz aller Forschungsergebnisse weitestgehend marginalisiert wird.

Orientiert man sich nun an dieser Pyramide, ist es nur logisch, wenn manche Frauen diesen Job ergreifen, um ihre Grundbedürfnisse zu stillen, nämlich sich (und eventuell ihren Kindern) Essen zu kaufen und das Bedürfnis nach Sicherheit zu befriedigen, wie beispielsweise eine sichere, warme, helle und freundliche Wohnung bezahlen zu können. Doch auch das Bedürfnis nach dem eigenen Sex, nach Zärtlichkeit und Nähe kann man mit dieser Tätigkeit stillen, *sofern man mit Lust und Spaß an die Sache herangeht.*

Und wenn man jetzt noch davon ausgeht, dass sowohl die **Arbeitsbedingungen** als auch die **Kundenselektion** stimmen, und Maslows Pyramide als feststehendes Gerüst betrachtet, könnte man sagen: Die Prostitution ist der *Traumberuf* schlechthin. *Alle Grundbedürfnisse auf einen Streich!*

Mein Escort-Coaching-Tipp

Sollten Sie sich für einen Job im Erotikgewerbe interessieren, sollten Sie das 21. Lebensjahr erreicht und mindestens eine feste Liebesbeziehung über einen längeren Zeitraum geführt haben.

Welche Motivation auch immer für Sie im Vordergrund steht,
die Dauer der Tätigkeit ist von Frau zu Frau sehr unterschiedlich. Während sich manche Frauen für den Zeitraum von ein paar
Wochen oder Monaten für diesen Job entscheiden, legen sich
andere Frauen zeitlich nicht fest und können über mehrere Jahre
diesem Gewerbe verhaftet bleiben.

Dass monetäre Aussichten überwiegend Grund für den Einstieg in den Escortservice sind, ist Fakt und auch nicht tragisch,
wenn Sie den Blick für Ihre Ziele nicht verlieren. Ich warne ausdrücklich vor einem Einstieg unter Voraussetzung einer finanziellen Abhängigkeit, wenn der Job an sich sonst abgelehnt würde, da
die tatsächliche Freiwilligkeit zu dieser Berufsausübung in diesem
Fall in Frage steht. Finanziell von einer intimen Tätigkeit abhängig
zu sein, die man nur widerwillig ausübt, kann auf Dauer psychisch
und physisch krank machen. Deshalb sollten weitere Motivations-
gründe für Ihren Spaß an der Tätigkeit das erotische Abenteuer
und die Neugierde sein.

Sie finden in den nächsten Kapiteln viele weitere Ratschläge
und Überlegungen dazu, was eine Tätigkeit im Escortservice mit
sich bringt. Erst wenn Sie alle diese Kapitel gelesen haben, insbesondere Kapitel 8 und 10, stoßen Sie auf weitere Überlegungen,
wie beispielsweise, ob Sie dem Job als Haupt- oder Nebenberuf
nachgehen möchten oder ob der Job independent oder dependent
(Agentur) ausgeübt werden soll.

Unmittelbar im nächsten Kapitel erfahren Sie bereits einige
Hinweise zum Ausstieg. Wer in den Escortservice oder allgemein
in den Bereich der Prostitution einsteigt, sollte sich bereits während der Einstiegsüberlegungen ernsthaft und bewusst mit Aus-
stiegsgedanken befassen.

8 Der Ausstieg –
Reife oder Reichtum?

Wegen Reichtum geschlossen! Kennen Sie den? Wenn Sie nach Ihrem Einstieg auch mal so weit sind wie Max Gallenz in der Komödie WEGEN REICHTUM GESCHLOSSEN, haben Sie wohl einiges richtig gemacht. Oft endet der **Einstieg** von Frauen in das Prostitutionsgewerbe allerdings mit einem Drama: der Reife. Sicherlich, es gibt einige Damen, die werben mit Sprüchen wie »*reife Früchte schmecken süß*« und sie erreichen damit sicherlich ihre ganz spezifische Zielgruppe. Die Masse ist es allerdings nicht mehr. Die Masse erreichen die jungen, knackigen Früchtchen. Dann gibt es noch die Trauben, die für manche Männer zu hoch hängen und dadurch sowieso immer sauer sind. Aber das ist ein anderes Thema.

Um Ihnen dieses wichtige Kapitel näherzubringen, möchte ich Ihnen einen nachdenklichen und schonungslos ehrlichen Abschiedsbrief von mir zum Lesen überreichen. Ich veröffentlichte diesen im Februar 2010 im Internet:

Der Abschiedsbrief: good bye!

Abschied nehmen – sich von einem Menschen oder einer Situation bewusst zu verabschieden, kann Erleichterung bringen und den Blick für neue Wege öffnen. Abschied zu nehmen heißt für mich außerdem, respektvoll einer Zeit den Rücken zu kehren, die zu ihrer Zeit richtig war, sich weiterentwickelt hat, gewachsen ist, bis der Schuh zu eng wurde.

Ende 2003 bin ich in die Erotikbranche eingestiegen. Ich glaube, ich habe alles oder fast alles erlebt, was man erleben kann.

Das kurz im Schnelldurchlauf:

Ich startete über eine Escortagentur, die keine war. Dahinter verbarg sich ein Mann, der geschickt versuchte, die Damen über den Escortservice zu locken, um sie in eines seiner Bordelle zu verfrachten – auf Deutsch: ein Zuhälter. Wie er das tat? Ganz geschickt! Man hatte in den ersten vier Wochen sehr gute und viele Aufträge und von heute auf morgen gar keine mehr. Die Ersparnisse sind bald aufgebraucht, man wird hingehalten, bis nichts mehr geht und dann der großzügige Vorschlag kommt, man könnte doch auch mal in diversen Etablissements arbeiten – mein Gott, wo ist schon der Unterschied? Die Tätigkeit wäre schließlich die gleiche. Dazu muss ich sagen, ich bin damals völlig freiwillig und ohne finanzielle Not in den Escortservice eingestiegen – die finanzielle Not kam dann erst. Nette, äußerst nette Kunden, die selbst merkten, dass mit der »Agentur« etwas nicht stimmte, ließen mich von ihrem Eindruck wissen und halfen mir am Ende beim Ausstieg aus der Agentur und gleichzeitig beim Einstieg in die Selbstständigkeit als Independent-Escortdame. Escort ist schon fast übertrieben – es waren Haus- und Hotelbesuche. Ich kannte es von der Agentur nicht anders und führte einfach das, ohne es in Frage zu stellen, eine Zeit lang weiter fort. Nach circa neun Monaten wollte ich mir mit meinem Traumauto einen Wunsch erfüllen – seltsamerweise verliebte ich mich noch am selben Tag. Zuuuu dumm aber auch!

Der Finanzierungsvertrag war unterschrieben, denn ich wollte diesen Job noch ein wenig machen. Verliebt war mir das leider nicht mehr möglich und so wählte ich die finanzielle Misere, die nicht ausbleiben sollte. Nach wieder neun Monaten war die Beziehung dann auch dahin – der Druck war enorm, das Auto dann weg und der Schuldenberg groß.

Ich zog nach Deutschland zurück (aus der Schweiz) und fing an, meine Schulden abzuarbeiten. Ohne Schuldnerberater oder sonstige Hilfe machte mir die Audibank das Leben zur Hölle. Eine Rate, die mit einem »normalen« Verdienst nicht zu bewältigen gewesen wäre. Ich versuchte den Ausstieg über Promotionjobs etc. Doch da Promotionagenturen ein Zahlungsziel oft nicht so genau nehmen, hängte ich das bald an den Nagel und arbeitete tapfer als Prostituierte weiter.

Es war für mich okay. Ich hatte mich arrangiert mit diesem Job in dieser Zeit. Er ermöglichte mir immerhin ein »normales« Leben, so dass ich meine Raten bezahlen konnte, nachts ohne Sorgen einschlief, und zudem sprang ab und zu auch noch ein Orgasmus dabei heraus.

Ich verliebte mich erneut im Sommer 2006 – unsterblich! Doch dieses Mal sollte ich nicht mehr so dumm sein und alles aufgeben, der Liebe wegen. Obwohl er mir die tollsten Versprechungen machte ... ehe er nicht für meinen Unterhalt sorgen wollte, war ich nicht bereit den Job aufzugeben – nach vier Wochen fand ich heraus, dass er verheiratet war. Trotzdem dauerte die Affäre gut zwei Jahre weiter an. – Der Kerl hat am Ende ein echtes Schnäppchen gemacht!

2007 der nächste Versuch einer Beziehung. Während dieser Zeit absolvierte ich meine Ausbildung zur Typ-Stylistin, Visagistin und Farb-und Stilberaterin in München. Ende 2007 überlegte ich lange, ob ich in eine Escortagentur einsteigen sollte oder nicht. Ich wagte dann doch den Schritt zur erneuten Selbstständigkeit im Escortservice. Buchungsdauer: ab vier Stunden. Ich wollte keine Kurztreffen mehr. Es erwies sich mit neuen Texten auf der Homepage und einem anderen, ehrlichen Selbstbewusstsein auf Grund meiner beruflichen Weiterentwicklung als Erfolg.

Anfang 2008 eröffnete ich in Bayreuth ein Stundenzimmer für Paare und das LIFESTYLE STUDIO EGOISTIN – das Outing im TV stand an. RTL2 fragte mich für Exklusiv – die Reportage an: ein Multiplikator. Es folgten weitere TV-Auftritte, unter anderem bei Extra – Das RTL-Magazin, Jacqueline Stuhler und nicht zuletzt Erwin Pelzig.

Den Escortservice setzte ich fort, bis ich im Sommer 2009 feste Kavaliere hatte und mich selbst zur »Kurtisane der Moderne« umbenannte. Seit Herbst 2009 bin ich endgültig aus dem erotischen Escortservice ausgestiegen und begleite Herren nach wie vor zu verschiedenen Anlässen ohne erotisches Ende, jedoch mit emotionalem Happyend.

Alles in allem waren meine Erfahrungen im Paysex-Gewerbe äußerst gut. Egal, ob ich in meinem angemieteten Zimmer arbeitete, Haus- und Hotelbesuche machte oder später im Escortservice erfolgreich war.

Meine Erfahrungen waren positiv – ich habe Männer kennengelernt, ich habe aber vor allem auch mich kennengelernt. Meinen Körper, was mir gefällt, was mir nicht gefällt, meine Sexualität habe ich nochmals neu entdeckt. Ich wurde selbstbewusster ... mein Chef (Gastronomie) in der Schweiz, der von meinem Nebenjob wusste, spürte förmlich, wie ich aufblühte und auch die Gäste am Tresen viel selbstsicherer bedienen konnte. Er sagte immer leicht (oder auch stark) grinsend:»Gell? Der Job, der tut dir gut? – Das sieht man dir richtig an!« – im wahrsten Sinne des Wortes, das tat er – bis zu den Schulden. Danach war es zwischenzeitlich der Horror. Ich hatte mich durch Unachtsamkeit und Naivität in eine Situation gebracht, in die ich nie, nie kommen wollte: Ich nahm Drogen – Kokain – über einen Zeitraum von zwei Monaten. Meine Haut wurde dann allerdings so schlecht, dass ich von einem auf den anderen Tag wieder damit aufhörte – **Selbstmitleid** beendet!

Mit den Männern lernte ich umzugehen. Ich ging nach gut zwei Monaten Selbstständigkeit meinen ganz eigenen Weg, schaltete meine eigene Werbung, war kreativ und hatte Spaß an dieser Selbstvermarktung. Doch leider ist das nicht alles. Eine Beziehung war quasi nie möglich oder nur mit großem Herzschmerz verbunden.

Man lernt Männer kennen, die einem alles über die Frau zu Hause erzählen. Ich fragte allerdings auch immer gerne nach, weil ich es wissen wollte. Ich wollte wissen, was dahintersteckt, hinter dem Phänomen des »**Fremdgehens**«. Ich wusste also, wie sie heißen, wie sie aussahen, ob sie gerade schwanger sind, falls ja, in welchem Monat, ob es ein Junge oder ein Mädchen wird und wie er oder sie mal heißen wird. Ich kannte wohl alle Ausreden, die Männern so einfallen, wenn sie fremdgehen, wusste, von welchem Computer aus sie nach den anderen Frauen Ausschau halten, also ob von zu Hause oder vom Arbeitsplatz aus. Ich kannte die Lebensgeschichten und natürlich – nicht zu vergessen – die sexuellen Vorlieben! Dabei waren die bei mir meist gar nicht so ungewöhnlich, da ich keine speziellen Dinge anbot. Für manche war es lediglich die Abwechslung, für wenige die Erniedrigung, für wieder andere ... Ansehen kann man es den Männern nicht, genauso wenig wie den Frauen, die diesen Job ausüben.

Ja, ich lernte Männer fast nur von diesen zwei Seiten kennen. Die Fremdgeher, die Betrüger, die Lügner ... kein schönes Bild. Auf der anderen Seite stand der nette Mann, der mich mit allem Respekt behandelte, der mich verwöhnte, der mir guttat. Ich versuchte sie zu verstehen, beschäftigte mich immer mehr mit dem Thema Sexualität und fand für mich heraus, dass es keine Monogamie gibt (auf beiden Seiten eine Ausnahme) und dass Ehrlichkeit in Beziehungen die wohl größte Mangelware ist.

Ich lernte, dass Prostituierte in der Gesellschaft, und dabei spielt es eine untergeordnete Rolle, ob sie Bordell- oder Escortdame sind, ausgegrenzt werden. Sie werden teilweise behandelt wie Aussätzige, wie Kranke, wie Geächtete. Doch nicht überall! Ich hatte auch ganz tolle Erlebnisse nach meinem Outing, aber eben auch verletzende.

Am Ende bin ich zu dem Punkt gekommen, dass der Mensch so viel **Ehrlichkeit** einfach nicht verträgt. Es würde das Leben wohl zu unangenehm machen.

Im Erotikgewerbe arbeiten und sich in der Erotikszene bewegen (müssen), sind zwei Paar Stiefel. Ich hatte tolle, tolle Männer, geile Dates, hammermäßigen Sex und trotzdem geht der Job an die Substanz. Es sind weniger die Treffen, als vielmehr die Szene, in der man sich bewegt, wenn man independent arbeitet. Man muss Werbung schalten, surft im Internet, tauscht sich aus. Kommt auf Foren, deren Namen ich lieber nicht nennen möchte, in denen Dinge zu lesen sind, die einen vom Glauben abfallen lassen. Männer schreiben über Frauen, die sie getroffen haben, wie über ein Stück Vieh auf dem Jahrmarkt – und noch schlimmer! Es ist pervers, es geht unter die Gürtellinie, es ist menschenverachtend und abscheulich! Auch wenn ich von diesen Dingen nicht direkt betroffen war – und wenn, habe ich mich zur Wehr gesetzt –, möchte man sich mit Menschen dieser Art nicht abgeben. Es sind Männer, die ihr Leben hassen und über diesen Weg den Frust versuchen zu kompensieren. Es gibt leider jede Menge davon.

So ist das. Und wer als Frau einmal Einblick in diese Welt hatte, der will das nicht sein Leben lang – ich wollte es nicht mein Leben lang. Wie gesagt, so schön die einzelnen Begegnungen waren, die Gesellschaft auf der einen Seite und dieser Einblick in die Abgründe der menschlichen Seele machen ein positives Leben auf Dauer unmöglich – zumindest für mich.

Es stand oft die Frage im Raum: Was mache ich nach dem Ganzen? Mit der Erfahrung, mit dem, was ich über Menschen/Männer und die »Szene« gelernt habe? Gründe ich eine Escortagentur? Bleibe ich dort, wo ich schon viel Energie hineingesteckt habe?

Nein! – Ich habe mich dazu entschlossen, der gesamten Paysexszene den Rücken zu kehren! Ich möchte *neue Wege* gehen. Ich möchte Männer anders kennenlernen, möchte Männern anders begegnen – aber nicht nur den Männern. Auch den Ehefrauen möchte ich mehr entgegenbringen können als Mitleid.

Ich bin dankbar für den Weg, der mir aufgezeigt wurde, für die wundervollen Begegnungen, die mir oft Kraft und Energie gaben, die mir eine kleine Stütze waren, mit denen ich mich fruchtbar austauschen konnte, die mich auf meinem Weg unterstützt haben und immer an mich geglaubt haben, da sie das Potential und die Kraft, die in mir steckten, gesehen haben. Die seit 2006 meinen Newsletter abonniert haben, meine Wege verfolgen und nicht müde werden, mir immer wieder zu antworten – die liebevollen, stillen Begleiter auf meinem Weg. Ich bin dankbar für die Lehren, die ich aus meinem Leben gezogen habe.

Jetzt möchte ich mich voll und ganz auf meinen neuen Weg konzentrieren, der da heißt: das *Abitur* nachholen. Es wird nicht einfach werden, es wird mich Überwindung kosten und doch freue ich mich riesig auf diesen Schritt und auf diese nächste große Chance, welche mein Leben für mich bereithält.

Puh! Ist der ehrlich! Ich bin gerade ein wenig selbst erschrocken, wie ich damals gefühlt habe. Doch es führt kein Weg daran vorbei und wenngleich mich wohl große Kritik erreichen wird, wie ich so offen über die Szene schreiben könne, so ist es doch meine damals gefühlte Wahrheit und dadurch berechtigt, hier publik gemacht zu werden. Dieser Abschiedsbrief zeigt so viele Facetten der Branche auf, die ich heute nicht besser beschreiben könnte, als ich es damals getan habe. Er beleuchtet ganz klar, wie schnell es gehen kann, dass ein **Ausstieg** fast unmöglich wird. Und auch nach diesem Abschiedsbrief kam ich nochmals im Sommer 2011 kurz zurück. Ich war bereits wieder Vollzeitschülerin, um mein Abitur auf dem zweiten Bildungsweg nachzuholen, ohne auch nur einen Cent staatliche Unterstützung zu erhalten. Diese gibt es ab dem 30. Lebensjahr nämlich nicht mehr. Ich nutzte den finanziellen Engpass dazu, nochmals mit einem neuen Konzept zurückzukehren, das mich außerordentlich reizte. Es war mein letzter und für mich schönster Außenauftritt.

Doch um nochmals auf den Abschiedsbrief zurückzukommen: Der Inhalt desselbigen war meine Motivation, dieses Buch zu verfassen. Sie konnten nun lesen, dass meine Ratschläge hart und eisern durchlebt wurden. Gleichzeitig habe ich aber auch die schönen Seiten dieses Gewerbes wahrgenommen und ich kann an dieser Stelle ganz klare Schnitte machen: vor den **Schulden,** während der Schulden, nach den Schulden. Finanzielle Abhängigkeit ist nicht einfach nur, dass man nachts vielleicht nicht mehr so gut schläft. Wer auf Grund von Schulden oder finanziellen Verpflichtungen diesem Gewerbe nachgeht, tut sich wahrlich keinen Gefallen, denn die wirkliche Freiwilligkeit ist in Frage zu stellen. Obwohl ich mich ursprünglich völlig bewusst zu dieser Tätigkeit entschlossen hatte und es mir mit meiner Entscheidung gut ging, änderte sich mein subjektives Empfinden mit finanzieller Abhängigkeit. Nichtsdestotrotz habe ich damals für mich den Kompromiss gefunden, lieber den Job auszuüben, als mir nicht mal mehr einen Latte Macchiato im Café leisten zu können.

Nun könnte man den Vergleich anstellen, was schwerer wiegt: Die Belastung durch Schulden mit allem, was damit einhergeht, oder ein Arbeiten in der Prostitution, so dass ein menschenwürdiges Leben und die Teilnahme an sozialen Aktivitäten möglich sind, was wiederum zur *seelischen Stabilität* beiträgt. Doch zu diesem Zeitpunkt war das Kind bereits in den Brunnen gefallen. Besser wäre es gewesen, mich nie in eine solche Situation zu bringen. Wenn ich in Interviews gefragt wurde, wofür ich mein Geld ausgebe oder wie mein Lebensstil sich verändert hätte, so konnte ich immer ruhigen Gewissens und ehrlich antworten, Statussymbole in Form von Labelschuhen, -handtaschen oder -accessoires hätten mich nie interessiert. Das war auch so und in Bezug auf dieses Thema machte ich nur einen Fehler – nur einen einzigen, dafür aber einen gravierenden mit vier Rädern und 'nem Lenkrad.

Ganz wichtig an dieser Stelle zu betonen ist die Tatsache, dass ich mich trotz Schulden nie zu Serviceleistungen habe überreden lassen, die meiner **Gesundheit** geschadet hätten. Gerade in dieser schweren Zeit war ich besonders darauf bedacht, jeglichen Service – auch Oralverkehr, nur mit Kondom anzubieten. Ich dachte mir, wenn die Motivation, der Tätigkeit nachzugehen, derzeit schon in erster Linie eine finanzielle ist, so möchte ich dabei wenigstens gesund bleiben. Ich glaube, diese Geradlinigkeit hat mir sehr dabei geholfen, nicht unterzugehen. Es war also keinesfalls, wie von **Prostitutionsgegnern** gerne behauptet wird, eine zerstörerische Handlung meinerseits. Im Gegenteil: Ich wollte ein menschenwürdiges Leben führen.

Warum ich nun das ernste Thema Ausstieg unmittelbar hinter den amüsanten Einstieg stelle, dürfte aus meinem Abschiedsbrief ersichtlich werden. Viele Frauen, ich inklusive, die einsteigen, machen sich keine Gedanken über den Ausstieg. Was oftmals als Abenteuer beginnt, endet in der Misere. Die Umstände sind unterschiedlichster Natur, weshalb sie gar nicht alle zu benennen sind. Es ist eben, wie es ist, wenn das Leben plötzlich zu leben beginnt und einen mitreißt, oftmals schneller, als man das selbst mitbekommt. Dennoch gibt es einige Hinweise und Ratschläge, die man beachten sollte, damit man zumindest ein weiches, federndes Schicksalspolster hat, wenn es gerade hart auf hart kommt.

Wann kann der Ausstieg problematisch werden?

Am schwierigsten ist der **Ausstieg** aus dem Escortservice eindeutig, wenn man ihn hauptberuflich ausübt. Hach, was ist das schön, jeden Tag ausschlafen zu können, in Ruhe sein Frühstück zu genießen, sich nicht mit nervigen Kollegen oder gar Vorgesetzten rumärgern zu müssen und an jedem Sonnentag am Badesee liegen zu können. Und genau diese Dinge sind so verlockend, dass sich manche Frauen nach einem nebenberuflichen Einstieg irgendwann dazu entschließen, ihre gesamte Zeit dem Pay6 zu widmen. Manchmal kommt dieser Entschluss auch nach einer Kündigung oder weil man durch ein Zwangsouting seinen Job verloren hat. Immerhin kann man in wenigen Stunden vermeintlich leicht das Geld verdienen, wofür andere einen ganzen Monat schuften müssen. Und diese Überlegung ist in der Tat gar nicht so falsch, sofern (!) die lukrativsten Jahre konstruktiv und zukunftsorientiert genutzt werden und für konjunkturschwache Monate Rücklagen gebildet werden. Viele Frauen scheitern im Escortservice als **Hauptberuf** an fehlenden unternehmerischen Eigenschaften, was sie länger im Gewerbe hält, als sie selbst möchten.

Der große Unterschied von Escortservice als Vollzeitberuf zu anderen Vollzeitberufen ist der, dass er wohl in keinem **Lebenslauf** auftauchen wird. Das heißt, Berufsjahre, die über einen gewissen Zeitraum angesammelt wurden, sind plötzlich wertlos. Während in anderen Branchen Berufserfahrung zum Aufstieg verhilft und somit die menschliche Reife eher von Vorteil ist, da man an Kompetenz gewinnt, verhält sich dieser Mechanismus im Escortservice genau *konträr*. Deshalb muss und sollte, falls der Job hauptberuflich ausgeübt werden soll, unmittelbar mit dem Einstieg überlegt werden, wie die **Zielsetzung** im Leben aussieht und wie sie durch diesen Job unterstützt werden kann. Die klügste Anlage ist die einer neuen Existenzgründung oder einer Aus- und Weiterbildung. Kapitalanlagen in langlebige, wertsteigernde Sachgüter wie Immobilien und Wertpapiere sind sinnvoll. Investitionen in Konsumgüter wie Autos, Schmuck, Mode und Urlaube bieten sich jedoch keinesfalls an. Auch wenn der schnelle Kick zu kurzen Höhenflügen führt. Ist das Geld erst weg, der Wert verbraucht und verpufft, bleibt außer einer gewissen Sehnsucht, sich diesen Kick baldmöglichst wieder zu erfüllen, nicht mehr viel übrig.

Kann man Escortservice bis ins hohe Alter ausüben?

Zu Beginn dieses Kapitels habe ich bereits darauf hingewiesen, dass ältere Damen nicht mehr die Masse an Herren erreichen. Sie können natürlich noch arbeiten, wenn sie möchten, die Frage ist lediglich, ob die Aufträge zum Leben reichen. Escortdamen sind hier ähnlich zu sehen wie zum Beispiel Fotomodelle, Modemodels, Balletttänzerinnen oder auch Profi-Sportlerinnen. Die Mitglieder dieser Berufsgruppen können meist ebenso nur bis zu einem bestimmten Alter arbeiten und müssen sich deshalb bereits beim Eintritt in den Beruf Gedanken über den Ausstieg und das »Danach« machen. So endet die Karriere einer Balletttänzerin oft mit etwa 35 Jahren, noch früher die von Models und Profi-Sportlerinnen. Im Escortservice ist auch spätestens mit Mitte 40 ein Ende der Tätigkeit einzuplanen, vor allem – wie bereits herausgestellt – wenn man sie in Vollzeit ausübt. Wenngleich reife Damen ihre Zielgruppe ganz bestimmt haben, so unterliegen sie doch dem Druck der nachkommenden Generation. Daher ist es eine wohlzuüberlegende Entscheidung, ob man sich dieser Bedrängnis sein restliches Leben lang aussetzen möchte. **Altersarmut** ist ein realistischer Begriff in der Vollzeitprostitution.

Eine weitere Überlegung beim Einstieg ist, neben dem Ausstieg, die des Haupt- oder Nebenberufes. Die Tätigkeit und auch das Gefühl dafür gestalten sich unter Umständen völlig anders, je nachdem wie intensiv sie ausgeführt und erlebt wird. Sie lesen diese Erläuterungen in Kapitel 11.

Mein Escort-Coaching-Tipp

Wer in den Escortservice einsteigt, sollte im Optimalfall bereits eine abgeschlossene Berufsausbildung oder ein abgeschlossenes Studium hinter sich haben. Die große Gefahr, die im Escortservice lauert, ist der Verlust (beruflicher) Perspektiven und des Bezugs zu Geld. Geld ist plötzlich schnell und vermeintlich leicht verfügbar, so dass eine Zufriedenheit eintreten kann, in der die Frau kein Interesse mehr daran hat, beruflich nach etwas anderem zu streben. Es ist so schön bequem – wenn es funktioniert. Doch irgendwann hat sie die vierzig überschritten und die Aufträge werden weniger. Sie hat keine Ausbildung und noch nie anders ihr Geld verdient. Was macht sie dann? Vielleicht eine Escortagentur gründen?

Neben einer Ausbildung oder einem Studienabschluss, die vorausgehen sollten, lassen sich während der Ausübung weitere Aus- und Weiterbildungen absolvieren, um nach Ausstieg Alternativen zu haben. So kann eines Tages dem Gewerbe der Rücken gekehrt werden, ohne mit leeren Händen dazustehen. Deshalb ist es besonders wichtig, dass Sie sich klare **Ziele** setzen.

Wer Escortservice als Hauptberuf ausübt, muss bedenken, dass die Berufsjahre in (fast) keinem Lebenslauf als geeignete Kompetenz betrachtet werden, und zum anderen, dass die Einnahmen im Escortservice mit zunehmendem Alter sinken, und ein Leben ausschließlich von diesem Verdienst somit zur echten Knochenarbeit werden kann.

Ebenso wichtig ist es, währenddessen **Rücklagen** zu bilden. Zum einen, damit ein Ausstieg auch kurzfristig möglich ist, beispielsweise weil man sich verliebt hat oder um schlechte Zeiten in der Branche überbrücken zu können. Rücklagen dienen auch dazu, Preiserhöhungen durchzusetzen, was meist einige Wochen/ Monate dauern kann, ehe sie die neue Kundenzielgruppe erreichen. Sehr viele Frauen machen den Fehler, keine Rücklagen zu bilden. Sie sind somit starken Preisschwankungen ausgesetzt, was auf Dauer für Kunden unglaubwürdig ist.

Ein gesundes und erfolgreiches Arbeiten ist ausschließlich durch die Freiheit gegeben, Kunden selektieren zu können und Dates auch notfalls einfach abbrechen zu können. Bringen Sie sich deshalb nicht selbst in finanzielle Abhängigkeiten, wie durch Verträge oder Ratenkäufe, die Sie an den Job binden würden.

9 Die Eignung – Kann ich das überhaupt?

9 Die Eignung –
Kann ich das überhaupt?

Nicht jeder ist für jeden Beruf geeignet. Die eigenen Talente, das eigene Können, aber auch die eigene Einstellung tragen maßgeblich dazu bei, ob man seine Sache gut oder schlecht macht, ob man mit ihr erfolgreich wird und gesund bleibt oder erfolglos bleibt und krank wird.

Ja, die Erotik ist in der Tat eine ganz besondere Kunst und bereits Bühnenautor Ludwig Fulda schrieb: »*Kunst kommt von Können, nicht von Wollen, sonst hieße es Wunst.*« Auch deshalb hatte ich mir damals einen Künstlernamen geschaffen, keinen Arbeits- oder Firmennamen. Nichtsdestoweniger sollte man die Kunst der Erotik nicht nur beherrschen, sondern sie vor allem auch wollen. Die Erotik ist vor allem die vielseitige Kunst der **Verführung,** und zum feinen Spiel der Verführung gehören

» **die Kunst der Unterhaltung,**
auch Redekunst oder Rhetorik, und selbstverständlich nicht nur unmittelbar vor und/oder nach dem Akt angewandt. Aber auch Musik und Gesang zählen zur Kunst der Unterhaltung, die sich erotisch benetzen lässt. Sich während der Unterhaltung, sei es beim Essen oder in intimer Zweisamkeit, tief in die Augen zu sehen und mit Blicken zu spielen, gehört ebenso zur Kunst anregender Gespräche wie Empathiefähigkeit und Fingerspitzengefühl.

» **die Kunst des Essens,**
denn auch das bloße Speisen kann kunstvoll inszeniert und zelebriert werden.

» **die Kunst der Verhüllung,**
da erst das Abstandhalten und Andeuten von Kommendem den wirklichen Reiz ausmachen. Oder wie von Günther Anders ausgedrückt: »*Das Prompte ist das Barbarische.*«

» **die Kunst der Inszenierung,**

ohne sich dabei zu verkleiden. Das Schminken, Tragen von Parfum und bestimmter Art von Kleidern war schon zu Zeiten der Antike ausschließlich den Huren vorbehalten. Sie kultivierten die Kunst der erotischen Inszenierung für ihren Berufsstand. Ebenfalls zur Kunst der Inszenierung gehört heutzutage eine ansprechende Präsentation in Form von Fotos, Texten und des Webdesigns.

» **die Kunst der Enthüllung,**

da Frauen nicht nur die Verhüllung, sondern auch die gekonnte Enthüllung einzusetzen wissen. Bereits das Zeigen des freiliegenden Nackens, des zarten Handgelenks oder der nackten Schulter ist Vorbote dessen, was sich dem Herrn viel später noch offenbaren wird.

» **die Kunst des Körpereinsatzes**

Nachdem der weibliche Körper in ätherischen Ölen gebadet, mit Duftessenzen eingerieben und peu à peu enthüllt wurde, zelebrieren Hände, Mund, Schenkel und Scham ein Fest der Sinnlichkeiten.

Bereits in der Geschichte wurden Debütantinnen von ihren Müttern oder anderen erfahrenen Berufskolleginnen in die Kunst der Erotik eingeführt und gelehrt. Sie wurden unterrichtet in Auftreten, Benehmen, Schminken, Körperpflege und selbstverständlich auch in Sachen Liebestechniken.

Das **Kamasutra** ist eines der ersten offiziellen Bücher, das sich bereits 200–300 n. Chr. mit Liebeskünsten auseinandersetzt, die noch heute von Liebeskünstlerinnen zelebriert werden. »*Mit dem Kamasutra ist nicht nur die Kunst eines erfüllten Liebeslebens überliefert, sondern zugleich auch der Umgang mit aromatischen Substanzen, deren Verwendung sich jeder gebildete Mensch zu eigen machen sollte. Duftende Cremes für den Körper, parfümiertes Wachs auf die Lippen und gründlich geputzte Zähne, blumengeschmückte Kleider und Haare. Voraussetzung hierfür war die schnelle Entwicklung von handwerklichen Techniken, mit denen erste Formen von parfümierten Salben durch Einlegen von Blumen und Blüten in Öle und feste Fette hergestellt wurden*« (Wikipedia).

Um Erotik zu einer Kunst werden zu lassen (Erotik ist nicht automatisch Kunst – es hängt von der auszuführenden Person ab), erfordert es *Geist, Freiheit, Einfallsreichtum, Geschick, Talent,* aber vor allem die *Liebe* – auch und gerade zum Detail, vor allem aber *sich selbst gegenüber.*

Erotik ist mit allen Sinnen spielend, begehrend, hingebend, nehmend, lachend, fantasievoll und alles andere als platt.

Ein Handwerk lässt sich einfach erlernen und ausführen. Einen Künstler macht aus, dass er das Handwerk an sich in seinen Grundzügen beherrscht und dazu sein *Talent,* sein *Engagement,* seine *Inspiration,* seinen *Geist* und seine tiefe *Leidenschaft* einbringt. Das unterscheidet am Ende das platte Handwerk von der sinnlichen Kunst – nicht zuletzt in der **Vergütung.**

Und somit ist mit dem nötigen Rüstzeug diese Kunst erlernbar. *Talent* und gewisse *charakterliche Züge* sowie *optische Merkmale* sind jedoch Voraussetzung.

Da der Beruf einer Escortdame ein sehr intimes Arbeiten ist und sie zudem enormen Risiken ausgesetzt ist (s. Kapitel 10), ist *psychische Stabilität* unabdingbar für die seelische und körperliche **Gesundheit** der Dame.

Die **Selbstliebe** und das **Selbstbewusstsein** sind Voraussetzungen, denn Frauen, die Erfolg bei Männern haben möchten, sind oft von großen **Selbstzweifeln** geplagt:

Bin ich hübsch genug, weiblich genug, jung genug? Sind meine Brüste groß genug, mein Hintern klein genug, mein Bauch flach genug? Sind meine Nägel und Haare lang genug und meine Lippen voll genug? Und was ist überhaupt mit meinen sexuellen Fähigkeiten? Bin ich überhaupt in der Lage, einen Mann vollends zu befriedigen, und zudem: Was wollen die Männer eigentlich?

Die Fragestellung »Was will der Mann?« finden Sie in Kapitel 15.

Grundsätzlich sei gesagt, jeder Topf findet seine Deckel, sofern man als Frau authentisch bleibt. Die Frage ist nur: Wie viel sind die Deckel bereit auszugeben?

Das ego-Konzept – made by vanessa eden

Über die Jahre habe ich an mir selbst festgestellt, dass sich gewisse Einflussfaktoren nicht nur auf mein Erscheinungsbild positiv auswirkten, sondern auch gleichzeitig durch mein inneres Wohlgefühl mit meinem steigenden Honorar im Escortservice korrelierten. Durch meine eigenen Erfahrungen und mein Beobachtungstalent entwickelte ich ein Erfolgs- und Wohlfühlkonzept für Frauen, das ich in meinem Laden EGOISTIN 2008 in Bayreuth umsetzte. Dieses gründete auf den drei ego-Säulen: e-rotik, g-esundheit, o-utfit.

Als ich Anfang 2004 als selbstständiges Callgirl aktiv wurde und mich mein damaliger Chef auf meine positive **Ausstrahlung** ansprach, führten wir das beide wohl auf mein reges **Sexualleben** zurück. In der Tat erfüllte mich das Gefühl, begehrenswert und attraktiv zu sein, mit *Stolz*. Ich erhielt von meinen Kunden viele Komplimente, doch auch die Zärtlichkeiten und Streicheleinheiten genoss ich sehr. Mein Bedürfnis nach **Anerkennung,** Zuneigung und Zärtlichkeit wurde gestillt und mein **Selbstbewusstsein** dadurch gestärkt. Mir wurde zunehmend bewusst, dass die extreme Selbstkritik an meinem Körper nicht angebracht war. Denn was die Männer bei mir suchten, war etwas anderes, als ein 90-60-90-Model. Sie genossen meine fraulichen Rundungen und teilten mir das immer wieder aufs Neue mit. Ich persönlich profitierte von meinem ausschweifenden Liebesleben dahingehend, dass ich neugierig und fasziniert in diese Welt Einblick nahm. Hier und da ein **Orgasmus,** verschiedene Orte, Spielchen und erotische Leichtigkeit bestimmten das Zusammensein. Und obwohl ich auch vor meinem Einstieg in die Branche kein Kind von Traurigkeit auf sexuellem Gebiet war, so bekam ich durch zunehmende Kenntnisse und Fertigkeiten eine andere, neue Selbstsicherheit Männern gegenüber.

Während dieser Zeit traf ich diverse Männer an zwei bis drei Tagen in der Woche. Die restlichen Tage und Stunden standen mir zur freien Verfügung, die ich intensiv für mich nutzte. Noch nie zuvor hatte ich so viel *Zeit und Geld* gleichermaßen, um sowohl *qualitativ* als auch *quantitativ* mein Leben zu bereichern. Noch in der Schweiz wohnhaft, genoss ich den Sport in der Natur, ging wandern und ins Fitnessstudio. Ich kaufte gemütlich Lebensmittel ein, kochte täglich feine, gesunde Menüs, widmete mich ausgedehnt meiner Körperpflege und las mal wieder in aller Ruhe gute Bücher. Überhaupt war diese Zeit von sehr viel *Ruhe* und *Gemütlichkeit* bestimmt. Es war das genaue Gegenteil von vier Jahren Saisongastronomie und es tat mir unglaublich gut. Die Gesundheit war für mich somit eine wesentliche Säule, die zum Wohlbefinden beitrug: Sport in der Natur, mineralstoffreiche Kost, Ruhe und Entspannung.

Durch den Verdienst als Callgirl und mit steigendem Wohlbefinden hatte ich auch wieder vermehrt Lust, mein Äußeres anzupassen, und so investierte ich in Kleidung und Accessoires, Friseurbesuche und Kosmetikanwendungen. Ich roch nicht mehr nach Zigarettenqualm und auch meine Haut erholte sich sichtlich.

Ich stellte an mir fest: Je wohler ich mich in meinem Innersten fühlte, desto weniger benötigte ich **Ersatzhandlungen** jedweder Art. Sei es die Tafel Schokolade am Abend für Glücksgefühle, der Shoppingmarathon für den schnellen Kick oder die Massagestunden für ein wenig Zärtlichkeit. Was ich in dieser Zeit tat, war nichts anderes als die pure **Selbstliebe.** Ich kümmerte mich intensiv um mich, ließ keine Störfaktoren zu und genoss mein Dasein – einfach so. Meine herzliche Ausstrahlung, mein attraktives Erscheinungsbild und mein **positives Lebensgefühl** setzte ich eins zu eins im Job als Callgirl und später als Escortdame um.

Dieses positive Lebensgefühl wurde mir in den Anfängen ausschließlich durch meine Kunden gegeben. Genauer betrachtet war es jedoch ein oberflächliches, von außen angetriebenes Glücksgefühl, das immer wieder nach Bestätigung suchte. Es war nicht stabil, sondern abhängig, da es nicht aus mir selbst heraus kam. Gleichwohl motivierte mich die positive Bestätigung durch meine Kunden, die Zufriedenheit auch in mir zu finden, sie damit zu *stabilisieren* und weniger von äußeren Faktoren abhängig zu machen.

Mein Lebensgefühl faszinierte mich so sehr, dass ich meine Erfahrungen unbedingt an Frauen weitergeben wollte. Doch auch durch viele Gespräche mit meinen Kunden über deren Partnerinnen wurde mein Konzept genährt. Gleichzeitig schuf ich mir zu meinen Abenden als Begleitdame einen wunderbaren Ausgleich durch den Kontakt mit Frauen. Der Anspruch meiner Beratungen war und ist in erster Linie das Wohlgefühl. Das schönste Outfit oder auch die hübscheste Frau wirken nicht, wenn keine Lebensfreude in diesem Menschen steckt. So entstand der Name EGOISTIN.

Im LIFESTYLE STUDIO EGOISTIN wurde der Bereich e-rotik somit durch Erotic Coaching, der Bereich g-esundheit durch Personal Training/Ernährungsberatung und zu guter Letzt der Bereich o-utfit durch Farb- und Stilberatung abgedeckt. All diese Bereiche beeinflussen sich gegenseitig, verstärken oder blockieren sich.

Die Erotikberatung baute auf meiner langjährigen Erfahrung im Erotikgewerbe auf, die bereits vor Ladeneröffnung zahlreich von verschiedenen Frauen in Anspruch genommen wurde. Durch meinen offenen und medialen Umgang mit dem Job trauten sich Frauen, mich anzusprechen. Meist wurde ich mit einem verschmitzten Grinsen unter vier Augen gefragt, ob man mich auch etwas Intimes fragen dürfe. Für die anderen Bereiche absolvierte ich entsprechende Ausbildungen.

Im Jahr 2011, als ich bereits meine Räumlichkeiten in Bayreuth gekündigt hatte, um im Vollzeitunterricht die Schulbank zu drücken, machte ich im Internet eine faszinierende Entdeckung: Die Londoner Soziologin Dr. Catherine Hakim publizierte ein Buch mit dem Titel EROTISCHES KAPITAL, das mein persönliches Erlebnis und das daraus entstandene Konzept egoistin *wissenschaftlich bestätigte*. Sie gliedert noch feiner in *sechs* Unterpunkte.

Das erotische Kapital – made by Dr. Catherine Hakim

Hakim beschreibt in ihrem Buch EROTISCHES KAPITAL die erotische Wirkung, die Menschen auf ihre Mitmenschen haben und die ihnen zu beruflichem und privatem Erfolg verhilft. Hakim beweist auf Grund wissenschaftlicher Erkenntnisse, dass insbesondere Frauen, die ihr **erotisches Kapital** zum Einsatz bringen, *erfolgreicher* sind und *mehr verdienen*.

Da die weltoffene Wissenschaftlerin das Thema Prostitution in ihrem Buch hervorhebt, möchte ich nicht darauf verzichten, Teile aus ihren Erkenntnissen wiederzugeben.

Hakim ergänzte mit ihrem Begriff »**erotisches Kapital**« die wissenschaftlichen Arbeiten des Franzosen Pierre Bourdieu, der die

Arten **ökonomisches, kulturelles** und **soziales Kapital** unterschieden hatte.

Das *ökonomische Kapital* umfasst alles, was direkt und unmittelbar in Geld umgesetzt werden kann, wie etwa Edelmetalle (Gold, Platin), Aktien, Wertpapiere und natürlich Geld selbst. Das *kulturelle Kapital* bezeichnet im Wesentlichen die schulische und berufliche Ausbildung, wie beispielsweise ein Studium oder Mehrsprachigkeit. Das *soziale Kapital* äußert sich in den persönlichen Beziehungen/Beziehungsnetzwerken und der Zugehörigkeit zu sozialen Treffpunkten, wie Vereinen, Clubs oder auch Parteien.

Das kulturelle, soziale und erotische Kapital kann unter bestimmten Voraussetzungen in ökonomisches Kapital transformiert werden. Und hier sind wir bei der Tätigkeit einer Escortdame angelangt, die insbesondere ihr gesamtes erotisches Kapital einsetzt und in ökonomisches Kapital umwandelt. Doch nicht nur Escortdamen nutzen das erotische Kapital zu ihrem Vorteil. Der Singlemarkt funktioniert im privaten Bereich und der Arbeitsmarkt im beruflichen Sektor auf dem gleichen Wege.

Ich habe auf der Grundlage der wissenschaftlichen Erkenntnisse eine Vorgehensweise entwickelt, mit der jede Frau ihr erotisches Kapital analysieren und zu einer besseren Wirkung bringen kann. Das gilt auch hier wieder nicht nur für die Tätigkeit als Escortdame, sondern ganz allgemein auch für Frauen in anderen Berufen und selbst für Ehefrauen, die keiner beruflichen Tätigkeit nachgehen. Keine Frau sollte ihr weibliches Potential vernachlässigen, sondern für mehr Erfolg im Beruf und in der Partnerschaft pflegen und weiterentwickeln. Dieses Erotic Capital Coaching biete ich interessierten Damen an.

Sie haben nun die Möglichkeit, anhand der folgenden sechs Unterpunkte Ihr **erotisches Potential** zu ermitteln. Am besten wäre es, wenn Sie sich dabei eine kritische Intelligenz leisten, also eine beste Freundin, die sich auch traut, die nackte Wahrheit auszusprechen. Seien Sie kritisch mit sich!

Die sechs Unterpunkte zum erotischen Kapital sind keinesfalls isoliert zu betrachten, sie beeinflussen sich reziprok.

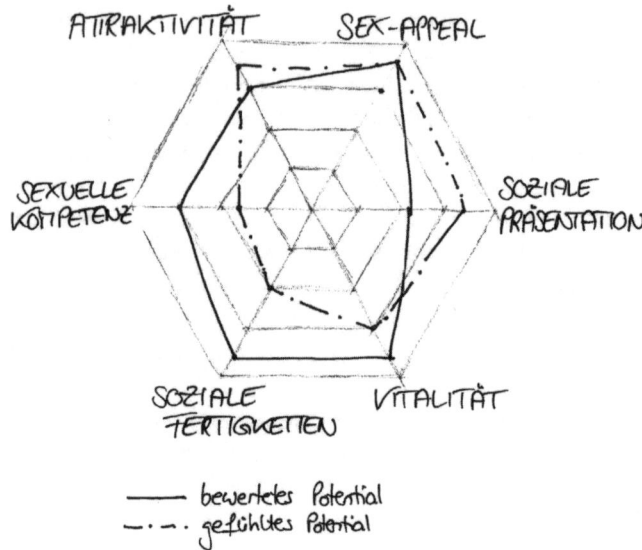

POTENTIALANALYSE

ATTRAKTIVITÄT   SEX-APPEAL

SEXUELLE
KOMPETENZ

SOZIALE
PRÄSENTATION

SOZIALE
FERTIGKEITEN   VITALITÄT

—— bewertetes Potential
—·—· gefühltes Potential

1. Attraktivität

Die **Attraktivität** misst Hakim unter anderem anhand relativ *statischer,* leicht zu benennender Details, in erster Linie des *Gesichts,* wie:

» ein schön geformter Mund mit vollen Lippen
» große, klare Augen mit dichten Wimpern
» eine kleine, gerade Nase (Stupsnase)
» gepflegte Zähne
» ein gesunder Teint
» markante Gesichtszüge / hohe Wangenknochen
» lange, schmale Finger, manikürte Nägel
» Symmetrie des Gesichtes

In der Make-up-Beratung/Visagistik wird das abgeschminkte Gesicht analysiert: Augen-, Nasen-, Mund- und Gesichtsform werden erfasst. Durch Konturen, Schatten und Linien wird das Gesicht nun vorteilhaft akzentuiert. Akute Hautunreinheiten und Augenschatten werden dabei überdeckt, Augen und/oder Lippen hervorgehoben, Wangenknochen betont. Durch eine perfekte Grundierung in Verbindung mit einem Frische-Kick Rouge wird ein gesunder Teint gezaubert.

Eine perfekte Zahnpflege ist für ein schönes Gesicht unabdingbar. Mundgeruch oder Zahnbelag sowie Speisereste zwischen den Zähnen sind ein absolutes No-Go.

Der gesunde Teint lässt sich nur bedingt durch Make-up kreieren, zumal gerade beim Sport oder in der Sauna die nackte Haut zum Vorschein kommt. Deshalb ist es wichtig, durch Sport, gesunde Ernährung, einen hohen Flüssigkeitshaushalt und entsprechende Hautpflege vorzubeugen.

Manikürte Fingernägel sollten eine Selbstverständlichkeit sein. Dabei sollten immer natürliche Fingernägel künstlichen vorgezogen werden.

Grundsätzlich ist es so, dass Schönheit vor allem durch **Natürlichkeit** zum Ausdruck gebracht wird, denn nur von der Natur Gegebenes ist authentisch und echt. Wer zu viel an sich herumbastelt, krittelt und auf künstlichem Wege verändert, zeigt damit automatisch, dass er mit sich unzufrieden ist. Ein Einklang mit sich selbst ist kaum möglich, wenn Vorhandenes permanent verändert oder gar entfernt wird.

2. Sex-Appeal

Der **Sex-Appeal** bezieht sich vor allem *auf den Körper/auf Körperteile* und ist etwas *Dynamisches,* das vor allem in der *Bewegung* zur Geltung kommt:

» ein wohlgeformter, zur Gesamtfigur passender Busen
» lange, schlanke, geformte Beine
» ein knackiger, runder Po
» das Hüfte-Taille-Verhältnis
   (je unterschiedlicher, desto attraktiver)
» die Bewegung (Gang) – vor allem in High Heels
» die Körperhaltung

» die Sanduhr 90-60-90
» Schulter-Hüfte-Verhältnis (sollte möglichst gleich sein)
» Beine-Oberkörper-Verhältnis
» lange Haare

Na? Haben Sie schon das Maßband gezückt und sich fleißig vermessen? Oder sind Ihnen diese klaren Angaben sogar zuwider, weil ein Mensch aus mehr besteht und auch durch mehr wirkt als durch ein paar Zentimeter und Verhältnisse der Proportionen? Ich fühle mit Ihnen, ganz ehrlich, denn auch ich sträubte mich eine ganze Zeit lang gegen diese mechanische Vorgehensweise und diese Art Bewertung von Attraktivität, Schönheit oder auch erotischer Ausstrahlung. Doch genau das ist es auch, was zumindest teilweise in einer **Stilberatung** passiert. Man erfasst erst das *Ist,* um anschließend zu sehen, wie daraus mit Hilfe von Schnitten, Stoffen, Farben und Mustern Ihr eigener, passender und vor allem vorteilhafter Typ entstehen kann.

Auch bei diesem Unterpunkt spielen *Sport* und eine *gesunde Lebensweise* mit hinein. Wer körperlich aktiv ist und sich fit hält, formt nicht nur seinen Körper vorteilhaft, sondern bewegt sich auch bewusster und nimmt sich ganzheitlich wahr.

Etwas, das nämlich oft unterschätzt wird, sind die **Körperhaltung** und der **Gang** allgemein, besonders aber in **High Heels.** Nur weil High Heels hoch, chic und modern sind, heißt das noch lange nicht, dass die Frau auf ihnen zur Geltung kommt. Bei manchen wirken sie extrem lächerlich. Wer nicht elegant und gekonnt in High Heels gehen kann, trägt besser flachere Schuhe oder nutzt einen der angebotenen Gehen-in-High-Heels-Kurse. Die Körperhaltung ist Körpersprache und damit ein eigenes – von der verbalen Sprache unabhängiges – Kommunikationsmittel. Wie sitzen Sie, wenn Sie sitzen? Aufrecht? Gebückt? Wo sind Ihre Hände bei Tisch? Sitzen Sie locker oder verkrampft? Wohin zeigt Ihr Kopf, wenn Sie zu Fuß gehen? Suchen Sie beim Gehen nach Kleingeld auf dem Boden oder haben Sie genug im Portemonnaie und gehen stolz aufrecht? Was machen Ihre Hände beim Laufen? Und wie betreten Sie einen Raum? Vielleicht mit einem einladenden Lächeln? Prüfen Sie sich. Sie werden einiges Interessantes über sich erfahren – versprochen.

3. Soziale Präsentation

Die **soziale Präsentation** betrifft nun das *äußere Erscheinungsbild*, und zwar in der Form, dass es *veränderbar*, beeinflussbar, anlassgemäß und typgerecht an Sie und die jeweilige Situation angepasst werden kann und sollte.

» Frisur
» Make-up
» Kleidung (Farben, Formen, Schnitte, Stoffe)
» Schuhe
» Schmuck
» Accessoires
» Parfum

Während die beiden vorherigen Unterpunkte lediglich den *Ist-Zustand* beschrieben haben, setzt Hakim nun an der *Veränderung* bzw. *Optimierung* an. Wie kann ich aus dem, was ich habe, das Beste für meinen beruflichen und privaten Erfolg herausholen?

Sollten Sie selbst kein Gespür für Formen, Farben und Mode haben, verzagen Sie nicht, sondern vereinbaren Sie schnellstmöglich einen Termin bei der **Typ-Beraterin/Stylistin** Ihres Vertrauens. Aus eigener Erfahrung kann ich sagen, dass Fehlkäufe so endlich der Vergangenheit angehören und dass Einkaufen wirklich zum Erlebnis wird – auch noch Tage danach. In Kapitel 19 (Weiterführende Literatur) empfehle ich Ihnen noch einen Stylingratgeber, der Ihnen sicherlich auch über die ersten Hürden hinweghelfen kann.

Speziell im Escortservice sollten Sie jedoch darauf achten, dass weniger mehr ist. Sie nehmen die Rolle der Freundin und **Geliebten auf Zeit** ein. Mehr hierzu finden Sie in Kapitel 14 (Styling).

4. Vitalität

Unter **Vitalität** versteht Hakim unter anderem sämtliche Eigenschaften, die zu einer *positiven Ausstrahlung* beitragen, wie zum Beispiel:

» Spritzigkeit
» Lebendigkeit
» Fitness
» Humor
» Sportlichkeit
» Gesundheit
» Lebensfreude

Im ego-Konzept ist dieses Unterkapitel am ehesten im Bereich der g-esundheit zu finden. Doch nicht nur dort. Vitalität ist auch ein Ausdruck gelebter Zufriedenheit und Erotik, innerer Schönheit und des eigenen Wohlbefindens. Vitalität ist ein sehr komplexer Begriff, der sich sowohl aus dem *körperlich gesunden Zustand* als auch aus dem *seelischen Wohlbefinden* und der *Außenwirkung* zusammensetzt.

Auf meiner Website escort-coach.de ist zu lesen: *Vanessa Edens wichtigstes Anliegen bei der Beratung ist die Gesunderhaltung von Körper, Geist und Seele und die Selbstbestimmtheit der ausübenden Dame in diesem Geschäft.*

Anhand dieses kurzen Abschnittes wird bereits deutlich, dass Vitalität und Gesundheit keineswegs ein rein körperlicher Zustand sind. Man stelle sich nur einmal eine Frau vor, die rein körperlich gesund ist, eine schlanke, sportliche Figur hat, ein attraktives Gesicht, umrahmt von einer langen, wallenden Mähne, jedoch den Raum mit einem glasigen, abwesenden Blick betritt. Die Schultern und auch die Mundwinkel hängen trostlos und traurig nach unten. In ihrem Körper ist keine Spannung und in ihrem Gesicht kein Leben. Was auch immer Erschreckendes in dieser Frau vorgehen mag, klar ist, um wirkliche Vitalität und Lebensfreude auszustrahlen, muss diese auch existieren – im Innersten. Deshalb ist es gerade für Escortdamen besonders wichtig, auf ihr Seelenleben zu achten – nicht nur für den Verdienst, sondern auch für sie selbst. Das malerischste Gesicht, der attraktivste Körper und die teuerste Labelgarderobe machen eine traurige **Seele** nicht wett.

5. Soziale Fertigkeiten

Die **sozialen Fertigkeiten** sind besonders für jene Escortdamen wichtig, denen es ein Anliegen ist, durch Menschlichkeit und Wärme ihr Rendezvous zu einem unvergesslichen Erlebnis werden zu lassen, sowohl für den Kunden als auch für sich selbst. Denn wer meint, dass ausschließlich sexuelle Akrobatik den Abend highlighted, schlafwandelt auf dem Holzweg. Die sozialen Fertigkeiten lassen sich in diese Punkte gliedern:

» Natürlichkeit
» Charme
» Blickkontakt
» sozialer Austausch
» Flirten
» Händedruck
» Sprache/Ausdruck
» Stimme
» auf andere Menschen zugehen
» Lockerheit

Voraussetzung für soziale Fertigkeiten ist vor allem die **Einstellung** Menschen gegenüber. Wer fremde Menschen grundsätzlich ablehnt, wird kaum an Blickkontakt oder an sozialem Austausch interessiert sein.

Doch soziale Fertigkeiten benötigen nicht nur Escortdamen, wenn sie erfolgreich sein möchten. Diese Fähigkeiten sind in allen Bereichen nötig und wichtig, in denen mit Menschen gearbeitet oder umgegangen wird. Kurzum in *allen sozialen Situationen.*

Sensibilisieren Sie sich und achten Sie auf Ihre Fähigkeiten, mit Menschen umzugehen. Es existiert zu diesem Thema unterschiedliche Literatur, aber auch Personal Coaching kann für diesen Bereich in Anspruch genommen werden.

6. Sexuelle Kompetenz

Die Erotik wäre nicht Bestandteil dieser kostenintensiven Dienstleistung, würde sie nicht maßgeblich zu einem gelungenen Treffen beitragen. Die **sexuelle Kompetenz** ist sicherlich so umfangreich wie die Menschen selbst. Doch es gibt zumindest einen kleinsten gemeinsamen Nenner, den jede Dame mitbringen sollte, wenn sie sich auf das Abenteuer Escortservice einlassen möchte:

» Körperbewusstsein (Lust am eigenen Körper)
» Lust auf Sex
» Erotische Raffinesse
» Techniken beherrschen
» Einfühlsamkeit
» Offenheit
» Kommunikationsfähigkeit (auch hier)
» Freude am Gegenüber
» Neugier auf den anderen
» Kenntnisse über Anatomie

Auch die sexuelle Kompetenz ist nicht nur ein Bestandteil der Fähigkeiten erfolgreicher Escortdamen. Die eigene, gefühlte Erotik trägt bei allen Frauen und Männern maßgeblich zur **Ausstrahlung** und zum inneren Wohlbefinden bei. Dazu gehört nicht nur, sich mit dem Partner sexy und erotisch zu fühlen, sondern auch ganz für sich alleine. Erotik kann erst dann beginnen, wenn man mit sich und seinem Körper im Reinen ist, diesen mag und bedingungslos annimmt. Für Entspannung, Hingabe und ein völliges Fallenlassen ist die Zufriedenheit mit seinem Körper, aber auch Selbstsicherheit im Umgang mit dem anderen Körper unabdingbar.

Zugegebenermaßen ist es nicht immer einfach, sich von gesellschaftlichen Normen komplett zu lösen, doch die innere Ausgeglichenheit ist auch nicht zwingend ein Zustand, den man einmal erreicht und dann für immer hat. Zumal der eigene Körper, aber auch das Körperbewusstsein, ständigen Veränderungen unterliegen. Wichtig ist an dieser Stelle das Auseinandersetzen mit sich selbst – immer und immer wieder.

Das Alter – Was sind schon Zahlen?

Die Masse an Damen, die sich im Escortbereich bewegt, liegt zwischen 21 und 30 Jahren. Was nicht zwingend damit zusammenhängt, dass Frauen über 30 nicht mehr gefragt sind, sondern wohl eher dem Umstand der eigenen Lebensplanung geschuldet ist. Ich bin an dieser Stelle das beste Beispiel. Das **Alter** ist also somit kein Ausschlusskriterium, sofern man als Frau auf sich achtet, sich pflegt und ein hohes Körperbewusstsein an den Tag legt. Selbstverständlich gibt es in unserer Gesellschaft ein gängiges **Schönheitsideal,** das nicht schöngeredet werden muss. Nichtsdestoweniger ist es möglich, über andere Qualitäten auf sich aufmerksam zu machen, sofern man diese mitbringt. Wer sich über eine Escortagentur vermitteln lassen möchte, könnte jedoch ab einem gewissen Alter abgewiesen werden – zu Unrecht. Hier empfiehlt sich in jedem Fall der Weg als Independent-Escortdame, ehe die eigene Sedcard im Pulk an Frauen und unmittelbarer Konkurrenz auf der Agenturwebsite vor sich hin gammelt. Ob das Alter nun zum Ausschlusskriterium wird, ist lediglich eine Frage der Erwartung. Wenn man ab einem gewissen Alter ausschließlich von dem Geld als Escortdame leben möchte, könnte es schwierig werden. Wird der Job allerdings nur als kleiner Nebenverdienst gesehen, kann man ihn ausüben, solange man Freude daran hat. Man muss bei steigendem Alter nicht zwingend in den unteren Preiskategorien auftauchen, eher muss das Gesamtpaket stimmen, um lukrative Buchungen zu generieren. Weiter würde ich dringend davon abraten, beim Alter zu schwindeln. Vielen Kunden ist ein bestimmtes Alter bei Damen wichtig. Manche Männer schließen dadurch auf eine besondere Naivität oder Lebenserfahrung oder schreiben dem Alter andere Attribute zu, die sie beim Date nicht missen möchten. Die Enttäuschung wäre groß und die Stimmung angeknackst, wenn die Dame offensichtlich nicht dem angegebenen Alter entspricht.

Die Körperpflege – Cleopatra lässt grüßen

Ebenso wichtig wie das Aussehen per se ist die Gepflegtheit von Kopf bis Fuß. Ein kleines Pickelchen hier und da wird deshalb nicht gleich zum Buchungskiller. Doch im Großen und Ganzen muss die eigene **Körperpflege** stimmen und an erster Stelle stehen. Selbstverständlich ist man immer frisch geduscht, ehe man sich mit einem Mann trifft. Und wenn ich Ihnen noch einen Tipp geben darf:

Natürlichkeit hat im Escortservice oberste Priorität. Sofern es möglich ist, versuchen Sie Ihre natürlichen **Fingernägel** entsprechend wachsen zu lassen und regelmäßig zu maniküren. Ebenso verhält es sich mit unechten Haarteilen und Haarverlängerungen. Sollten Sie sowohl künstliche Fingernägel als auch eingearbeitete Extensions haben, müssen diese in jedem Fall immer top sein. Sparen Sie hier nicht an Geld und gehen Sie zu wirklichen Profis, die es verstehen, Haarverlängerungen in Ihre Ausgangsfrisur einzuarbeiten.

Pediküre ist ebenfalls ein Stichwort, das Sie sich zu Herzen nehmen sollten. Falls Sie diese nicht gerne selbst tun, gehen Sie regelmäßig zum Fachmann, so dass Ihre Füße auch ohne High Heels noch verzaubern können.

Weiter ist eine kontinuierliche **Zahnpflege** unerlässlich für die Tätigkeit im Begleitservice. Zahnersatz ist unter Umständen sehr teuer und auch sonst sind Behandlungen beim Zahnarzt nicht jedermanns Sache. Tägliches Zähneputzen, inklusive der Verwendung von Zahnseide in Kombination mit regelmäßiger Zahnreinigung beim Fachmann, macht den Dentistenstuhl quasi überflüssig. Alles in allem sollten Sie darauf achten, schöne Zähne zeigen zu können, nicht nur bei einem Lächeln und nicht nur bei Ihren zukünftigen Kunden.

Wir arbeiten uns eine Stufe weiter nach unten und bleiben auf der nächsten Etage stehen: der Intimzone, dem Zentrum der Begierde. Selbstverständlich achten Sie auf Ihre Gesundheit und benutzen bei jedem Kunden immer **Kondome.** Kleine Irritationen in der **Scheidenflora,** wie beispielsweise Pilze durch einen Saunagang oder Bakterien durch unvorsichtigen Analverkehr, können auftreten. Sobald Sie feststellen, dass sich der Scheidengeruch unangenehm verändert oder Sie Ausfluss haben, sollten Sie einen Arzt aufsuchen und in jedem Fall weitere Termine vorerst absagen. Sollten Sie eine längere Anreise zum Kunden haben, reinigen Sie selbstredend mindestens Ihren Intimbereich unmittelbar vorher erneut. Die Dame setzt in so einem Fall den Kunden davon in Kenntnis, indem sie sich nochmals »frisch machen« geht. Was die haarige Mode angeht, so lässt sich auch für die Intimzone feststellen: Pelz ist out. Die meisten Männer bevorzugen eine frisch rasierte und gepflegte Lustzone mit einer kleinen »Landebahn« zur Orientierung, ohne Stoppeln und Pickelchen. Einige Herren lieben es auch glattrasiert, die Minderheit hingegen schlägt sich gerne noch durch Wildwuchs.

Die **Haarentfernung** ist natürlich nicht nur in der Intimgegend ein Stichwort, sondern am gesamten Körper. Hierbei stehen diverse Möglichkeiten zur Auswahl und sind in erster Linie Geschmackssache. Jede Frau bevorzugt andere Produkte oder benutzt diese im Wechsel. Waxing bei der Kosmetikerin, Nassrasur, Enthaarungscreme oder ein Epiliergerät können je nach Verträglichkeit angewandt werden. Welche Methode auch immer verwendet wird, spielt keine Rolle. Das Ergebnis zählt. Bei empfindlicher Haut empfiehlt es sich, wirklich unmittelbar vorab die Haare zu entfernen (Nassrasur, da sonst wieder Stoppeln). Bei einem längeren Zeitabstand verwenden Sie Enthaarungscreme oder Waxing, um Hautirritationen zu vermeiden.

Die Ausstrahlung von Menschen und das Wohlbefinden spiegeln sich direkt in der Reinheit ihrer **Haut** wider, die sowohl durch eine gesunde Lebensweise als auch durch entsprechende Pflege aufrechterhalten werden kann. Dabei spreche ich nicht ausschließlich von der Gesichtshaut, sondern selbstverständlich von der gesamten Haut, dem größten Körperorgan. Das erste Herantasten an einen Menschen passiert über den Tast- und Geruchssinn. Beides zusammen wirkt äußerst stimulierend und anregend oder eben nicht, sofern die Haut ungepflegt und rau ist. Sollten Sie an Hautunreinheiten im Gesicht leiden, empfehle ich Ihnen, regelmäßig eine Kosmetikerin aufzusuchen und deren Hinweise auch zu Hause zu befolgen.

Und da die Haut nicht nur die körperliche Verfassung widerspiegelt, sondern auch ein Spiegelbild der Seele selbst ist, gehört zur Eignung einer Escortdame die richtige **Einstellung** zu ihrer Tätigkeit.

Die Persönlichkeit – Cogito, ergo sum

Eine kleine Anekdote zu Beginn: Mein Einstieg in den Escortservice fand über eine Agentur statt. Deren Inhaber erklärte mir so einige Dinge, auf die ich achten sollte. Neben den selbstverständlichen Vorgängen, wie Kondombenutzung, An- und Abmelden und das Geld im Voraus zu verlangen, erinnerte er mich immer wieder an einen Satz. Er insistierte eindringlich: »*Du musst immer daran denken: Die Zeit arbeitet für dich!*«

Das sollte konkret heißen: erst einmal beim Kunden angekommen, laaangsam ausziehen, laaange duschen, laaange reden, laaange streicheln. Schnell Sex. Anschließend wieder laaange reden, laaange duschen, laaangsam anziehen. Des Weiteren folgte der »Ratschlag«, ich solle den Kunden bereits vor dem eigentlichen Akt »fertigmachen«, das sollte bedeuten, ihn bereits manuell und oral so stark zu stimulieren, dass er beim Sex nach schon kurzer Zeit zum Orgasmus kommt. Und obwohl ich mich völlig freiwillig zu diesem Job entschieden hatte, berücksichtigte ich zu Beginn seine Ratschläge. Ja, so eine kleine Gehirnwäsche, die hat schon was. Ich hatte irgendwie das Gefühl, das mache man so, bzw. wenn ich es nicht so tun würde, erhielte der Kunde viel zu viel für sein Geld. Diese Prozeduren wären quasi schon mitkalkuliert. Hinzu kam, dass die Agentur durch das An- und Abmelden zu Beginn und Ende des Treffens nicht nur meine Sicherheit überprüfte, sondern gleichzeitig Kontrolle über mich hatte, wie viel Zeit ich mit dem Kunden verbrachte. So war auch klar, dass niemals viel Zeit überzogen werden durfte, da ich ansonsten hätte nachkassieren müssen. Gefiel mir ein Kunde mal so gut, dass ich anschließend nicht laaange duschen war, bekam ich fast ein schlechtes Gewissen, wie unprofessionell ich doch sei.

Diese Art und Weise des Zeitmanagements konnte ich so richtig erst in meinem **Independent**-Dasein ändern. Ich kann mich noch genau erinnern, wie ich über die gesamte Thematik zu Hause vor dem Laptop sinnierte und eine Entscheidung traf: Ab sofort picke ich mir die Rosinen aus dem Kuchen und verbinde das Angenehme mit dem Nützlichen – nicht das Unangenehme. Dazu muss erwähnt werden: Ich empfand auch zu meiner Agenturzeit die Kunden nicht als unangenehm, doch die Art und Weise, wie ich damit umging, hinterließ bei mir nicht das Gefühl, das einen stolz sein lässt auf das, was man tut.

Da saß ich nun also noch immer und überlegte, nachdem ich diese Entscheidung getroffen hatte, wie ich am besten das Angenehme mit dem Nützlichen verbinden konnte. Und so ging ich in mich und versuchte herauszuspüren, was es eigentlich war, das *ich* wollte. Was war es, das mir *wirklich* Freude bereitete? Auf welche Abenteuer hatte *ich* Lust? Auf welche Art von Männern wollte *ich* mich einlassen? Was genau tat *mir* gut bei meinen Treffen?

Doch meine eigenen Bedürfnisse waren nicht der einzige Knackpunkt. Der andere war: mein **Männerbild.** Wie möchte ich diese Männer in Zukunft sehen? Sind das in Wahrheit alles arme Würstchen, die dafür bezahlen müssen, dass sie eine Frau berühren dürfen? Oder sind das vielleicht sogar ganz liebe Kerle, die sich einfach nicht die Mühe machen möchten, eine Frau erst zu umwerben, womöglich, weil ihnen auch die Zeit fehlt? Und sind diese Männer dann nicht vielleicht auch ein Stück weit ehrlicher, ehe sie Frauen Gefühle vorgaukeln, nur um sie für einen One-Night-Stand ins Bett zu bekommen?

Da **Ehrlichkeit** ein großer Bestandteil meiner Wertvorstellungen ist, und damit meine ich die bedingungslose und alle Konsequenzen akzeptierende Ehrlichkeit, in der es nicht nur darum geht, zu seinem

Partner oder seinem Chef oder dem Finanzamt gegenüber ehrlich zu sein, sondern vor allem sich selbst und seinen eigenen Bedürfnissen gegenüber, empfand ich viel Sympathie für diese Männer.

Während meiner Friseurausbildung wurde mir in der Berufsschule der Dienstleistungsgrundsatz MMMM (Man Muss Menschen Mögen) nahegebracht. Für meine Tätigkeit im Escortservice modelte ich diese Alliteration einfach um in: Man Muss Männer Mögen.

Später lernte ich in Psychologie, dass ich während meiner Agenturzeit *kognitive Dissonanzen* hatte. Das heißt, mein Handeln, also die Tätigkeit an sich, passte nicht mit der aufgedrückten **Einstellung** zusammen, den Kunden möglichst bald »abzuarbeiten«. Es entstand eine innere Spannung in mir, die ich löste – noch ohne wirklich zu wissen, warum ich das tat, indem ich meine Einstellung zum Job veränderte. Natürlich ist an dieser Stelle eine gewisse Gefahr gegeben, sich Dinge schönzureden, um ebendiese inneren Konflikte nicht aushalten zu müssen. Doch ich vereinbarte mein Tun mit meinen innersten Wertvorstellungen (Ehrlichkeit, Offenheit, das Recht auf sexuelle Selbstbestimmtheit etc.).

Im Laufe der Zeit hatte ich natürlich auch zu unterschiedlichsten Kolleginnen Kontakt und oft hörte ich den Satz: *Liebesdamen sind Meisterinnen der **Illusion**.* Selbstverständlich ging jede Dame anders mit diesem Job um, vor allem war es jedoch die Einstellung, die uns unterschied. Die Illusion ging bei einigen Frauen so weit, dass sie dem Kunden säuselnd ein »Schatzi« ins Telefon flüsterten, der »Vollidiot« allerdings unmittelbar nach dem Auflegen folgte. Ich hatte diese Diskrepanz in ihrem Arbeiten zu der damaligen Zeit nicht hinterfragt, geschweige denn verstanden. Sie hatte mich einfach nur geschockt und mir war klar: So möchte ich *meinen* Kunden nicht gegenübertreten. Weder währenddessen persönlich, noch mit meinem innersten Gefühl.

Ich denke, also bin ich (cogito, ergo sum) ist ein Satz des Philosophen René Descartes. Was der Mensch denkt und wie er denkt, bestimmt sein Erleben maßgeblich. Die Persönlichkeit bezeichnet in der Psychologie die **Denkstruktur** eines Menschen, die sich auf sein Erleben und dadurch auch auf sein Handeln auswirkt (s. Kapitel 3). Wie kann man also einen Job – und dabei spielt es keine Rolle, welchen – gesund über Monate oder sogar Jahre ausüben, wenn man täglich frustriert und mit Abscheu der Tätigkeit nachgeht?

Man kann nicht! Und genau aus diesem Grund ist das A und O für erfolgreiche Escortdamen die innere Einstellung. Die **Einstellung** sich selbst, aber auch dem Kunden gegenüber ist essentiell dafür verantwortlich, ob man den Job gerne macht. Stimmt die Tätigkeit mit den eigenen Wertvorstellungen überein, stehen die Chancen gut, dass man im Job erfolgreich ist. Zudem ist die Einstellung wichtig, um sowohl körperlich als auch seelisch gesund zu bleiben.

Die Sexualität der Frau wird gerne und oft als eine passive beschrieben. Frauen wird nicht selten unterstellt, sie hätten keine Lust auf Sex, und vor allem Damen, die Geld für diese Dienstleistung nehmen, hätten sowieso keine – sonst würden sie sich nicht dafür bezahlen lassen. Das ist mit Sicherheit ein Trugschluss, wenngleich ich nicht leugnen möchte, dass in der Tat auch Frauen diesen Job ausüben, die sich dazu überwinden müssen.

Nachdem ich also meine Einstellung zu dem Ganzen überdacht hatte und mit mir – Selbstreflexion war an dieser Stelle angesagt – gehörig ins Gericht gegangen war, passierte etwas Wundervolles: Ich ging wesentlich freudiger und entspannter zu den Treffen. Ich bereitete mich noch lieber auf meine Dates vor und das Allerschönste war: Meine Kunden bemerkten unmittelbar den Unterschied: Ich bekam tolle Feedbacks und fühlte mich selbst mit allem rundum wohl. Meine Erfahrung war und ist auch heute noch:

Wer seinen Mitmenschen mit **Respekt** und **Wertschätzung** gegenübertritt, erhält diese auch zurück. Ich bin meinen Kunden grundsätzlich immer mit diesen beiden Werten begegnet und habe sie fast immer zurückerhalten. Dass es Ausnahmen gibt und die Welt nicht rosarot ist, möchte ich selbstverständlich an dieser Stelle nicht unerwänht lassen. Es ist neben all der positiven Einstellung zum Job und zu den Menschen natürlich auch wichtig, seine eigenen Grenzen zu setzen.

Mein Escort-Coaching-Tipp

Die Einstellung zu sich selbst, aber auch seinen Mitmenschen gegenüber, gepaart mit den eigenen Wertvorstellungen, macht das eigene Weltbild aus. Es sind die kognitiven Vorgänge im Gehirn, die unsere Gefühle mitbestimmen, unser Denken und unser Handeln maßgeblich mit beeinflussen. Deshalb ist die innere Einstellung Menschen gegenüber der Schlüssel zu Erfolg oder Misserfolg, zu Gesundheit oder Krankheit, zu Freud oder Leid.

Respekt und Wertschätzung sollten immer die Grundhaltung sein, mit der Sie anderen Menschen begegnen. Ehrliches Interesse am Gegenüber gehört zu den Grundvoraussetzungen, die Sie mitbringen sollten.

Die weibliche Sexualität ist ein eindringender Akt, der nicht unterschätzt werden sollte. Wer eine freie Erotik genießt und diese gerne – auch mit fremden Männern – ausleben möchte, noch dazu Männer wirklich mag, sich selbst mag und sich von allgegenwärtigen Moralaposteln nicht abschrecken lässt, wird sicherlich eine schöne, bereichernde Zeit im Escortservice erleben können.

Frauen, die weder sich mögen noch Männer, sollten nicht in den Escortservice einsteigen. Lassen Sie Frauen den Job machen, die Freude daran haben. Sie erweisen der gesamten Branche sonst einen echten Bärendienst.

Möchten Sie genießen? Sie dürfen!

Im Kapitel zuvor konnten Sie lesen, wie wichtig Ihre innere Einstellung zur Tätigkeit als Escortdame ist, wenn Sie damit gesund bleiben möchten. Der Faktor, um im Escortservice auch Glück zu erleben, ist Ihre **Genussfähigkeit.**

Der Genuss hat bei einem Escortdate für den Mann oberste Priorität. Wahre Hedonisten möchten das Treffen mit allen Sinnen genießen. Hören, Fühlen, Sehen, Schmecken und Riechen. Sich Zeit nehmen, um sich in Sinnesreizen zu suhlen. Das gemeinsame Essen, der

Opernbesuch, die Kunstausstellung und selbstverständlich auch die anschließende Erotik werden zelebriert, ja gefeiert. Doch genießen muss man sowohl können als auch wollen. Sich einlassen, neugierig sein, spannende Erlebnisse aufsaugen, Inspirationen wahrnehmen, den Menschen gegenüber spüren, seine Schwingungen fühlen. Männer möchten ihr Date genießen und das Tolle daran ist, sie genießen es noch viel mehr, wenn auch die Frau Gefallen daran findet. Doch nicht nur seinetwegen macht genießen Spaß. Warum nicht gleich mehrere Fliegen mit einer Klappe schlagen? Ihretwegen!

Gaumenfreuden in Feinschmeckerrestaurants über Stunden. Dazu inspirierende Gespräche über Gott und die Welt. Blicke. Berührungen. Lachen. Ein Einkaufsbummel durch die Straßen. Sich freuen auf das was kommt. Luxuriöse Hotelsuiten weit oben mit Blick auf die Lichter der Stadt. Oder ein edles Landhotel mit Wellnessbereich, Ruhe und frischer Luft. Gemeinsame Leibesübungen. Schwitzen. Spaß. Glücklichsein. Sich im Whirlpool entspannen. Weiterziehen bis in die Kissen. Kissenschlacht? Alles, was Sie mögen.

Nie zuvor in meinem Leben habe ich so viele interessante Menschen kennengelernt, wie zu der Zeit im Escortservice. Nie zuvor habe ich so viel erlebt, bin so viel gereist und habe so viele Massagen genossen. Schnurrend wie ein Kätzchen habe ich mich streicheln, kraulen und kneten lassen. Die Berührungen waren nicht nur Balsam für meinen **Körper,** sondern auch für meine Seele. Orgasmen spielte ich nie vor, ich genoss lieber die echten.

Genuss bringt Leichtigkeit und Hedonistinnen profitieren von ihren Treffen doppelt und dreifach.

Welche Rolle spielt das Selbstbild?

Für den eigenen Genuss von Zärtlichkeiten ist es unentbehrlich, ein gutes Verhältnis zu seinem Körper zu haben, diesen zu mögen und anzunehmen. Um selbst zu genießen, aber auch um dem Mann einen unvergesslichen Abend zu gestalten, sollten Sie deshalb *innere Zufriedenheit* mitbringen und in Ihrem *Leben gefestigt* sein. Nur wer mit sich im Reinen ist, kann echte *Lebensfreude* spüren und ausstrahlen.

Stellen Sie sich vor, dass Escortdamen in erster Linie auf Männer treffen, deren Zeit kostbar ist. Hinzu kommen negative Lebensumstände wie Stress, Leistungsdruck, (sexuelle) Unzufriedenheit, Mangel an Wärme, Nähe und Zärtlichkeit. Gegen alle diese Eigenschaften agiert eine Escortdame und versucht dem Mann in den wenigen Stunden, die sie mit ihm verbringt, positive Lebensenergie mit auf den Weg zu geben. Hierzu benötigt sie ein großes Maß an **Empathiefähigkeit,** um situationsgerecht auf ihn eingehen zu können. Erotik ist an sich schon Lebenselixier und bereichert den Menschen auf vielen Ebenen.

Doch auch die geistig-emotionale Komponente darf nicht fehlen. Die Escortdame bietet ihm quasi ein Rundum-Wohlfühlpaket, umgarnt ihn, bewundert ihn, sorgt sich um ihn und hinterlässt einen gestärkten Mann, der, mit Energie aufgefüllt, zurück in sein Alltagsleben startet. Doch um Energie geben zu können, muss man diese erst in sich selbst gefunden haben.

Selbstliebe, Selbstwertgefühl und *Selbstbewusstsein* sind die Stichworte, die unumgänglich sind, um nicht nur dem Mann, sondern auch sich selbst eine schöne Zeit zu bereiten.

STOP! Bis hierhin und nicht weiter

Zur Selbstliebe und zum Selbstwert gehört auch das *Setzen von Grenzen,* der eigenen Gesundheit zuliebe. So benötigt die Dame *Durchsetzungsvermögen,* gepaart mit *Artikulationsfähigkeit,* um auch in **Konfliktsituationen,** die es zweifelsohne geben kann, einen kühlen Kopf zu bewahren und ihre Ansichten vertreten zu können. Das gängigste aller Beispiele ist die immer wieder vorkommende Dummheit von Männern, während eines Treffens zu versuchen, die Frau zum Sex ohne Kondom zu überreden. Das kann mitunter anstrengend bis gefährlich werden und ich muss dazu sagen, dass es mir persönlich im Escortservice nicht mehr passierte. Ich führe diesen Umstand unter anderem auf die Tatsache zurück, dass ich vor jedem Treffen eine **Anzahlung** auf mein Konto verlangte, so jederzeit hätte gehen können und er das Risiko auf seiner Seite hatte. Doch ich war auch sehr selektiv, was die Auswahl meiner Kunden betraf. Respekt, Achtung und Wertschätzung erwartete ich bereits beim ersten E-Mail-Kontakt oder am Telefon.

Wie man sich konkret aus einem solchen Dilemma befreien kann, beschreibe ich in Kapitel 14 (Dateabbruch). Doch ich meine, nur anhand dieses kleinen Beispiels wird schon sehr deutlich, dass es unangenehme Situationen geben kann. Deshalb wird vor Ort und in relativ kurzer Zeit von der Frau *Handlungsfähigkeit* erwartet. **Angst,** die man als Grundzug keinesfalls mitbringen darf, ist der schlechteste aller Ratgeber. Eine gewisse Vorsicht hingegen ist immer angebracht. Als Frau sollte man sich immer darüber im Klaren sein, was man möchte und was auf keinen Fall. Denn auch die eigene *Entschlossenheit* trägt zur Handlungsfähigkeit bei. Wenn die Frau von Beginn an *klare Regeln* hat und diese auch benennt, wird es selbst einem hartnäckigen Kunden schwerfallen, diese zu umgehen.

Das Grenzensetzen, das Annehmen von Verantwortung und damit eine aktive Lebensweise sind Eigenschaften, die gerade Frauen oft schon in der Kindheit aberzogen wurden, und es existieren Bücher darüber, die eine ganze Bibliothek füllen könnten. »Aber ein Mädchen macht das nicht«, »Die Klügere gibt nach«, »Gib' doch mal was ab, du bist doch ein Mädchen«, »Komm, sei ein liebes Mädchen«. Wer kennt sie nicht, diese Sprüche! Ich kann Ihnen sagen: Für die Tätigkeit im Escortservice sollten Sie sich Verhaltensmuster dieser Art, sofern Sie diese haben, schnellstmöglich abgewöhnen. Die Klügere gibt eben genau nicht mehr nach, denn sonst hat sie sich vielleicht ganz schnell eine Geschlechtskrankheit eingefangen oder mag sich am nächsten Tag nicht mehr im Spiegel betrachten. Es geht beim **Grenzensetzen** nicht nur um den eigenen körperlichen Schutz und die eigene seelische Abgrenzung, es geht auch darum, Selbstbewusstsein und Stärke zu zeigen, damit der Mann gar nicht erst auf dumme Gedanken kommen kann. Es geht darum, die Situation zu jeder Zeit im Griff zu haben und sie zu führen – wenngleich der Mann der Meinung ist, er würde bestimmen, wo es langgeht. Die Frau muss zu jeder Zeit wach und klar bei Sinnen sein, weshalb es auch dringend ratsam ist, seine eigenen Grenzen bezüglich des **Alkoholkonsums** zu kennen. Gerade wenn Sie mit dem eigenen Auto beim Kunden sind und am selben Abend noch zurückmüssen, ist Alkoholkonsum grundsätzlich zu vermeiden.

Ich möchte Ihnen an dieser Stelle keine Angst machen, sondern Sie sensibilisieren für Eventualitäten. Mir ist während meiner gesamten Zeit im Escortservice nichts Negatives widerfahren. Ich meine, dass mich unter anderem meine selbstbestimmte, klare, fast schon dominante Art vor gewissen Dingen geschützt hat – *präventiv.*

Wie weit geht diese Grenze nun, wenn man eventuell auf einen Mann trifft, der einem nicht zu 100 % liegt? Dafür kann der Kunde oftmals gar nichts, wenn einfach nur die berühmte Chemie nicht stimmt. Mir passierten solche Situationen in erster Linie zu Beginn meiner Tätigkeit. Später war ich selektiver, so dass Zusammentreffen dieser Art die absolute Ausnahme waren. Mein Credo war: *Fairness.* Hatte ich mich dazu entschlossen, das Treffen anzunehmen, wollte ich dem Kunden eine schöne Zeit bereiten. Ich habe die Zeit mit ihm so verbracht, wie es für mich gut war. Ich verzichtete darauf, eine schauspielerische Performance abzugeben, sondern war einfach ganz normal. Ehe man dem Kunden und sich selbst einen schlechten Abend bereitet, sollte man aber lieber allen Mut zusammennehmen und den Ort der Traurigkeit verlassen. Davon haben beide sicherlich mehr.

Weitere nützliche Eigenschaften

Ehe überhaupt Treffen zu Stande kommen, benötigt eine Escortdame neben dem zuvor Beschriebenen weitere Fähigkeiten, Talente und Eigenschaften. Sie sollte ein wahres *Organisationstalent* sein und ein gutes *Zeitmanagement* besitzen. Sie sollte in der Lage sein, spielerisch mit Computer und Internet umzugehen, um intensive Recherchen betreiben zu können. *Pünktlichkeit, Zuverlässigkeit* und *Verschwiegenheit* sind weitere Attribute, die helfen, langfristig erfolgreich zu sein.

Zur **Grundausstattung** gehören ein *Zweithandy* mit einer Prepaid-Karte (immer mit genügend Guthaben!), ein *Computer* mit Internetzugang, nach Möglichkeit ein *eigenes Auto*, alternativ eine *BahnCard*, und anlassgemäße, saubere und intakte *Garderobe.* Selbstverständlich sollte eine Escortdame vor ausüben der Tätigkeit auch alle nötigen *Impfungen* haben.

Als Boni Ihrer Tätigkeit sind Zusatzqualifikationen zu bezeichnen. Diese müssen nicht zwingend Voraussetzung sein, doch sie erweitern das Angebot und den Kundenkreis enorm. Wobei der Kundenkreis nicht zwingend quantitativ erweitert wird, sondern *qualitativ*. Treffen können so noch besser auf die *eigenen Bedürfnisse* und *Interessengebiete* zugeschnitten werden. Dadurch erreicht man auch eine gewisse Abwechslung, da man vielseitig »einsetzbar« ist. Dafür bieten sich bestimmte Sportarten an (Ski, Golf, Tennis), umfangreiche kulturelle Kenntnisse (Studium der Kunstgeschichte, Musik, Literaturgeschichte, Kulturgeschichte, Fremdsprachen), eine Tanzausbildung und spezielle Fähigkeiten und Fertigkeiten (Typberatung, Personal Shopping), auch erotischer Natur (Tantra).

Sehr nette Erinnerungen habe ich auch an *gemeinsame Aktivitäten*, die das Erlebnis für beide intensivieren. So besuchte ich mit Kunden unter anderem ein Tantraseminar, einen Salsa-Tanzkurs und einen Langlaufkurs. Wenn man gemeinsam lernt, macht das noch mehr Spaß und erhöht die **Kundenbindung** ungemein, vor allem wenn man seinen Begleiter aus der Entfernung dabei beobachten kann, wie er im wackeligen Anfängerpflug im nächsten Zaun landet. Und was gibt es Schöneres, als sich nach getaner Arbeit und Bauchmuskellachkrämpfen im heißen Whirlpoolwasser zu verwöhnen?

Sie sehen also, Sie müssen nicht auf Anhieb alles können und wissen. Wichtig sind in erster Linie Ehrlichkeit und Aufgeschlossenheit.

Ist Restaurant-Knigge obligatorisch?

Wie bereits zu lesen war, startete ich meine Karriere nicht im Escortservice, sondern als Callgirl, später auch mit eigenen Räumlichkeiten. Der Grund, weshalb ich nicht sofort im Escortservice begann, war sicherlich zum einen *Unwissenheit* und zum anderen *Unfähigkeit*. Nicht nur, dass meine Garderobe zu dieser Zeit zu wünschen übrig gelassen hätte, auch geschäftliche Umgangsformen und 5*-Restaurant-Knigge waren mir zu diesem Zeitpunkt fremd. Und doch gab es einen Kunden, der nicht davor zurückschreckte, mich vor unserer intimen Zweisamkeit schick zum Essen auszuführen. Wirklich wohl fühlte ich mich anfangs dabei nicht, doch meine Sicherheit kam mit zunehmender Routine. Selbstverständlich bemerkte er meine Hemmungen und nahm mich deshalb liebevoll »an die Hand«, wenn ich beispielsweise mit der extravaganten Speisekarte nicht klarkam. Auch ermutigte er mich in bestimmten Situationen, einfach den Kellner zu fragen, anstatt herumzurätseln und womöglich noch das Falsche zu bestellen.

Ich wusste immer nicht so recht, ob ich mich groß fühlen sollte, wenn ich neben ihm in seinem A8 saß, oder ob mir durch den großen Unterschied zwischen uns meine gefühlte Kleinheit noch stärker ins Auge sprang. Ich bin mir sicher, er genoss seine Rolle des großen, starken, finanziell potenten und klugen Mannes von Welt, der sich selbst in seinem Leben nach oben kämpfte und mich ab und an daran teilhaben ließ. Es war in der Tat ein wenig wie in PRETTY WOMAN. Entscheidend weiterentwickelt und verändert hat mich jedoch mein eigener Werdegang. Nachdem ich 2007 meine Ausbildung zur Typ-Stylistin in München abgeschlossen hatte, eröffnete ich 2008 mein eigenes Geschäft, das LIFESTYLE STUDIO EGO-ISTIN in Bayreuth. In diesem Zeitraum beschäftigte ich mich, auch im Rahmen der **Typberatung,** mit **Umgangsformen** und **Knigge,** die mich im Escortservice selbstsicherer machten. Doch ebenso war meine gesamte berufliche und private Situation maßgeblich entscheidend dafür, mein Selbstwertgefühl, mein äußeres Erscheinungsbild und mein professionelles Auftreten nachhaltig positiv zu verändern. Trotz aller erreichten Kompetenz war es für mich immer von großer Bedeutung, authentisch und natürlich zu bleiben – bis heute.

Und so sind im Escortservice auch solche Merkmale relevant, die die Dame zu einer angenehmen und liebevollen Gesellschafterin und Liebhaberin machen. Da der gemeinsame Restaurantbesuch fester Bestandteil eines Treffens ist, sollte die Dame in ihren Tischmanieren sicher sein. Natürlich gilt: je älter, desto sicherer. Einer jungen Frau sind kleine Fehler eher verziehen als einer Dame mittleren Alters. Dann müssen gewisse Dinge einfach sitzen und fallen nicht mehr in die Entschuldigungskategorie der Juvenilität. Sollte es mal nicht so klappen wie gewünscht, weil beispielsweise die Gerichte auf der Speisekarte im Nobelrestaurant unlesbar, unverstehbar und dadurch unbestellbar sind, hilft eine gute Portion Humor, Ehrlichkeit und Natürlichkeit aus der vermeintlichen Misere. Wirklich peinlich wird es erst, wenn man versucht so zu tun, als würde man alles verstehen, und am Ende für die ausgewiesene Vegetarierin das roséfarbene Chateaubriand auf dem Teller landet, weil sie es für eine französische Gemüseart hielt.

Was diverse Feinkostgerichte angeht, so darf man auch hier selbstbewusst agieren. Nicht jedem muss alles schmecken, nur weil es vermeintlich schick ist. Regelmäßig bin ich erschrocken, dass in Gourmet-Restaurants die unter Tierquälerei hergestellte Gänsestopfleber, verschleiernd Foie Gras genannt, noch immer auf der Speisekarte zu finden ist.

Mein Escort-Coaching-Tipp

Unorganisierte Frauen, die ständig zu spät kommen, vor lauter Hektik Laufmaschen in ihre Strumpfhosen machen und vergessen die Schuhe zu putzen, sind im Escortservice sicherlich falsch.

Ein Mindestmaß an Ordnung, Vorbereitung und Zuverlässigkeit ist unabdingbar für Erfolg im Escortservice. Sollte auf Grund von Verkehrsbedingungen etc. die Uhrzeit nicht eingehalten werden können, ist in jedem Fall der Kunde zu informieren. Klären Sie am besten auch bereits vorab, wie dieser am liebsten kontaktiert werden möchte (SMS, Anruf, E-Mail).

Einige Fauxpas lassen sich durch Ehrlichkeit, Natürlichkeit, Authentizität und ein Lächeln wegwischen. Nicht jedoch alle. Grundkenntnisse bezüglich Knigge-Verhaltensformen und eines gekonnten Auftretens sind in jedem Fall vonnöten.

Nur wenn Sie mit sich im Reinen sind, sich selbst lieben und innere Zufriedenheit ausstrahlen, sind Sie in der Lage, Dinge positiv anzunehmen, aber auch ihrem Kunden zu geben. Dabei ist eine gute Portion Empathiefähigkeit und Sensibilität immer förderlich. Das Eingehen auf den anderen darf aber an der Stelle enden, an der Ihre Grenzen überschritten werden. Deshalb ist neben Einfühlungsvermögen auch Durchsetzungsvermögen von besonderer

Bedeutung. Schulen Sie Ihre Rhetorik, seien Sie wachsam und achten Sie darauf, zu jeder Zeit handlungsfähig zu bleiben (kein über-
mäßiger Alkoholkonsum, keine Fesselspiele etc.).

25 Seiten vs. Beinespreizen

Der Volksmund behauptet oft, Damen, die im Erotikgewerbe arbeiten, müssten nichts weiter können, als Beine zu spreizen. Ich habe
Ihnen auf den letzten 25 Seiten aufgezeigt, dass die Volksmeinung
hier einem großen Irrtum unterliegt.

10 Die Risiken –
Achtung, Absturzgefahr

Ehe ich auf das nächste Kapitel eingehe, nämlich die Entscheidung zu treffen, ob man als Independent-Escort oder als Agenturdame arbeiten möchte, ist es mir ein Anliegen, die nicht unerheblichen **Risiken,** die auf einen lauern, hervorzuheben. Ich hatte zu meiner Zeit des Starts leider nicht die Gelegenheit, mich ausführlichst über mögliche **Gefahren** speziell in diesem Business zu informieren, weshalb ich in das ein oder andere Fettnäpfchen getappt bin. Einiges davon habe ich selbstverständlich unter dem Kapitel »Lebenserfahrung« verbucht. Nichtsdestoweniger hätte ich gerne auf einige Erlebnisse verzichtet. Lassen Sie sich also gerade dieses Kapitel nicht nur einmal durch den Kopf gehen, schätzen Sie im Anschluss Ihr persönliches Risiko ein und überlegen Sie, ob Sie den Job wirklich ausüben möchten. Sagen Sie am Ende nicht, Sie seien ja nicht gewarnt worden. :-)

Dank meiner Tagebücher weiß ich, dass der **Einstieg** in das Gewerbe nur ein kurzes Vergnügen meinerseits werden sollte. Deshalb stellte auch der anfängliche Stundenservice kein Problem für mich dar. Es war eine Form des schnellen Geldverdienens in Kombination mit viel Freizeit. Nur für ein paar Monate sollte dieser Ausflug in diese andere Welt sein, ein wenig Geld wollte ich mir währenddessen auf die Seite legen. Der Ausflug dauerte, mit längeren Pausen, fast acht Jahre.

Auch die Gesundheitspsychologie baut zur Gesunderhaltung von Menschen auf den **biopsychosozialen Ansatz,** der sich hervorragend zur Gliederung dieses Themas eignet. Das biopsychosoziale Modell besteht aus drei Komponenten. Es sind die *biologischen Einflüsse,* die in erster Linie die Genetik, aber auch den körperlichen Zustand betreffen; die *psychologischen Einflüsse,* die sich auf die Persönlichkeit, kognitive Vorgänge (das eigene Denken), Bewältigungsfähigkeit und vieles mehr beziehen; und die *soziokulturellen Einflüsse,* das heißt die Einwirkungen, die aus der sozialen Umwelt kommen. Alle drei Komponenten stehen in Wechselwirkung zueinander und beeinflussen sich gegenseitig, was die jeweilige Wirkung noch verstärkt.

Welche körperlichen Gefahren lauern?

In den Medien werden zumeist, wenn es um das Thema Begleitservice geht, die körperlichen Gefahren besonders betont. Gefahr durch **Geschlechtskrankheiten,** Gefahr durch körperliche **Gewalt** durch den Kunden, Gefahr durch gewalttätige **Zuhälter.** Sie werden anhand der Menge in den einzelnen Unterkapiteln jedoch sehen, dass sie, so schlimm wie die Vorstellung derselben ist, ein kalkulierbares, überschaubares Problem darstellen, da an dieser Stelle auch Vorbeugung und Schutz möglich ist.

Krankheitsübertragung

Das offensichtlichste Risiko, dem Escortdamen unterliegen, sind **Krankheiten** mit denen sie sich durch Küssen, Oralverkehr und Geschlechtsverkehr infizieren können. Selbstverständlich sollten beim Geschlechtsverkehr mit einem Fremden immer **Kondome** benutzt werden.

Doch nicht nur mit typischen Geschlechtskrankheiten kann man sich bei intensivem Kundenkontakt anstecken. Auch Haut- und Nagelpilze, Viren und Bakterien aller Art können bereits durch Körperkontakt übertragen werden.

Hier finden Sie eine Übersicht der häufigsten Krankheiten, die durch ungeschützten Oral- und Geschlechtsverkehr weitergegeben werden können:

	Cunnilingus/ Fellatio	Vaginal-/ Analverkehr
HIV		X
Syphilis	X	X
Tripper	X	X
Chlamydien	X	X
HP-Virus	X	X
Hepatitis	X	X
Herpes	X	X
Pilze	X	X
Würmer/Darmparasiten	nur bei Anilingus	

Sie finden zu all diesen Krankheiten ausführliche Informationen auf diversen Internetseiten. Allen voran:

» www.aids.ch
» www.pflege-deinen-schwanz.de
» www.don-juan.ch
» www.aidshilfe-salzburg.at
» www.machsmit.de

Grundsätzlich gilt: Krankheiten sollten frühzeitig erkannt werden, um so bald wie möglich behandelt werden zu können. Der Krankheitsverlauf ist jeweils unterschiedlich und so können beispielsweise die sonst gut behandelbare Syphilis in einem späteren Stadium das Nervensystem angreifen und Chlamydien zu Unfruchtbarkeit der Frau führen. Gegen Hepatitis A und B sollte man sich in jedem Fall impfen lassen. Gegen Hepatitis C existiert leider (noch) kein Impfschutz.

Das Verwenden von Kondomen ist sowohl bei Oral- als auch bei Vaginal- und Analverkehr unbedingt anzuraten. Wer trotzdem ungeschützten Oralverkehr hat, sollte kein erhöhtes Risiko eingehen und daher weder Sperma noch Menstruationsblut mit der Mundschleimhaut in Kontakt bringen.

Weiter sollte auch besonders der Penis des Mannes in Augenschein genommen werden. Sind Feigwarzen und andere Hautveränderungen erkennbar oder ist übel riechender Ausfluss wahrnehmbar, sollte das Treffen aus Sicherheitsgründen abgebrochen werden. Leider ist auch Hygiene für manche Männer noch immer ein Fremdwort, was erschwerend zu dieser Thematik hinzukommt. Wasserscheue Männer müssen Sie gegebenenfalls unter die Dusche locken, indem Sie ihnen den gemeinsamen Duschspaß schmackhaft machen.

Mein Escort-Coaching-Tipp

Sollte Ihnen ein unangenehm riechender Ausfluss beim Mann auffallen, Feigwarzen erkennbar sein oder allgemein die Hygiene jenseits von Gut und Böse sein, haben Sie selbstverständlich immer die Möglichkeit, ein solches Date abzubrechen.

Man hat auch die Möglichkeit, bei fehlender Hygiene selbst Hand anzulegen. Das hat den Vorteil, dass Sie anschließend wissen: jetzt ist alles in Ordnung. Einer romantischen Stimmung zuträglich ist diese Prozedur zugegebenermaßen nicht. Ich habe im High-Class-Preissegment gearbeitet und konnte kaum glauben, dass Hygienemängel auch noch in dieser »Kategorie« Mann auftauchen. **Hygiene** ist also kein Gesellschaftsschichtenproblem, sondern ein individuelles, das auch Ihnen begegnen kann. Sollte sich der Herr jedoch nicht zur Sauberkeit überreden lassen wollen, ist es selbstverständlich möglich, das Treffen abzubrechen (s. Kapitel 14, Sicherheit, Dateabbruch). Alternativ empfehle ich, dem Herrn per E-Mail direkt meine Waschanleitung für Männer (Kapitel 17) mitzusenden, die zum Download auf escort-coach.de zur Verfügung steht, inklusive der Links zu don-juan.ch und pflege-deinen-schwanz.de

Hygienemaßnahmen sind auch bei **Sexspielzeug** zu beachten. Am besten ist es, wenn Sie grundsätzlich Ihr eigenes, hygienisch einwandfreies Spielzeug mitbringen und nicht das des Kunden verwenden. Bei Duo-Dates mit zwei Frauen oder mehreren Sexpartnern ist unbedingt darauf zu achten, zwischen den Partnerwechseln ein frisches Kondom zu verwenden.

Ungewollte Schwangerschaft

Der ungewollten **Schwangerschaft** kann durch eine entsprechende Empfängnisverhütung hormoneller Art sehr gut entgegengewirkt werden. Lassen Sie sich zu diesem Thema von Ihrem Frauenarzt kompetent beraten. Kondome schützen ebenfalls vor einer ungewollten Schwangerschaft, jedoch kann ein Präservativ bei unsachgemäßer Behandlung reißen, wodurch nicht nur eine Befruchtung stattfinden kann, sondern auch wieder die Gefahr der Übertragung von Geschlechtskrankheiten gegeben ist.

Anwendung und Funktion des Kondoms:

Achten Sie beim Gebrauch von Kondomen vor allem auf eine sachgemäße Anwendung, auf gefeilte Fingernägel, um das **Kondom** nicht zu zerreißen, sowie auf eine entsprechende Lagerung (s. Packungsbeilage) und helfen Sie bei fehlender Feuchtigkeit während des Geschlechtsverkehrs durch kondomfreundliches Gleitgel nach.

Das Kondom dient primär dem Schutz vor Geschlechtskrankheiten. In zweiter, unmittelbarer Funktion folgt jedoch die persönliche Abgrenzung. Sex mit Kondom kann eine seelische Distanz erzeugen. Wenngleich erotische Aufgeschlossenheit eine Grundvoraussetzung für den Job einer Escortdame ist, so sollte es ihr dennoch möglich sein, sich in bestimmten Situationen abgrenzen zu können. Dies fällt mit Kondom einfach leichter. Verspürt man als Escortdame allerdings grundsätzlich Ekel vor seinen Kunden, ist es dringend ratsam, die Tätigkeit zu beenden.

Allgemein gilt: Intime Besonderheiten sollte man sich für sein Privatleben aufsparen.

Körperliche Gewalt

Die Gefahr von körperlichen Übergriffen ist auch im Escortservice nicht zu unterschätzen. Dabei sollte man berechtigte Fragen stellen:

» Wann genau beginnt ein körperlicher Übergriff?

» Wann wird ein körperlicher zu einem seelischen Übergriff?

» Ist das heimliche Abziehen des Kondoms seitens des Mannes nicht schon ein Angriff auf den Körper, obschon die Frau keine blauen Flecken davonträgt?

Um auf die letzte Frage zu antworten: Ja, das ist es selbstverständlich! Denn auch die bewusste oder fahrlässige Übertragung von Geschlechtskrankheiten ist eine Form der Körperverletzung, die strafbar ist. Wann genau also ein körperlicher Übergriff beginnt, würde ich persönlich so definieren: *sobald die Frau mit ihrem Körper etwas tut, das sie nicht möchte.*

Diese Definition impliziert auch Frauen, die nicht zu 100 % hinter ihrem Tun stehen und deren **Motivation** in erster Linie das Geldverdienen ist. Und genau aus diesem Grund ist es, wie in Kapitel 9 (Persönlichkeit) beschrieben, von so großer, besonderer Bedeutung, dass die Dame wirklich hinter der Tätigkeit steht und sich auch nicht durch finanzielle Umstände dazu gezwungen sieht. Ebenso wie es wichtig ist, seine eigenen Grenzen zu kennen und diese benennen zu können, um sich vor Ort entsprechend zu schützen. Sonst käme der Sex mit jedem Kunden einer geduldeten Vergewaltigung gleich.

Wann nun der körperliche Übergriff auch zu einem seelischen wird, ist offensichtlich: immer! Ein jedes Überschreiten der Grenzen, ob durch einen selbst, motiviert durch Geld, oder durch den Kunden mit teils subtiler Gewalt, ist ein Eingriff in die empfindliche Seele und hinterlässt Spuren auf lange Zeit.

Der körperlichen Gewalt kann durch diverse Sicherheitsmaßnahmen, durch entsprechende Vorsorge und Verhaltensweisen gut entgegengewirkt werden. Auch auf Konfliktsituationen kann entsprechend reagiert werden. Beides wird in Kapitel 14 näher erläutert. Doch über eines sollten Sie sich im Klaren sein:

Einen hundertprozentigen Schutz gibt es nicht.

Bestehende Krankheiten

Eine Sucht, **Depression** oder andere körperliche Erkrankungen haben neben der physischen Disposition auch meist eine psychische Komponente. Wenn bereits eine Krankheit besteht, kann sich diese unter Umständen mit Einstieg in den Escortservice verschlimmern. Eine **Sucht** könnte sich dadurch verschlimmern, dass die Süchtige nun noch schneller an Geld für ihr Suchtmittel kommt, und zur Kompensation des Jobs sowie auf Grund der monetären Verfügbarkeit vermehrt zum Suchtmittel greift. Somit wäre sie verstärkt in ihrem Teufelskreis gefangen.

Auch Depressionen können sich verschlimmern, wenn eine negative Einstellung zum Job hinzukommt. An dieser Stelle muss, gerade wenn finanzielle Probleme einen der Faktoren der Depression darstellen, dringend professionelle psychologische Hilfe in Anspruch genommen werden. Unter anderem sollte man sich nicht davor scheuen, eine Schuldnerberatung aufzusuchen.

Wie verarbeitet man Escorterlebnisse?

Die Verarbeitung von Erlebnissen gehört zu den *psychologischen Faktoren,* wenn es um die psychische Gesunderhaltung des Menschen geht. Dazu zählen sämtliche Erfahrungen in der Vergangenheit, der Umgang mit diesen Erfahrungen und somit die eigene kognitive Struktur, die sich auf das Erleben und Handeln auswirkt. Denn jeder Mensch kann auf Grund seiner individuellen **Denkstruktur** die gleiche Situation anders *wahrnehmen, verarbeiten* und für sich *bewerten.*

Da man während der Tätigkeit als Escortdame mit negativen äußeren Einflüssen konfrontiert werden kann (Kunden, Umfeld, Familie, Gesellschaft, Arbeitgeber), ist es von besonderer Bedeutung, wie die Einzelperson mit Erlebnissen, Erfahrungen und Einflüssen von außen umgeht.

Persönliche Denkstrukturen

Die Persönlichkeit ist maßgeblich entscheidend bei der Frage, ob man diese Tätigkeit für sich in gesunder Weise ausüben kann oder ob sie zerstörerisch wirkt. Es geht in den **Denkstrukturen** jedoch nicht darum, sich durch positives Denken etwas einzureden oder die Arbeit schönzureden. Dieser Mechanismus würde in jedem Fall – früher oder später – nach hinten losgehen. Die Einstellung zu diesem Job muss mit den eigenen Wertvorstellungen in jedem Fall übereinstimmen und sollte voller Überzeugung stattfinden. Es ist besonders nicht nur während des Daseins als Escortdame wichtig, sondern in erster Linie auch danach oder bei einem möglichen Outing.

Jedes Individuum verfügt über eine kognitive Struktur. Jede Situation wird von jedem Menschen unterschiedlich wahrgenommen, verarbeitet + bewertet.

ERFAHRUNGEN
+
KONSEQUENZEN
aus Verhalten

INFORMATIONEN
wahrnehmen, verar-
beiten, bewerten

KOGNITIVE
STRUKTUR
des Individuums

VERHALTEN

Bewältigungsmechanismen

Die Einstellung und auch die Liebe zu sich selbst sind wichtig, um in **Konfliktsituationen** oder bei unschönen Erlebnissen gesunde Bewältigungsmechanismen einsetzen zu können. Schlimm wäre es, wenn die Frau ein negatives Erlebnis verarbeiten möchte, indem sie sich mit Selbstvorwürfen geißelt, da sie sich womöglich einredet, sie wäre sowieso an allem selbst schuld und es geschähe ihr ja nur Recht. Es wäre sozusagen ihre gerechte Strafe etc. Oft wird ein *Bewältigungsmechanismus* in Gang gesetzt, der unangenehme Situationen oder überhaupt den gesamten Job mit einem besonders *verschwenderischen Lebensstil und mit Labelprodukten kompensiert.* Manche Frauen stürzen sich somit während der Tätigkeit in Unkosten und Verbindlichkeiten, die sie gezwungenermaßen länger in der Branche halten, als das ursprünglich vorgesehen war. Einige verlängern ihre Bereitschaft, weiterzuarbeiten, Jahr für Jahr, ohne es zu merken. Da war noch die hochwertige Küche und sobald die abbezahlt war, wünschte man sich noch ein flotteres Auto. Dann wiederum stand Strandurlaub auf dem Plan, der schicke Mantel, die Traumschuhe, und so schleppen sich einige, obwohl sie sich schon längst wieder in eine feste Beziehung zurückwünschen, mit ihren Sehnsuchtserfüllungen durch die kostbaren Tage des Lebens.

Ich will nicht den Eindruck vermitteln, dass der Ausstieg das Ziel sein sollte, und doch muss dieser beim Einstieg mitüberlegt werden. Sich Ziele zu stecken, ist von elementarer Bedeutung, da man sonst in eine Spirale kommen kann, aus der nur schlecht wieder herauszufinden ist. Die sicherste Art und Weise, mit dem Thema Kompensierung und hoher Lebensstandard umzugehen, ist, den Job nur *nebenberuflich* auszuüben, dadurch die Lebensweise nicht oder nur marginal zu verändern oder nur so, dass es jederzeit möglich ist, wieder zu den Wurzeln zurückzukehren. Das heißt konkret: keine Wohnung mieten, die man sich nicht auch sonst leisten könnte, keine Darlehen oder Verträge abschließen, deren Raten man nicht auch mit seinem Hauptberuf bedienen könnte, in seinem Freundeskreis nicht plötzlich den Großverdiener spielen. Es würden sich sonst nach Aufgabe Ihres Escortdaseins einige wundern, wo denn die plötzliche Lohnerhöhung geblieben ist. Man sollte jeden Druck nach Möglichkeit selbst vermeiden.

Ressourcen/Rücklagen

Um negative Situationen verarbeiten zu können, ist es wichtig, diese nicht schnell durch Konsumgüter zu kompensieren, sondern sie wirklich aufzuarbeiten und sich dafür notfalls professionelle Hilfe zu holen. Des Weiteren ist zur Bewerkstelligung von Alltagsproblemen das Vorhandensein von Ressourcen zwingend erforderlich, um diese bei Gelegenheit anzapfen zu können. **Ressourcen** können auf mentaler Ebene liegen, also ein starkes Selbstwertgefühl zu haben, positiv zu denken, innere Gelassenheit und Ruhe zu besitzen. Finanzielle **Rücklagen** ermöglichen eine lange Auszeit oder gar das völlige Aussteigen aus dem Business, wenn es einem nicht behagt oder man einfach, aus welchen Gründen auch immer, zeitweise Abstand davon gewinnen möchte. Ressourcen können aber auch einfach nur Dinge sein, die einem guttun und einen stärken, wie beispielsweise ein Wellnessaufenthalt oder mal wieder ein Saunabesuch, Sport, gesunde Ernährung, frische Luft, Yoga, Meditation, Musik, Konzerte, Ruhe oder Naturerlebnisse. Und zu guter Letzt können natürlich auch Menschen im Umfeld eine wichtige Ressource darstellen, sofern es möglich ist, mit diesen zu sprechen, sich auszutauschen und sich ablenken zu lassen.

Doch die Ressource Mensch bleibt Escortdamen oft verwehrt, was eine gewisse **Isolation** mit sich bringt. Nur die Wenigsten im Umfeld wissen überhaupt von der Tätigkeit und wenn man sich den falschen Menschen anvertraut, macht man sich zusätzlich erpressbar. Ein Teufelskreis!

Weltbild

Ich würde meinen, es ist nach wie vor die Regel in unserer Gesellschaft, dass vom Partner körperliche Treue erwartet wird. Obschon diese Vorstellung häufig nicht mehr als eine Erwartungshaltung ist, die mit der Realität, sowohl von Männern als auch von Frauen, nicht viel gemein hat, tut das der Tatsache keinen Abbruch, dass es zu Irritationen kommen kann, wenn man plötzlich nichts als untreue Männer kennenlernt – oder zumindest das Gefühl hat, nur noch auf solche zu stoßen. Was erschwerend hinzukommt sind Situationen, in denen die Liebesdamen den Betrug hautnah miterleben, nämlich wenn er offensichtlich den Ehering beim Sex trägt, vorher oder hinterher noch schnell im Hotelzimmer mit der Gattin telefoniert oder stolz von seinen Ausreden berichtet, seine Ehefrau würde sowieso niemals nie dahinterkommen. Es gibt auch nicht wenige Männer, die die Escortdame in ihr Ehebett ins traute Heim einladen, sobald die Frau mal wieder ihrem gepflegten »Mädelsabend« nachgeht.

Ich habe mich immer gerne mit meinen Kunden auch über diese Themen ausgetauscht und nachgefragt, ob sie verheiratet sind oder weshalb sie mich treffen wollten. Ich war einfach neugierig und wollte auch immer gerne wissen, was abläuft in Ehen, wenn Männer fremdgehen, warum Männer den Kontakt zu Escortdamen aufsuchen, auch wenn sie alleinstehend waren. Mich interessierte grundsätzlich die Motivation von Männern, die Dienstleistung Escortservice in Anspruch zu nehmen.

Dass ich jedoch nicht einfach so mir nichts, dir nichts mit dieser neuen Welt klarkam, zeigt ein Erlebnis mit einem spanischen Geschäftsmann, den ich auf Reisen traf. Es war ganz zu Beginn des Einstiegs und das Treffen wurde noch über die Agentur vermittelt. Der Herr war relativ klein und ein bisschen dicklich. Er trug eine goldene Kette mit Kreuzanhänger um den Hals und natürlich seinen goldenen Ehering. Nach der ersten »Runde« und dem darauf folgenden Telefonat mit seiner Frau im Zimmer (während ich nackt im Bett lag) unterhielten wir uns mehr schlecht als recht auf Englisch. Er erzählte mir von seinen privaten Lebensumständen, seinem Sohn und seinem kleinen Baby, das gerade im Bauch seiner Frau heranwuchs. Ich fiel aus allen Wolken, denn das war nun wirklich zu viel des Guten: Ich hatte soeben Sex mit einem Mann, der den goldenen Ehering anbehielt. Anschließend telefonierte er mit seiner Gattin, während ich noch nackt vom Sex im Bett lag. Nach dem Telefonat krabbelte er, ebenso nackt, wieder unter die Decke und erzählte mir von der Schwangerschaft seiner Frau. Irre! Völlig entsetzt fragte ich ihn, ob er denn überhaupt keinen Anstand hätte, dabei zeigte ich auf seinen Kreuzanhänger und seinen Ehering. Ich war fassungslos und er wusste nicht so recht, wie ihm geschah. Das Date war, wie könnte es anders sein, blitzschnell zu Ende. Ich kann mir vorstellen, dass nicht nur mir dieses Erlebnis im Gedächtnis geblieben ist.

Doch im Laufe der Zeit erlebte ich Ähnliches. Einen Stammkunden traf ich mehr als ein Jahr. Er berichtete mir über diesen Zeitraum immer wieder, wie sehr seine Frau und er versuchen würden, ein Kind zu bekommen. Irgendwann traf ich ihn erneut, als er mir stolz berichtete, es wäre nun so weit. Das war unser letztes Treffen.

Sex mit Ehering, Sex im Ehebett, Sex mit einem Mann, dessen Frau gerade schwanger ist. Einer schlief zur Abwechslung noch mit seiner Schwägerin, der Schwester seiner Ehefrau. Irgendwann war es einfach mal gut! Zu viel, too much! Wie viel an Wahrheiten möchte man ertragen? Das war die Frage, die ich mir damals stellte. Sind denn wirklich alle Männer Schweine und schrecken vor gar nichts zurück? Nicht einmal vor der lang ersehnten Schwangerschaft der Partnerin? An dieser Stelle war meine eigene, ganz persönliche **Grenze.** Und diese Grenze existierte nicht, weil ich Männer verurteilte oder das, was sie taten. Es war in Summe einfach zu viel für mein **Männerbild** und mein **Weltbild.** Ich wusste, dass ich irgendwann einmal wieder eine feste Beziehung führen möchte, doch wie sollte das gehen, wenn man so tief in den Abgründen der Männerlügen drinsteckte? Ich fühlte mich plötzlich in eine andere Welt katapultiert, die so verlogen und an Dreistigkeit kaum zu überbieten war.

Zwei Seelen wohnten nun in meiner Brust. Eigentlich fand ich die Dienstleistung verdammt ehrlich. Keine Heuchelei, keine Geliebte, der man Gefühle vorgaukelt, nur um mal »ran«zudürfen. Gerade für Singlemänner eine nette Alternative, wenn man Single bleiben möchte, aber sein Sexualleben nicht ganz auf Eis legen will. Auf der anderen Seite dieser offensichtliche Betrug. Doch auch hier konnte ich es nachvollziehen, wenn Männer mir erzählten, dass sie seit Jahren keinen Sex mehr mit ihrer Frau hätten. Mist! Wo fängt Bewertung an und wo hört sie auf? Und darf man als Erotikdienstleisterin überhaupt bewerten? Hat man das Recht zu bewerten?

Wichtig an dieser Stelle ist, seine eigenen Gefühle nicht zu verleugnen, denn das Weltbild kann mit dem Abtauchen in diese andere, vermeintlich verruchte und verbotene Welt gehörig erschüttert werden. Es taucht womöglich die Frage auf, wie naiv man über Jahre gelebt hat, und es kommt eventuell auch ein Hauch von Melancholie auf, wenn man mitbekommt, wie verlogen so viele Partnerschaften sind, die nur auf Grund diverser finanzieller Interessen aufrechterhalten werden. Weiter verändert sich das Männerbild und man läuft Gefahr, sämtliche Männer der Untreue und der Lügen zu bezichtigen. Klar, man lernt, wenn man in der Rolle der Geliebten auf Zeit verheiratete Männer trifft, immerhin auch nur die Untreuen kennen. Den anderen begegnet man nicht.

Diese Verwirrungen passieren unter anderem, wenn man mit einer zu romantischen Vorstellung von Partnerschaft erzogen wurde und Sexualität etwas ist, das ausschließlich in festen Beziehungen mit dem Partner stattfinden darf, weil es nur dort wertvoll und erwünscht ist.

Das eigene Weltbild, das Männerbild und die Persönlichkeit, also auch hier wieder die eigenen Bewältigungsmechanismen und Denkstrukturen, können sich stark durch Erlebnisse und Einflüsse von außen verändern. Diese Veränderung ist ein Prozess, der erst einmal kein Problem darstellen muss. Das gesamte Leben ist ein Prozess, durch den neue Lebenseinstellungen und Ansichten gewonnen werden. Man verändert sich im Laufe der Zeit. Nur kommen neue Lebenserkenntnisse meist häppchenweise in gut zu verdauenden Portionen. Im Berufsfeld Escort sieht das jedoch etwas anders aus. Hier wird man plötzlich, vor allem auch durch die meist bisher selbst gelebten Normen, mit Wahrheiten konfrontiert, die man vorher gar nie, auch nicht ansatzweise, wahrnehmen konnte. Dieses Überschüttetwerden unbekannter Eindrücke kann zu *seelischen Krisen* führen, da man sein Weltbild erst wieder neu ordnen muss.

Mein Escort-Coaching-Tipp

Wer in den Escortservice einsteigt, sollte zumindest eine längere, feste **Beziehung** geführt haben, um die Erlebnisse als Escortdame besser in das eigene Privatleben integrieren zu können. Positive Erfahrungen in der Vergangenheit prägen das eigene Denken und wirken sich somit auf den Umgang mit neuen Erlebnissen aus.

Auch ist es für das eigene Weltbild wichtig, Grenzen zu setzen. Es wird vielleicht kaum möglich sein, zu sagen: Ich schließe verheiratete Männer aus. Viele würden sich womöglich über Lügen doch ein Treffen verschaffen und eventuell treibt man mit diesem Ausschluss noch deren Ehrgeiz an. Trotz alledem ist es aber nötig und auch wichtig, seine eigenen Störgefühle wahr und ernst zu nehmen. Nur weil man als Escortdame arbeitet, heißt das noch lange nicht, dass man die Wahrnehmung für sensible Themen verloren hat und emotional abstumpft, wie einem so gerne unterstellt wird.

Ich persönlich verzichtete am Ende auf Hausbesuche, was das Ehebett schon einmal ausschloss. Zudem schränkte ich die Anzahl an Dates mit der Zeit immer weiter ein, was mir ebenfalls guttat, da es den Blick auf anders geführte Partnerschaften wieder weitete.

Es soll an dieser Stelle niemand verurteilt werden, weder Männer, die fremdgehen, noch Anbieterinnen, die kein Störgefühl haben, wenn der Sex im Ehebett stattfindet. Doch Frauen, die ein seltsames Bauchgrummeln verspüren, dürfen sich ihrer Empfindungen annehmen. Der wichtigste Tipp an dieser Stelle ist einfach: Hören Sie auf Ihr **Bauchgefühl** und verurteilen Sie sich selbst nicht dafür, wenn Störgefühle auftreten. Sie müssen diese nicht übergehen, wenn Sie nicht möchten. Sie selbst können, gerade als Independent-Escort, Ihre Bedingungen für Männer festlegen, so wie es ihnen gut tut.

Escortservice und die Gesellschaft

Wie im vorigen Kapitel dargestellt, wirken sich sämtliche Einflüsse aus der Umwelt immer auch auf die Psyche aus. Denn jeder Faktor aus der Umwelt, der den Menschen erreicht, will aufgenommen, bewertet und verarbeitet werden. Ich meine, dass das höchste Risiko im Escortservice in den *soziokulturellen Einflüssen* liegt.

Kurz umrissen: Die Arbeit als Escortdame wäre bei weitem nicht so gefährlich für die Frauen,
» wäre es möglich, mit dieser Geschichte im Lebenslauf wieder eine Anstellung zu finden

» hätten sie keine Probleme mit Stalkern, die sie
mit einem Zwangsouting erpressen könnten
» könnten sie offen zu ihrer Tätigkeit zu stehen
» bekämen sie die nötige Anerkennung, die ihnen
für diese ehrenwerte Tätigkeit gebühren würde
» würde die promiske Frau im Allgemeinen
nicht derart verachtet werden

Die größten Probleme, die sich vor allem auch nachhaltig auf das Leben der Frauen auswirken, werden von der *Gesellschaft* und der *Politik* gefördert.

Lücke im Lebenslauf
Wer den Beruf der Escortdame hauptberuflich und über lange Zeit ausübt, muss sich gegebenenfalls auf eine Lücke im **Lebenslauf** einstellen. Kürzere Ausflüge in das Gewerbe lassen sich sicherlich verschleiern und wer der Tätigkeit nebenberuflich nachgeht, hat diesbezüglich keine Probleme. Dafür hat die Dame unter Umständen ein anderes Problem, nämlich das des **Stalkers** bzw. Outings.

Erpressbarkeit, Stalker, (Zwangs-)Outing, Arbeitsplatzverlust
Ich fasse den **Stalker** mit dem **Outing** in eine Kategorie, da sich die Stalker bei ihrem **Mobbing** in erster Linie der Erpressung mit dem Outing im Arbeits-, Familien- und Freundeskreis bedienen. Ein tragischer Fall eines angekündigten Outings ereignete sich im Jahr 2011. Der 50 Jahre ältere Ex-Freier und Ehemann einer ehemaligen Prostituierten drohte ihr mit dem Outing bei ihrer neuen Arbeitsstelle als Ärztin. Die angehende Ärztin brachte ihren Mann daraufhin mit einer Überdosis Morphium um. Der genaue Ablauf und das Rechtsurteil sind im Internet (s. Quellen) nachzulesen.

Ich kenne kaum eine Frau, mich eingeschlossen, die weder von einem Zwangsouting durch Ex-Freunde, falsche Freunde, Familie noch von Stalkern, die mit einem Outing drohen, verschont blieben. Durch ein Outing bei ihrem Arbeitgeber kann die Dame ihren Job verlieren und dadurch erst in die »richtige« Prostitution gezwungen werden. Das, was womöglich als Hobby begann, wird plötzlich zum Broterwerb.

Durch ein Outing wird sich ihr Freundeskreis verändern. Es werden sich einige Leute verabschieden, weil man mit »so einer« nichts zu tun haben möchte. Ein Outing kann auch einen Ausschluss aus der Familie zur Folge haben, denn unterschwellig wird den Eltern unterstellt, sie hätten in ihrer Erziehung etwas falsch gemacht, wenn die Tochter einer solchen Tätigkeit nachgeht. Vor Anfeindungen sind in diesem Prozess auch Freunde nicht sicher. Auch diese müssen sich verstärkt beweisen und immer wieder rechtfertigen, warum sie den Kontakt zu »so einer« überhaupt noch aufrechterhalten. Es ist ein echter Kampf und die Spreu trennt sich spätestens jetzt sehr schnell vom Weizen.

Diese gesellschaftlichen Probleme lassen sich in erster Linie auf die über Jahrtausende bestehende Stigmatisierung von »unzüchtigen« Frauen zurückführen, also Frauen, die sich nicht züchtigen lassen wollten. Die Ursache liegt nicht ausschließlich in der Tatsache begründet, dass Frauen Geld für Sex verlangen. Es geht in erster Linie um die **Promiskuität** der Frau, die auch heute noch verachtet wird (s. Kapitel 2).

Und so wurde selbst ich nach meinem Outing im TV nochmals geoutet. Wer hätte gedacht, dass so etwas möglich ist?! Ich arbeitete gerade als Visagistin für das Marketingprojekt eines nahegelegenen Badeunternehmens, gemeinsam mit meiner Partnerfotografin, als ich nach drei Tagen einen Anruf von ihr erhielt: Ein Badegast hätte mich *entdeckt!* Dieser hatte daraufhin unmittelbar die Geschäftsführerin der Badeanstalt kontaktiert, um sie darüber zu informieren, dass »*so eine*« hier arbeiten würde. Das wäre nicht zumutbar, denn immerhin wären hier ja *Kinder!* Mir war bis zu diesem Zeitpunkt fremd, dass Frauen, die ihre Sexualität genießen, eine Gefahr für Kinder darstellen würden. Das Ende vom Lied war, dass mir der Auftrag in der Tat gekündigt wurde und sich im gleichen Atemzug meine Fotografin noch am Telefon von mir verabschiedete mit den Worten: »Sorry, aber du bist mir zu geschäftsschädigend.«

Es gab während meiner Selbstständigkeit nur Hopp oder Top. Die Leute in meinem Umfeld, auch Geschäftskontakte, bezogen ganz klar Stellung: pro oder contra Vanessa Eden. Ein Mittendrin war unmöglich.

Deshalb nutzten einige auch meine Präsenz, um zu polarisieren und Aufmerksamkeit zu erwecken. So landete ich unter anderem als Werbemodel auf einem Plakat mit dem Spruch: Verführerisch gut …

Mein Escort-Coaching-Tipp

Sollten Sie eines Tages Opfer eines Stalkers werden, begeben Sie sich bitte in professionelle Hände und holen Sie sich in entsprechenden Beratungsstellen oder direkt bei der Polizei Hilfe. Ich persönlich ging in meinem Umfeld, auch bei meinem damaligen Arbeitgeber in der Schweiz, offen mit meinem kleinen Hobby um.

Ein weiterer Schritt, nicht mehr erpressbar zu sein, war mein Outing im Fernsehen. Dann wusste es wirklich jeder – dachte ich. Wenngleich mir dadurch andere Steine in den Weg gelegt wurden, doch bedrohliche Erfahrungen mit einem Stalker blieben mir immerhin erspart. Er hätte bei meiner Offenheit auch keine Angriffsfläche gefunden. Ich weiß jedoch, dass andere Frauen davon betroffen waren und sind. Das Spiel ist immer das Gleiche: Der Stalker droht mit einem Outing.

Es muss jedoch nicht immer der böse Stalker sein: Mir ist ebenso der Fall einer Dame bekannt, die sich nicht hat unterkriegen lassen, als sie bei ihrem Arbeitgeber von Kollegen geoutet wurde. Sie kämpfte hartnäckig um ihren Arbeitsplatz, den sie bereits seit mehr als zehn Jahren besetzte – und das erfolgreich! Und auch ich arbeitete damals im Angestelltenverhältnis, während ich mich in meiner Freizeit mit Männern traf. Das kann möglich sein, muss aber nicht. Es kommt sicherlich auf die Arbeitsstelle, den Chef, das Umfeld und die Position an. Führt man repräsentative Tätigkeiten für eine bekannte Firma aus, könnte es schwierig werden.

Deshalb sollten Sie sich vor Beginn Ihrer Tätigkeit wirklich überlegen, ob Sie das Risiko eines Outings und damit das der **Erpressbarkeit** eingehen möchten. Das Outing muss nicht immer gleich den Arbeitsplatz betreffen. Es wird auch mit Gesichtsverlust in der Familie, bei Freunden oder an der Universität gedroht.

Je mehr der potentielle Erpresser spürt, dass die Frau um ihre Anonymität fürchtet, desto eher und skrupelloser wird er aktiv.

Für Independent-Escortmodels gibt es in der Zwischenzeit auch Anbieter, die sämtliche Dienstleistungen, wie Covering und Impressumsservice (s. Kapitel 11, Paragraphen und 14, Sicherheit), anbieten, so dass die Dame weitestgehend anonym arbeiten kann, ohne sich zwingend einer Escortagentur anschließen zu müssen. Einer dieser Anbieter ist das independent-office.de, das von einer ehemaligen Agenturtelefonistin geführt wird.

Doppelleben

Ob man zwangsgeoutet wurde, sich selbst geoutet hat oder ohne Outing ein heimliches **Doppelleben** führt, macht, auf die Gesundheit und das eigene seelische Wohlbefinden bezogen, fast keinen Unterschied.

Wer sich gegen ein Outing entscheidet und das Doppelleben vorzieht, sieht sich unter Umständen – je nachdem wie intensiv dieses Doppelleben gelebt wird – einer Fülle von Lügen, Ausreden und Erpressungsversuchen ausgesetzt. Diese Art von Geheimnis bietet einen besonders fruchtbaren Nährboden für Stalker, Denunzianten und sonstige frustrierte Machtmenschen. Des Weiteren leben Frauen in einer gewissen Isolation, die sie hin und wieder aufzulösen versuchen, indem sie sich den falschen Leuten anvertrauen.

Wer zudem in einer Escortagentur arbeitet und relativ kurzfristig Termine annimmt, ist in seinem Privatleben äußerst eingeschränkt. Ständig müsste man Ausreden erfinden, warum der Kinobesuch schon wieder abgesagt werden muss oder der wöchentliche Treff im Lieblingslokal erneut nicht stattfindet. Vielleicht auch, wie man sich plötzlich diesen hohen Lebensstandard leisten kann, woher auf einmal das Auto und die neuen Klamotten auftauchen. Hinzu kommt, dass man sich problematische Situationen von der Seele reden sollte, aber auch schöne Erlebnisse gerne mitteilen möchte. Das Doppelleben ist nicht nur ein Stressor im privaten Bereich, auch beim Kunden muss permanent darauf geachtet werden, dass die wahre Identität nicht auffliegt. Am besten ist es, sollte man sich für diesen Weg entscheiden, dass man sich vor allem für Dates die immer gleiche Geschichte einmal zurechtlegt, um Irritationen zu vermeiden. Lügen kann man sich ab einer gewissen Anzahl nur mehr schlecht merken.

Partner, Familie, Freunde und Einsamkeit

Wer sich dazu entscheidet, offen mit seinem kleinen Hobby oder seiner außergewöhnlichen Berufswahl umzugehen, muss damit rechnen, diskriminiert und geächtet zu werden. Jeder Mensch hat das Bedürfnis nach **Zugehörigkeit** und **Akzeptanz** – auch eine Escortdame. Wird sie nur auf Grund ihrer Berufswahl für minderwertig erachtet, greift das in massiver Weise ihr **Selbstwertgefühl** und somit ihre gesamte psychische und physische **Gesundheit** an. S. hierzu ebenfalls Kapitel 3.

Auch die eigene gleichzeitig oder später gelebte **Partnerschaft** bleibt von Angriffen nicht verschont. Von Anfeindungen betroffen sind aber auch der Freundes- und Familienkreis. Die Tatsache, dass man als Escortmodel arbeitet und damit offensichtlich zeigt, dass man ein freies Liebesleben führt, nutzen Menschen gerne, um diese Frauen und ihr Umfeld herabzusetzen, zu denunzieren und zu diffamieren.

Somit stellen sämtliche Menschen im Umfeld einen maßgeblichen Einfluss auf die eigene Identität und das Selbstwertgefühl dar. Die Tatsache, dass auch diese Menschen den exakt gleichen soziologischen Mechanismen ausgesetzt sind, macht den Umgang mit ihnen nicht leichter, vielleicht aber verständlicher.

Das heißt konkret, eine Partnerschaft, selbst wenn beide sich über die Umstände im Klaren sind und gemeinsam diese Entscheidung getroffen haben, ist erheblichen Kritiken und Lästereien ausgesetzt. Der Mann wird dabei mit verschiedensten Vorwürfen konfrontiert, die ihn teilweise in die **Opferrolle** schieben, ihn aber ebenso zum Sündenbock machen. In seiner Opferrolle wird die promiske Frau als die Böse dargestellt, die ihn sowieso nur ausnutze, hinter seinem Rücken mit anderen Männern rummache, ihm womöglich Krankheiten anschleppe und ihn bei der nächstmöglichen Gelegenheit eh verlassen werde. Denn was solle man schon von einer Frau erwarten können, die für Geld die Beine spreize. Gleichzeitig wird er mit hämischen Kommentaren, dass er wenigstens froh sein könne, Gratis-Service zu erhalten, aufgezogen. Wer nun glaubt, Aussagen dieser Art stammen von spätpubertären Jungs, der irrt. Solche Sätze kommen in der Tat von erwachsenen, gut betuchten und vermeintlich gebildeten Herren. In der Täterrolle wird der Mann mit einem Zuhälter oder Schlappschw… verglichen, der seine Frau entweder aus purer Geldgeilheit oder Faulheit »anschaffen« schickt, um sich an ihr zu bereichern bzw. selbst nicht arbeiten zu müssen.

Ich denke, diese kurzen Ausführungen geben, sollte man sich überhaupt dazu entscheiden, eine Beziehung zu führen, einen guten Überblick darüber, wie schwer einem das Umfeld das Partnerglück machen kann.

Es ist sowieso schon erstaunlich, wenn es gelingt, parallel zu diesem Job eine Beziehung zu führen. Oftmals möchte aber die Frau während dieses Lebensabschnittes gar keine feste Partnerschaft, sondern sie genießt das Austoben und ihre Freiheit auf diesem Wege. Das ist dann gut möglich, wenn man den Job jederzeit wieder aufgeben kann oder sich ein konkretes Zeitfenster gesteckt hat. Schwieriger wird der Umgang mit diesem Thema, wenn man länger in dieser Rolle verhaftet ist und die Sehnsucht nach beständiger Nähe und Wärme ruft. Nur die wenigsten Männer können überhaupt damit umgehen, wenn ihre Partnerin sich sexuell auch mit anderen Männern austauscht, wenngleich einige von ihnen exakt diese Freiheit für sich selbst in Anspruch nehmen. Sie verlangen meist wenige Wochen nach Beziehungsbeginn ein Aussteigen aus dem Business. Wenn Frauen an dieser Stelle finanziell abhängig davon sind, sind Probleme und Herzschmerz quasi vorprogrammiert.

Eher ist es allerdings so, dass in der Zeit, in der man als Escortdame arbeitet, kaum eine Beziehung möglich ist. Wer sich von dem Job finanziell abhängig macht, könnte früher oder später unter **Einsamkeit** leiden. Nicht nur, weil eine Beziehung nicht stattfindet, sondern auch, weil sich womöglich diverse Menschen aus dem Umfeld zurückziehen.

Die Diskriminierung im **Freundeskreis** gestaltet sich unter Umständen folgendermaßen: Den Frauen im Bekanntenkreis wird unterstellt, sie würden den Kontakt zu »so einer« womöglich nur deshalb aufrechterhalten, weil sie eigentlich genauso sind und in

Wirklichkeit auch einsteigen möchten. Man hätte ja schon immer gewusst, dass sie so ticken würden. Oder sie würden sich sicherlich von »so einer« äußerst negativ beeinflussen lassen, denn »so eine« wäre schließlich kein Umgang für eine anständige Frau. Den Männern – wie könnte es auch anders sein – wird unterstellt, sie hofften ja nur, auch mal zu dürfen, vielleicht vergünstigt. Weiter werden sie attackiert, warum sie denn kein Problem mit »so einer« hätten und ob sie denn wohl »Puffgänger« wären bzw. es nötig hätten, für Sex zu bezahlen. All diese Angriffe auf Personen im Umfeld dienen dazu, die arbeitende Dame weiter zu isolieren und ihr das Leben noch ein wenig schwerer zu machen.

Dem Partner sowie dem Freundes- und Familienkreis wird das sogenannte **Ehrenstigma** zuteil, das heißt, sie werden nur auf Grund der Zugehörigkeit einer stigmatisierten Person zu ihrem eigenen beruflichen, privaten oder familiären Umfeld selbst stigmatisiert und diskriminiert.

Ganz allgemein weiß die Sozialpsychologie, dass besonders Personen mit einem niedrigen **Selbstwertgefühl** dazu neigen, fremde Personen zu diskriminieren und zu stigmatisieren. Menschen mit einem hohen Selbstwertgefühl, also mit viel Eigenliebe, sind eher daran interessiert, faire Bedingungen zu schaffen. Das Selbstwertgefühl ist allerdings kein statischer Zustand, sondern kann emotionalen Schwankungen, situationsbedingten Frustrationen und Unzufriedenheiten usw. unterliegen.

Diese Erkenntnisse mögen tröstlich sein und sie lassen in gewisser Weise über den Dingen stehen.

Am 27. November 2012 wurde im ZDF in einer Reportage mit dem Titel MEIN JOB IST SEX – FAMILIENGEHEIMNIS PROSTITUTION über eine Dame aus Hamburg, Bianca, und mich berichtet. Gut vier Monate vor Ausstrahlung der Sendung erreichte mich eine E-Mail der Redakteurin Gesine. Sie war auf der Suche nach Damen aus dem Gewerbe, die sich gemeinsam mit ihrer Familie im Fernsehen zeigen und über die Besonderheit des Berufs innerhalb der Familie, aber auch innerhalb ihrer gesellschaftlichen Position erzählen. Wie fassen es Geschwister, Eltern oder Kinder auf, wenn die Schwester, die Tochter oder die Mutter im Escortservice arbeitet? Das war die Kernfrage der Reportage. Und selbstverständlich auch: Wie geht die

Familie nach außen mit der Berufswahl des Familienmitgliedes um? Wird die Familie womöglich schräg angesehen? Oder spielt das alles keine Rolle, da Escortservice heute ein Beruf wie jeder andere ist?

Ich hatte zu diesem Zeitpunkt bereits seit zwölf Jahren keinen Kontakt zu meiner Mutter, doch drei Wochen vor Gesines Anruf, also im Juli 2012 und nach Abschluss meines Abiturs, versuchte ich den Zugang zu meiner Mutter wiederherzustellen. Seltsames Timing. Ich berichtete Gesine somit von diesen Umständen und als herausragende Journalistin roch sie selbstverständlich den Braten. Das wäre eine echte Geschichte! Hier müsste nichts gestellt werden. Ich bot ihr an, meine Mutter per E-Mail zu kontaktieren und sie zu fragen, ob sie Interesse an diesem Projekt hat. Sie hatte!

Und so wurde in der Sendung die Problematik aufgezeigt, die vor allem Mütter mit der Berufswahl ihrer Töchter haben. Während es bei Biancas Mutter in erster Linie um die Sorgen ging, die sie sich machte, spielten bei meiner Mutter eher das Ansehen und die moralische Komponente eine Rolle. Hätte man meinen Vater mit ins Interview genommen, so wäre die Antwort wohl diese gewesen: »Meine Tochter muss selbst wissen, was sie tut. Und wenn es ihr damit gut geht, ist es in Ordnung für mich.« Die Freudensprünge sind bei ihm ausgeblieben und selbstverständlich fragte er mich besorgt, ob sich ein Mann im Hintergrund befände, der mitverdient. Als ich ihm dann jedoch anvertraute, dass ich mich komplett selbst organisiere und auch meinen gesamten Verdienst behalte, war er beruhigter. In jedem Fall blieb der moralische Zeigefinger unten.

Bei genauerer Überlegung fragte ich mich jedoch, ob mein Vater in der Tat diese Antwort, die er mir unter vier Augen gab, auch in eine Kamera gesagt hätte. Wüsste ich allerdings nicht von seiner absoluten Geradlinigkeit, die auch mir in den Genen steckt, so würde ich diesen Satz hier nicht veröffentlichen. Doch würde er sich mit seiner Antwort nicht angreifbar machen? Könnte man ihm dann nicht unterstellen, er wäre ein schlechter Vater, wenn er diesen Job seiner Tochter einfach so mir nichts dir nichts akzeptieren würde? Schützt also gewissermaßen die moralische Entrüstung meiner Mutter nicht wiederum sie selbst vor Anfeindungen der Gesellschaft und möglichen Schuldgefühlen? – Es ist ein Hamsterrad, das sich weiter im Kreis dreht, für die Leute, die sich darin angeleint fühlen. Ich selbst bin durch meine TV-Auftritte aus diesem schwindelerregenden Schwindel-Rad ausgestiegen.

Doch ob die Familie sich aus moralischen Gründen verabschiedet oder des Ansehens wegen, spielt keine Rolle. Das Ergebnis ist dasselbe. Und es ist schmerzlich zu ertragen. Wird man nicht mehr geliebt, weil man nicht mehr funktioniert? Ist man keine »gute« Tochter mehr, weil man sich für einen Teilabschnitt seines Lebens für diesen Weg entschieden hat? Ist man nur liebenswert, wenn man das tut, was die geliebten Eltern von einem möchten? Wo beginnt Moral und wo hört sie auf? All diese Fragen kann jede Escortdame nur für sich selbst beantworten. Wie heißt es so schön? Everybody's Darling is Everybody's Depp. Diese Rolle stand mir noch nie gut zu Gesicht. Doch es war in meinem familiären Umfeld nicht so schlimm, wie es womöglich in der Reportage erschien.

Selbst meine 80-jährige, strenggläubige katholische Großmutter konnte sich nach einer gewissen Zeit einen Ruck geben: »Wenn es so ist, dann ist es eben so. Selbst in der Bibel gab es schon die Huren. Jesus Christus liebt alle Menschen.«

Mein Escort-Coaching-Tipp

Sie sollten sich von Beginn an darauf einstellen, dass (heftige) Reaktionen aus Ihrem nahen Umfeld nicht ausbleiben. Sei es aus Sorge um Sie oder weil sich die ein oder andere Freundschaft doch als etwas anderes entpuppt. Sosehr man sich mit dem Satz trösten kann: Dann waren es eben keine Freundschaften, so sehr schmerzen doch Erfahrungen dieser Art. So erging es jedenfalls mir, da ich mir nicht vorstellen konnte, warum mein Job plötzlich ein Kriterium dafür ist, mich abzulehnen oder weiterhin zu mögen.

Sollten Sie sich dazu entscheiden, während des Jobs eine Beziehung zu führen, so kann diese zu einem Spießrutenlauf werden – je nach Struktur Ihres Freundeskreises. Möglicherweise müssen Sie sich jedoch auf eine längere Singlezeit einstellen, da nur die wenigsten Männer mit einem solchen Job klarkommen. Doch auch wenn Sie den Job bereits hinter sich gelassen haben, wird es noch Menschen geben, die damit ein Problem hätten – auch ein möglicher zukünftiger Partner und dessen Familie.

Für die eigene Familie ist diese Berufswahl der Tochter meist nur schwer zu schlucken, sei es aus Sorge oder aus moralischen Beweggründen. Da sich die Familie in diese Tätigkeit oft nicht hineindenken kann oder mag, fällt ein Austausch mit Familienmitgliedern oft schwer bzw. ist gar nicht möglich. Die Familie ist jedoch für die meisten Menschen der Anker im Leben, weshalb ein Bruch äußerst schmerzlich ist. Sie sollten vorher abwägen, ob Sie das Risiko eingehen möchten, Ihre Familie möglicherweise zu enttäuschen oder zu verlieren.

Kunden

Die Männer, auf die man trifft, wirken sich maßgeblich auf die Gesundheit aus, denn sie sind die Hauptprotagonisten in diesem Spiel. Offensichtlich ist, dass eine hohe Wertschätzung und respektvolle Begegnungen mit Männern nicht nur nett sind, sondern sich sogar äußerst positiv auf das Befinden der Escortdame auswirken können. Immerhin erhält sie durch ihre Dienstleistung auch eine enorme Bestätigung. Und sei es nur, um ihre Marktchancen zu testen. Je interessanter und begehrenswerter eine Frau ist, desto höher sind auch ihre Verdienstmöglichkeiten in diesem Bereich. Sie kann also unmittelbar an sich selbst »gemessen« werden. Zugegeben ist diese Vorstellung nichts für die Romantikerfraktion. Doch es sollte im 21. Jahrhundert kein Geheimnis mehr sein, dass Charisma und Auftreten eines Menschen Vorteile mit sich bringen können. Hier lassen sie sich direkt in Geldwert messen.

Jedoch sind auch Escortkunden nicht immer nur nett. Denn auch sie unterliegen der gesamtgesellschaftlichen Wertung mit all ihren Normen und Tabus. Und so sind ebenfalls die Kunden nicht frei von Diskriminierung und einem oftmals damit einhergehenden schlechten Gewissen. Es werden allerhand Rechtfertigungen und Lügen konstruiert, was einer offenen Begegnung schon mal abträglich sein kann. Manche Männer sind äußerst unentspannt, wenn das vermeintliche Engelchen auf der Schulter sie plagt. So empfinden sie nicht nur ihr eigenes Tun als etwas Schlechtes, sondern oftmals gleichzeitig auch das Tun der Dame. Sie wird bei Kunden dieser Art mit Fragen von der Sorte konfrontiert, warum sie denn einen solchen Job hätte und ob sie wohl nichts gelernt hätte und warum überhaupt sie so etwas nötig hätte, wie lange sie das noch machen wolle und dass etwas »Anständiges« doch besser für sie wäre.

Das ist schon verrückt, nicht wahr? Da steht ein Mann, der diese Dienstleistung in Anspruch nimmt, allen Ernstes in ausgebeulter Unterhose und Socken vor seiner Auserwählten und startet eine Ethikdiskussion – wie erregend, wie sinnlich, wie geistreich! Er gibt also sein schlechtes Gewissen mal kurzerhand an die Frau weiter. Denn konsequenterweise müsste er sich fragen, wie er einer Frau seine Anwesenheit überhaupt zumuten kann, wenn es doch so unerträglich für sie ist. Man kann diese Art der Kommunikation drehen und wenden, wie man will: Schön ist sie nicht. Und ein nettes Gefühl hinterlässt sie auch nicht.

So unterscheiden manche Männer, die enorm von ihrem Gewissen und ihren abgebröckelten Moralvorstellungen geplagt werden, sehr gerne zwischen der Heiligen zu Hause und der Hure in ihrem Hotelzimmer. Dass die Escortlady, die gerade in seinem Hotelbett liegt, auch Mutter ist oder selbst einmal Ehefrau war oder auch ist, kommt ihm dabei nicht in den Sinn. Es würde nicht in seine Kategorisierung passen, in seine Vorstellung von Escortdamen. Er wird als Escortkunde diskreditiert und diskreditiert somit selbst. Hinzu kommt, dass sich Männer durch das Vorurteil, nur hässliche, dicke und alte Männer müssten für die erotische Zweisamkeit bezahlen, nicht gerade geschmeichelt fühlen. Entsprechend gering ist oftmals das **Selbstwertgefühl** und groß die Unsicherheit, gerade gegenüber der Liebesdame. Und wie bereits erwähnt, sind Personen mit schwachem Selbstwertgefühl häufiger auch diejenigen, die sich über Diffamierung versuchen über andere zu erheben.

Zuhälter

Mal wieder ein kleines Anekdötchen: Als ich mit 21 Jahren alleine in die Schweiz ging, um dort in der Gastronomie zu arbeiten, wurden mir oft diverse Angebote bezüglich Prostitution gemacht. Einige versuchten über Erotikmassagen zu locken, andere brachten die Dienstleistung prägnant auf den Punkt. In dieser Zeit lehnte ich jedoch vehement Anfragen dieser Art ab, notierte mir aber zumeist die Telefonnummern, da der Beisatz »Wenn du mal ein Problem hast, dann kannst du mich jederzeit anrufen« als kleiner Notnagel für mich, alleine in einem fremden Land, doch zog.

Ich hatte also noch einige Kontakte dieser Art in meinem Mobiltelefon gespeichert und ich wusste: Wenn ich dort anrufe, kann ich gleich morgen loslegen. Eines Tages im Oktober 2003 war es dann so weit. Ich rief an.

Er sagte: »Und das willst du wirklich?« Ich antwortete entschlossen: »Ja! Am besten sofort.« Doch ganz so schnell durfte ich noch nicht. Ich sollte mir noch zwei Wochen Bedenkzeit geben, hatte er gesagt. Ich solle da nichts überstürzen, es sei ein großer Schritt. Wow, was für ein lieber Mensch, ging mir durch den Kopf. Ich wusste, dass er tiefer in diesem Business involviert war und sicherlich Kontakt zu Escortagenturen hatte, doch diese Großzügigkeit hatte ich nicht erwartet. Die Klischees von diversen Zuhältern, die gar nicht erwarten können, ihre Mädchen loszuschicken, konnte ich also vehement widerlegen. Er ließ mir Zeit. Nach zwei Wochen begann ich mit meiner Tätigkeit. Ich solle mich in Ruhe einarbeiten, wurde den Agenturtelefonistinnen gesagt. Die »Escortagentur«, bei der ich zu arbeiten begann, war innerhalb von zwei Wochen aus dem Boden gestampft worden, die Telefonistinnen von einer anderen Agentur abgeworben, gleich dazu noch vier bis fünf Mädchen, und fertig war die neue, »schon seit Jahren existierende« Escortagentur in Graubünden. Lediglich meine späteren Kunden wunderten sich, wo die auf einmal herkam, nachdem ich immer erzählte, dass es die schon seit Jahren gäbe. Eine Bekannte von mir war nun auch bei dieser Agentur und da sie kein Auto hatte, fuhr ich sie manchmal zu Terminen und bekam dafür das Fahrgeld, das den Kunden zusätzlich in Rechnung gestellt wurde. So verdienten wir beide und hatten unseren Spaß dabei, denn der Gesprächsstoff ging uns nie aus. Auf diese Weise erfuhr ich auch, dass ich die Einzige in der Agentur war, die 40 % von ihrem Verdienst abgeben musste. Die anderen Mädchen nur die üblichen 30 %. Und plötzlich bimmelten sie doch, die Alarmglocken. Wo war ich da nur hineingeraten? Also doch an einen richtigen **Zuhälter,** der mitkassiert? Nach dieser

Erkenntnis dauerte es auch nicht lange, bis keine Aufträge mehr von der Agentur kamen. Es sei nichts los im Moment, ich müsse eben warten. Ich wartete, ganze drei Wochen. Dann ging mir das Geld aus. Ich pumpte die Agentur an. Fragte sie immer wieder, was denn los sei. Sie schalteten auch plötzlich keine Werbung in der Tageszeitung mehr. Ich fragte *ihn!* Ja war ich denn total bescheuert? Aber ich war hilflos, wusste nicht, was tun! Erst fragte ich ihn, ob ich denn nicht selbst mal Anzeigen in der Zeitung schalten sollte. Das lehnte er vehement ab! Auf gar keinen Fall sollte ich das tun. Das wäre ja viel zu gefährlich! Und überhaupt, denn er hatte natürlich einen viel besseren Vorschlag für mich: Eine Freundin seinerseits, ansässig in Chur, hatte da noch ein »Zimmer« frei. Ich solle diese doch mal besuchen gehen, so für zwei bis drei Wochen. Ich kürze ab an dieser Stelle:

Insgesamt verbrachte ich fünf Tage in drei verschiedenen Bordellen (s. Kapitel 5), packte anschließend nicht nur meinen ganzen Mut, sondern auch meine Klamotten zusammen und kam bei einer meiner Freundinnen unter.

Wer glaubt, Zuhälter sind ausschließlich tattoobemalte, muskelbepackte, vokuhilafrisierte Goldkettchenträger, die die Mädchen noch in den Puff prügeln, der irrt gewaltig. Diese mag es vielleicht auch noch geben, doch die heutige Generation ist cleverer und geht, wie meine Erfahrung sehr deutlich zeigt, subtiler vor.

Fast während meiner gesamten Zeit boten sich immer wieder selbsternannte Beschützer an, die selbstverständlich etwas von meinem Umsatz abhaben wollten. Auch wurde versucht, mich öffentlich vorzuführen, indem man angeblich einen äußerst lukrativen Kunden an der Hand hätte, der mich gerne kennenlernen wollte. Ich müsste nur am Tag X zur Uhrzeit Y zu Ort Z kommen, um ihn kennenzulernen. Selbstverständlich verzichtete ich auf Angebote dieser Art und verwies auf meine Website mit meinen Konditionen, inklusive Foto und Anzahlung. Vielleicht habe ich den ultimativen Multimillionär deshalb nicht kennengelernt, doch ich amüsierte mich regelmäßig.

Grundsätzlich bin ich von Männern, die in der Branche arbeiten, wenig begeistert, da ich meist das Gefühl hatte, sie haben keine Ahnung, wovon sie sprechen. Woher sollten sie sie auch haben? Viele versuchen sich aufzuplustern und hinken in ihren Entwicklungen einige Jahrzehnte zurück. Sie haben den Schuss des Bundesverfassungsgerichts nicht gehört, geschweige denn verstanden, dass Frauen in der Zwischenzeit auch ohne Beschützer selbstbestimmt diesem Job nachgehen können.

Ausstieg

Der **Ausstieg** aus dem Escortservice stellt eine besondere Schwierigkeit dar, wenn man diesen hauptberuflich ausübt. Nicht nur, weil man sich an den ausschweifenden, leichten Lebensstil gewöhnt, sondern auch, weil womöglich durch die Lücke im Lebenslauf ein Berufswechsel schwierig werden könnte. Die Gewohnheit, über den schnellen Weg und vermeintlich einfach Geld verdienen zu können, lässt Frauen oft länger im Beruf verharren, als sie das eigentlich möchten. Doch auch das negative Image dieses Berufsstandes macht einen Ausstieg nicht gerade einfach. Was, wenn der neue Chef von den früheren Ausflügen Wind bekommt? Eventuell droht eine Kündigung unter fadenscheinigen Gründen oder sogar Mobbing von Kollegen. Damit Sie rechtzeitig den Absprung schaffen und der Ausstieg für Sie nicht zum Risiko wird, sollten Sie sich bereits beim Einstieg darüber im Klaren sein, wohin Ihr Weg führen soll. Lesen Sie hierzu auch Kapitel 8.

11 Die Entscheidung –
Independent oder Agentur

Mein Einstieg über eine »Escortagentur« war weniger glücklich, wie Sie sicherlich bereits lesen konnten. Das Problem war nicht nur, dass die **Escortagentur** eigentlich keine war, sie übte zudem ihre Aufgabe in einigen Punkten äußerst schlecht aus. Ich hatte das große Glück, dass mich in meiner Anfangszeit verantwortungsbewusste Kunden auf massive Fehler der Agentur hinwiesen. Die gravierendsten Missgeschicke passierten in der Überwachung meiner Sicherheit. Da wurde ich schon mal zur Post in einem Ort geschickt, von dort aus sollte ich den Kunden anrufen, der mich dann in sein Büro lotste. Abgesehen davon, dass ich mich vorgeführt fühlte, als er mich – von seinem Fenster aus beobachtend – zu sich dirigierte, erkundigte er sich sogleich, woher die Agentur denn jetzt wüsste, wo genau ich mich nun aufhalte. Ich ging selbstverständlich davon aus, dass er seine Adressdaten bei der Agentur hinterlegt hatte, was erschreckenderweise nicht der Fall war.

Nach circa zwei Jahren als **Independent**-Dame nahm ich Ende 2007 nochmals den Kontakt zu Escortagenturen auf und landete entweder bei unseriösen Hinterhoffirmen, in denen der Chef noch persönlich »testen« wollte, oder bei Zicken am Telefon, die vor lauter High-Class-Getue meine sachlichen Fragen nicht beantworten konnten. Schließlich müsse man das alles wissen, wenn man in diesem Bereich arbeiten wolle. Zudem erhielt ich einen 16-seitigen Knebelvertrag, auf den ich gerne verzichtete. Kurzum: Ich fühlte mich nirgends so wohl und frei, wie es für mich wichtig gewesen wäre, und beschloss, mein eigenes Ding durchzuziehen. Im Nachhinein betrachtet, war es eine der besten Entscheidungen, die ich jemals getroffen habe.

Ich muss vielleicht nicht zwingend erwähnen, dass meine Haltung gegenüber Escortagenturen nach diesen Kontakten eine sehr kritische, wenn nicht sogar eine ablehnende war. Das Coaching diverser Damen zeigte mir jedoch immer wieder, dass viele Frauen sich lieber über Escortagenturen vermitteln lassen, anstatt ihr Business selbst in die Hand zu nehmen. Die Unterschiede liegen klar auf der Hand.

Ich gehe bei der Gegenüberstellung von Independent und Agentur von einer gut arbeitenden Agentur aus. Alle anderen Annahmen würden dieses Thema ad absurdum führen. Was Sie speziell beachten sollten, ist die Tatsache, dass Sie immer – auch wenn Sie sich über eine Agentur vermitteln lassen – selbstständig sind! Das Geschäftsverhältnis, das Sie zu Ihrer Agentur haben, ist folgendes: Sie als selbstständige Unternehmerin *beauftragen* die Agentur mit Ihrer Vermittlung. Deshalb müssen Sie trotz Agentur eine *Steuernummer* beim Finanzamt beantragen, eine *Buchhaltung* vorweisen und sich um *steuerliche Belange* kümmern. Es gibt Agenturen, die den Damen mit Rat und Tat beiseitestehen, organisieren Steuerberater, Buchhaltungsbüros etc., damit beide Parteien ordentlich zusammenarbeiten können. Zusätzlich hat diese Konstellation Auswirkungen auf rechtliche Angelegenheiten, wie **Sperrbezirksverordnung** und **Hygieneschutzverordnung**. Da die Escortdame als eigenständige Unternehmerin agiert, ist sie persönlich für alles haftbar. Sollte also die Escortagentur die Dame in das Münchner Sperrgebiet vermitteln, liegt es einzig und alleine an der Dame selbst, diesen Termin wahrzunehmen oder eigenverantwortlich abzulehnen. Im Falle einer Prüfung der **Sitte** müsste sie dafür geradestehen.

Wer wirklich independent arbeiten möchte, also unabhängig, benötigt neben den in Kapitel 9 erwähnten Eigenschaften noch weitere Fähigkeiten, um erfolgreich zu werden. In erster Linie benötigt die Frau ein Gefühl für die Vermarktung ihrer eigenen Person. Sie benötigt Zeit, da sie sich in der »Szene« erst einen gewissen Bekanntheitsgrad erarbeiten muss. Des Weiteren kann vorhandenes Eigenkapital ein Kriterium sein, denn Website, Fotos und Werbeanzeigen gibt es nicht für lau. Für den Beginn geht es natürlich auch ohne eigenen Internetauftritt, doch auch diese Entscheidung muss mit entsprechendem Zeitaufwand ausgeglichen werden. Im Großen und Ganzen lassen sich die Überlegungen, ob man unabhängig oder vermittelt arbeiten möchte, zusammenfassen in **Selbstbestimmtheit** (independent) oder **Zeitersparnis** (vermittelt).

Meine persönliche Zufriedenheit im Escortservice führe ich auf mein zu 100 % selbstbestimmtes Arbeiten zurück:

Ich nahm meine eigene **Kundenselektion** vor, verspürte nie Druck von außen, gestaltete meine Preise selbst und fand so meinen persönlichen Marktwert (der weit über dem von Agenturen lag). Termine und Bedingungen wie Ort, Anzahlung und Vorlaufzeit legte ich selbst fest. Die Kundenselektion ging bei mir so weit, dass ich einen *Altersspielraum* (nur Männer von 30 bis 55 Jahren) und eine *Gewichtsbeschränkung* vorgab und mir sogar Fotos meiner potentiellen Liebhaber schicken ließ. Die Fotos waren jedoch weniger ein Selektionskriterium attraktiv/unattraktiv sondern mehr eine *Begegnung auf Augenhöhe.* Denn gerade das Versenden von Bildern erforderte ein besonders großes Vertrauen seitens meiner Kundschaft. Gleichwohl war das für viele Frauen wichtige Thema Anonymität kein zwingendes für mich, was das Vertrauen von Kundenseite erleichterte. Ich arbeitete zu Beginn mit retuschiertem Gesicht, doch sowohl Familie als auch Freunde und sogar der Arbeitgeber wussten von meiner Nebentätigkeit, so dass kein Anlass zur Erpressung durch unliebsame Kunden bestand. Ich stieg mit einfachen Werbeanzeigen und Gratis-Websites ein und steigerte mich über die Jahre durch entsprechend verdientes Eigenkapital, das ich investierte. Ausführlicher gehe ich auf diese Thematik in Kapitel 12 ein.

Es lässt sich nicht vermeiden, dass ich als Beraterin zu einem Independent-Dasein tendiere. Wenn es die Lebensführung möglich macht, bin ich davon überzeugt, dass ein wirklich selbstbestimmtes Arbeiten sich ausschließlich auf diese Art und Weise gestalten lässt. Viele Frauen bauen jedoch lieber auf die Betreuung und die Organisation von Agenturen.

Auf den folgenden Seiten finden Sie eine Gegenüberstellung der Independent-Escort- und Agenturdame, die die wichtigsten Kriterien übersichtlich im Vergleich zeigt.

Independent-Escortlady	Agenturdame
Muss viel **Zeit** in ihre Vermarktung investieren. Doch nicht nur Zeit, auch **Eigenkapital** kann zumindest für den Fotografen benötigt werden.	Die Vermarktung übernimmt die Agentur, daher kein Zeitaufwand. (Fotoshooting, Profil erstellen, Profil vermarkten, Kundenselektion, E-Mails beantworten, Telefonate führen, erreichbar sein etc.).
Buchungsanfragen erhält man bei gewissem **Bekanntheitsgrad.**	Buchungsaufträge kommen sehr zeitnah, da die Agentur bereits über einen Kundenstamm verfügt.
Die **Organisation** von Reisen, Flügen etc. übernimmt die Dame selbst.	Manche Agenturen bieten als Service die Reiseplanung, den Ticketservice etc.
Beim Thema **Sicherheit** ist die Dame auf sich alleine gestellt und muss sich selbst um eine Coverperson kümmern. Alternativ kann sie das independent-office.de engagieren.	Eine dritte Person – nämlich die Agentur – kennt die Kontaktdaten des Buchers. Alleine das gibt bereits Sicherheit.
Die **Anonymität** ist bei Anzahlungen auf das Konto und Flugbuchungen seitens des Kunden kaum mehr gegeben.	Anzahlungen können auf das Konto der Agentur gehen, doch bei Flügen oder gemeinsamen Check-ins im Hotel ist auch hier eine Grenze gesetzt.

Independent-Escortlady	Agenturdame
Die Dame gibt keine **Provision** an Dritte ab und behält alle Einnahmen unter Abzug diverser Steuern für sich.	Die Dame gibt ± 30 % Agenturprovision und entsprechende Steuern pro Auftrag ab. Die Provision hat den Vorteil, dass sie wirklich nur dann anfällt, wenn Aufträge stattgefunden haben. Die Dame geht somit so gut wie kein finanzielles Risiko ein.
Die **Kundenselektion** ist höher bis sehr hoch, da die Dame ihre eigenen Bedingungen stellen kann, sofern sie möchte (Alter, Aussehen etc.).	Die Frauen haben selten die Möglichkeit, im Pulk an Frauen Extrawünsche in Bezug auf ihre Kunden zu äußern, wie Alter und Aussehen.
Termine und andere Bedingungen, wie Vorlaufzeit, Orte oder Hotels, können frei festgelegt und individuell mit dem Kunden abgesprochen werden, dadurch steigt die **Selbstbestimmtheit.**	Termin und Bedingungen richten sich meist nach dem Kunden. Terminanfragen kommen oft sehr kurzfristig.
Preisgefüge und Mindestbuchungsdauer können frei von der Dame entschieden werden. Sie findet ihren eigenen »Marktwert« und kann dadurch ihren **Verdienst** steigern.	Preisgefüge sowie die Mindestbuchungsdauer sind bei 99 % aller Agenturen bereits festgelegt.

Independent-Escortlady	Agenturdame
Individualität der Dame durch das eigene Marketing ist sehr hoch angesiedelt. Indem sie ihre Persönlichkeit nach außen transportiert, findet sie auch die passenden Kunden für sich.	Die Individualität geht im Pulk an Frauen auf den Agenturwebsites schnell verloren. Sie ist eine von vielen und erhält somit auch irgendwelche Männer, die sie sich im Vorfeld nicht aussuchen kann.
Kein **Druck** und dadurch mehr Freiheit in der gesamten Ausübung der Tätigkeit. Niemand verdient mit, so legt man keine Rechenschaft ab, wenn das Date abgebrochen, verlängert oder was auch immer wurde.	Agenturen bestreiten oftmals, dass sie auf ihre Frauen Druck ausüben. Doch eine dritte Person verdient immer mit und ist natürlich daran interessiert, zufriedene Dates zu vermitteln. Nicht nur auf Grund eines vermeintlichen Altruismus, sondern weil ganz klar die Existenzgrundlage eine Rolle spielt.
Ein **Vorabkontakt** (Email, Telefon) mit dem Kunden ist möglich, um herauszufinden, ob die berühmte Chemie stimmt. Der **Überraschungseffekt** – ob positiv oder negativ – hält sich somit in Grenzen. Die oft mühsame Selektion von Fakes erfolgt selbst.	Ein Vorabkontakt zum Kunden ist nicht möglich und oftmals erfährt man nicht einmal Rahmenbedingungen (Alter, Beruf, Vorlieben). Man wird förmlich ins kalte Wasser geworfen. Der Überraschungseffekt kann unter diesen Umständen sehr hoch sein. Fakes werden meist vorab selektiert.
Die Dame ist für die Einhaltung aller Gesetze verantwortlich und haftet bei Verstößen.	Die Dame ist für die Einhaltung aller Gesetze verantwortlich und haftet bei Verstößen.

Ich meine, in der Gegenüberstellung wird recht schnell deutlich, welche Unterschiede das Arbeiten als Independent oder Agenturdame ausmachen. Ein wirkliches Besser oder Schlechter gibt es nicht und kann höchstens von der Frau für ihre eigene, individuelle Situation bewertet werden.

Eine *Zwischenlösung* dieser beiden Möglichkeiten bietet bislang nur eine Dame im Escortbereich. Sie hat als ehemalige Telefonistin einer Agentur das *independent-office.de* gegründet und übernimmt für Independent-Escorts den Telefon- und E-Mail-Service, die Domiziladresse und das Covering gegen Festpreis. Erfolgreiche Independent-Damen haben den Vorteil, nur einen Pauschalpreis zu bezahlen, der unabhängig vom sonstigen Verdienst ist. Der Nachteil besteht ganz klar darin, dass Kosten anfallen, auch wenn keine Einnahmen generiert werden, so wie es bei Werbeanzeigen ebenso der Fall sein kann. Ein gewisses unternehmerisches Risiko ist also gegeben, das abgewogen werden muss.

Mein Escort-Coaching-Tipp

Viele Damen arbeiten zu Beginn der Tätigkeit mit einer Escortagentur zusammen. Dort fühlen sie sich aufgehoben und betreut und können relativ risikofrei in das Gewerbe hineinschnuppern. Sollten die Erfahrungen so positiv sein wie erwartet, wechseln einige zum Independent-Dasein.

Das wäre ebenfalls eine Möglichkeit für Sie. Doch bedenken Sie bitte: Auch der Einstieg über eine Escortagentur ist ein Einstieg in die Selbstständigkeit mit einem gewissen unternehmerischen Risiko. Es ist weniger hoch, als wenn Sie unabhängig arbeiten würden, doch es ist gegeben.

Haupt- oder Nebenjob? Was ist besser?

Fakt ist, die Tätigkeit im Escortservice kann beides sein: **Risiko** oder **Chance**. Es liegt an Ihnen, was Sie daraus machen. Und eine maßgebliche Entscheidung, die dabei getroffen werden muss, ist die, ob der Beruf im Haupt- oder Nebenerwerb ausgeübt werden möchte.

Klar ist ebenso, dass Escortservice – auch und gerade aus Kundensicht – nicht als Fulltime-Racker-Acker-Job gesehen wird. Der Mann wünscht sich eine adrette Dame, die ihrem Hobby in ihrer Freizeit nachgeht. Er assoziiert damit, die Dame wäre sexuell nicht überlastet und fände dadurch auch selbst Gefallen an der Erotik.

Und damit liegt er nicht einmal falsch, so zumindest nach meiner Erfahrung. Es ist nicht schwer, sich vorzustellen, dass, wenn man zu 100 % auf das Geld angewiesen ist, die wirkliche Freiwilligkeit und damit auch die Leichtigkeit verloren gehen kann. Ich stelle zur besseren Übersicht Haupt- und Nebenjob gegenüber:

Escort im Haupterwerb	Escort im Nebenerwerb
Lücke im Lebenslauf	Keine Lücke im Lebenslauf …
Während der Ausübung meist nicht erpressbar, sofern man offen damit umgeht. Allerdings könnte es schwierig werden, wieder in das Berufsleben eingegliedert zu werden.	… aber erpressbar vor allem beim Arbeitgeber, der womöglich nichts von der Tätigkeit weiß. *Stalkinggefahr!*
Lebensstil steigt meist rapide an, was einen Ausstieg schwer macht.	*Lebensstil* kann gleich bleiben – Disziplin vorausgesetzt.
Wer intensiv in der Branche verhaftet ist und viel Kontakt mit fremdgehenden Männern hat, wird sein Weltbild auf den Kopf gestellt sehen.	Durch seltene Treffen verändert sich nicht zwingend das eigene *Weltbild*. Wenige Ausflüge in diese andere Welt können rein positiv erfahren werden.

Escort im Haupterwerb	Escort im Nebenerwerb
Wenn man finanziell an den Job gebunden ist, leidet meist das Privatleben darunter. Eine Liebesbeziehung ist so kaum oder nur mit großem Herzschmerz möglich.	Für die Liebe kann man jederzeit aussteigen. *Beziehungen* sind möglich.
Wer davon lebt oder womöglich noch finanzielle Verpflichtungen eingegangen ist, kann Probleme beim Ausstieg haben. Pausen sind nur mit großem finanziellem Polster oder einem »Sponsor« möglich.	Auch sonst sind der *Ausstieg* oder Pausen aus welchen Gründen auch immer möglich, wenn man nicht zwingend auf das Geld angewiesen ist.
Kompromisse können nötig sein, wenn das Geld knapp wird. Meist auf Kosten der Gesundheit.	Wer nicht auf das Geld angewiesen ist, kann *selektiver* in der Auswahl der Kunden sein.
Wer in erster Linie eine Dienstleistung erbringt, wird private Bedürfnisse kaum stillen können.	Durch die höhere *Kundenselektion* lässt sich die *eigene Sexualität* befriedigender ausleben.
Traurig, aber wahr: Der Respekt von Kundenseite ist hauptberuflichen Damen gegenüber oft niedriger, da ein großes Machtgefälle entsteht.	Traurig, aber wahr: Der *Respekt von Kundenseite* ist gegenüber Hobbydamen höher, da *kein Machtgefälle* entsteht.

Escort im Haupterwerb	Escort im Nebenerwerb
Der Kunde hat das Gefühl, sie könne nichts anderes, sei zu faul, zu dumm oder was auch immer und dringend auf das Geld angewiesen.	Oft erntet man sogar *Bewunderung* für seine Klugheit, zusätzliches Geld auf so angenehme Art zu verdienen.
Wer erfolgreich ist, verdient in kürzerer Zeit mehr Geld.	Das *große Geld bleibt,* schon alleine aus Zeitgründen, *aus.*
Als Vollzeitunternehmerin muss zusätzlich an Krankenversicherung, Altersvorsorge und auftragsschwache Zeiten gedacht werden. Vorsorge und Rücklagen sind hier die Stichworte.	Als Escort im Nebenerwerb ist man über den Arbeitgeber sozialversichert, auftragsschwache Zeiten sind kein Problem, sofern man sich vom Verdienst als Escort nicht abhängig macht.
Risiko oder Chance? Manch eine kommt nicht mehr aus der Verlockung heraus. Eine andere ist in der Lage, ihr Ziel in kürzester Zeit zu erreichen, um dann auszusteigen.	*Risiko oder Chance?* Manch eine wird schwach und lässt den Hauptjob sausen (s. andere Spalte). Eine andere genießt einfach den zusätzlichen Geldfluss und freut sich über ihre Unabhängigkeit.

Auf gesetzessicheren Wegen: Paragraphen

Es spielt bei der Umsetzung diverser Gesetze und Paragraphen keine Rolle, ob der Job in einer Haupt- oder Nebentätigkeit ausgeübt wird. Man ist in beiden Fällen Unternehmerin, die sich an diverse Richtlinien zu halten hat. Seit dem 1. Januar 2002 ist das neue Prostitutionsgesetz in Kraft getreten. Das Bundesverfassungsgericht in Karlsruhe ist der Überzeugung gewesen, Prostitution sei mit den heutigen Vorstellungen sittenkonform und somit ein (fast) ganz normales

Gewerbe, das auch so behandelt werden müsse. Vorreiterin dieser Gesetzesänderung war eine mutige, starke Frau aus Berlin namens Felicitas Schirow, die für alle Prostituierten Deutschlands diesen Weg auf sich genommen hat. Ich möchte gerade in diesem Kapitel ausdrücklich darauf hinweisen, dass **eine ordentliche Steuer- und Rechtsberatung ausschließlich vom Fachmann, also Steuerberater und Rechtsanwalt,** erfolgen darf. Bitte notieren Sie sich die folgenden Themen dieses Kapitels auf Ihrer To-do-Liste, um mit der Fachperson Ihres Vertrauens die Details zu besprechen.

Die größte Hürde ist für viele Damen die Selbstständigkeit an sich mit allem, was diese mit sich bringt, wie Gewerbe anmelden, Steuern, Buchhaltung und Finanzamtkorrespondenz.

Buchhaltung und Steuern

Ich hatte mit meinem Umzug nach Deutschland im Jahr 2005 das Glück, einer guten Beraterin begegnet zu sein, die mich sofort auf rechtliche Belange hinwies und mir im gleichen Atemzug ihre Buchhalterin empfahl. Noch ehe ich ein Gewerbe anmeldete, setzte ich mich mit der Dame in Verbindung und wir führten ein erstes Gespräch darüber, was ich alles zu beachten hätte.

Ich meldete also ein **Gewerbe** an, da ich neben der Tätigkeit als Callgirl auch in anderen Bereichen wie Promotionjobs, Showauftritte und Modeljobs tätig war. Später kam mein Geschäft in Bayreuth mit dem Aufgabengebiet als Farb- und Stilberaterin sowie Visagistin dazu. Ich erfuhr über Umwege, dass es in Bayern gar nicht möglich gewesen wäre, lediglich als Callgirl ein Gewerbe anzumelden. In anderen Bundesländern benötigen Escortdamen gar keinen Gewerbeschein. Sie besorgen sich – ganz nach Freiberuflermanier – eine **Steuernummer** beim Finanzamt. In die Kategorie der Freiberufler fallen sämtliche Heilberufe, wie Ärzte, Psychologen und Heilpraktiker, aber auch Journalisten und Künstler. Eine Escortdame ist wohl von allem ein bisschen, doch in jedem Fall ist sie eine Künstlerin, eine Erotikkünstlerin. Über die Steuernummer werden nun sämtliche buchhalterische und steuerliche Dinge abgewickelt.

Zu erwähnen ist an dieser Stelle noch ein Steuerverfahren, das speziell bei Prostituierten angewandt wird. Es nennt sich Düsseldorfer Verfahren und beinhaltet eine pauschale Steuerabgabe. Man könnte es allerdings auch legale Willkür von Finanzämtern oder staatliche Diskriminierung von Prostituierten nennen. Dieses Verfahren wird nämlich in sämtlichen Städten unterschiedlich geregelt und entbehrt jeglicher gesetzlicher Grundlage!

Dieser bürokratische Wust war mir schon immer ein Gräuel, so dass ich mich ganz banal am einfachsten Modell orientierte: Ich führte eine anständige **Buchhaltung** über ein *externes Buchhaltungsbüro,* das mit dem Finanzamt in Kontakt stand. Am Ende des Jahres übernahm eine dem Buchhaltungsbüro bekannte Steuerberaterin die Arbeit der Steuererklärung. So hatte ich mit dieser Art der Abwicklung immer den Rücken frei.

Mein Escort-Coaching-Tipp

Einige Damen unterliegen dem Irrtum, sie würden nur ein »Hobby« ausüben, dessen Einnahmen nicht versteuert werden müssten. Somit unterlassen sie es, wohl auch aus Unwissenheit oder Angst vor dem Bürokratieaufwand, sich gesetzestreu zu verhalten, was große Probleme mit dem Finanzamt mit sich bringen kann. Ist keine Steuernummer vorhanden und wird nachweislich die Tätigkeit ausgeübt, kann die Dame vom Finanzamt geschätzt werden, was gut und gerne in den fünfstelligen Bereich gehen kann.

Sowohl das Finanzamt als auch die Sittenpolizei sind des Internets mächtig und dort auf der Suche nach Steuer- und anderen Sünderinnen.

Deshalb: Suchen Sie sich ein Buchhaltungsbüro Ihres Vertrauens inklusive Steuerbüro und lassen Sie sich beraten.

Sperrbezirksverordnung

Sex in the City oder Skandal im Sperrbezirk?

Das Lied der Spider Murphy Gang SKANDAL IM SPERRBEZIRK entstand 1981 und wurde laut Wikipedia im Zuge der Neugestaltung des Münchner Sperrbezirks unter dem seinerzeitigen Kreisverwaltungsreferenten *Peter Gauweiler* geschrieben. Diese Neuordnung Herrn Gauweilers sollte die *offene* Prostitution aus der Münchner Innenstadt verbannen.

Die sogenannte Sperrgebietsverordnung wurde ganz allgemein zum Schutz der Jugend und des öffentlichen Anstandes ins Leben gerufen und besagt, Prostitution ist innerhalb eines Sperrgebietes verboten. Inwieweit Prostitution nun laut Bundesverfassungsgericht ein sittenkonformes Gewerbe auf der einen Seite, auf der anderen Seite eine Bedrohung für die Jugend und den öffentlichen Anstand sein soll, ist fragwürdig. Ähnlich sieht die Lage Frau Schrader des Feministischen Instituts Hamburg, die schreibt, die Sperrbezirksverordnung *»beruht auf dem besonders eklatanten Widerspruch, dass mit dem ProstG die Sittenwidrigkeit der Prostitution abgeschafft wurde, gleichzeitig jedoch im Einführungsgesetz zum Strafgesetzbuch (EGStGB) der Artikel 297 ›Verbot der Prostitution‹ gültig bleibt, der besagt: ›Die Landesregierung kann zum Schutz der Jugend oder des öffentlichen Anstandes [...] durch Rechtsverordnung verbieten, der Prostitution nachzugehen‹ (http://www.buzer.de/gesetz/5387/a74190.htm). Hier wird also den Landesregierungen erlaubt, das Ausüben einer – aus Sicht der Bundesregierung – legalen, nicht sittenwidrigen Beschäftigung, mit Verweis auf den Anstand, zu verbieten und die Prostitution so wieder zu illegalisieren.«*

Nun könnte man meinen, die Sperrbezirksverordnung beträfe in erster Linie Sparten der Prostitution wie den Straßenstrich oder Bordelle, also die sichtbare (offene) Prostitution. Der Escortservice unterliegt dieser Verordnung speziell in Bayern jedoch ebenso. Das heißt konkret: Hotels oder auch Wohnungen, die innerhalb eines Sperrgebietes liegen, dürfen *nicht* aufgesucht werden. Wer dagegen zum ersten Mal verstößt, begeht eine *Ordnungswidrigkeit*. Wer zum zweiten Mal oder öfter dort aufgegriffen wird, begeht bereits ein *Straftatdelikt*, das mit hoher Geldbuße und/oder Freiheitsstrafe geahndet wird. Sehr unverständlich ist diese Regelung auch für Männer, die der irrigen Annahme unterliegen, sie dürften in ihrer Wohnung privat tun und lassen, was sie möchten. Eine Escortdame darf einen Mann nicht in dessen Privatwohnung besuchen, die innerhalb des Sperrgebietes liegt. Sie würde damit nicht nur eine Ordnungswidrigkeit bzw. Straftat begehen, sondern sich dem Kunden gegenüber auch noch *erpressbar* machen.

Wie ich in Kapitel 12 (Sitte) ausführe, waren meine Begegnungen mit der Bayreuther **Polizei** ausdrücklich vorbildlich und hilfreich. Dort wurde ich als Anfängerin von ihnen behutsam auf diverse Regelungen hingewiesen. Welche Frau, die einer legalen Tätigkeit nachgeht, kann sich schon vorstellen, mit solch seltsamen Verordnungen konfrontiert zu werden? Man geht als Escortdame davon aus, dass das Gewerbe, das man ausübt, jahrtausendealt ist und zudem noch legal. Man weiß, man tut nichts Unrechtes oder Verbotenes und trotzdem ist es an manchen Orten schlecht und böse, gar kriminell? Wie auch immer. Die Meinungen von Prostituiertenvereinigungen zu dieser staatlichen Diskriminierung und Willkür sind eindeutig – meine auch.

Die Münchner **Sitte** ist allerdings nicht so nett oder besser gesagt menschlich und höflich wie ihre Bayreuther Kollegen. Hier werden härtere Geschütze aufgefahren. **Scheinkunden** tummeln sich in ganz München und stiften Escortdamen ganz offiziell und legal zu Ordnungswidrigkeiten an, indem sie sich als interessierte Kunden ausgeben, die leider das Hotel im Sperrbezirk gebucht haben. Entgehen kann man diesen Kontrollen kaum, vor allem dann nicht, wenn man relativ hochfrequentiert arbeitet. Schützen kann man sich in erster Linie dadurch, dass man sich von der Echtheit des Kunden überzeugt. Das geht am besten über eine *Anzahlung* vorab oder indem man dem Herrn noch vor Geldübergabe die Kleider vom Leib reißt. Wenn er ein Problem damit hat, sich noch vor Geldübergabe zu entkleiden, ist die Sache eindeutig. Schon mal ein Polizistchen gesehen? Spaß beiseite: Eine 100%ige Sicherheit gibt es nicht. An Gesetze muss man sich einfach halten, da führt kein Weg daran vorbei.

Nun, wie findet man jetzt heraus, wie die Sperrgebiete in den jeweiligen Städten verteilt sind?

Einige Städte, München allen voran, bieten äußerst vorbildlich auf ihren Internetseiten ganze Karten oder andere Hinweise zur Berufsausübung an, die heruntergeladen werden können. So lässt sich am einfachsten feststellen, ob das Hotel des buchenden Herrn in der Tabuzone liegt. Zudem beschreibt das Münchener Ordnungsamt in seinem Ratgeber, dass auch Escortservice im Sperrgebiet verboten ist. Die Sperrgebiete in anderen Städten können wiederum nur bestimmte Bereiche der Prostitution betreffen und auf Escortservice gar nicht zutreffen. Da Städte ihre Verordnungen immer wieder ändern und die Sperrgebiete in jeder Stadt anders gehandhabt werden, würde es ziemlich sinnlos sein, hier eine Liste anzubieten, die bereits nach kurzer Zeit nicht mehr aktuell wäre.

Für weitere Auskünfte stehen die freien Prostitutionsberatungsstellen in den jeweiligen Bundesländern zur Verfügung.

Hygiene-Verordnung

Die **Hygiene-Verordnung** ist unter § 6 im Infektionsschutzgesetz geregelt und besagt: »*Weibliche und männliche Prostituierte und deren Kunden sind verpflichtet, beim Geschlechtsverkehr Kondome zu verwenden.*« Bayern weitet diese Verordnung, die meist im Zuge von Sperrgebietskontrollen mit Hilfe von Serviceanfragen überwacht wird, auch auf Oralverkehr aus.

Wer sich trotz Verbots von der Sitte bei Geschlechtsverkehr ohne Kondom und in Bayern auch bei Oralverkehr ohne Kondom erwischen lässt, erhält unter anderem Post vom Gesundheitsamt mit der Aufforderung, diese Dienstleistung künftig nicht mehr zu bewerben und auszuüben. Damit einher geht die Strafandrohung eines Bußgeldes in Höhe von 1000 Euro bei Zuwiderhandlung.

Nun kann man sich darüber streiten, wie man diese Verordnung in Bayern finden mag. Für manche ist es eine Einschränkung der Berufsausübung, gerade wenn sie äußerst selektiv nur sehr wenige Kunden im Monat treffen. Da erreicht so manches It-Girl mit ihren One-Night-Stands wohl ein höheres Krankheitsübertragungspotential. Da sich solche Verordnungen aber auf die gesamte Prostitution beziehen, also auch auf Bordellprostituierte, von denen manche Damen gut und gerne mehrere Männer täglich bedienen, ist diese Einschränkung natürlich äußerst sinnvoll und dient dem Schutz der

Frauen. Welche Begründung Kunden gegenüber, Service ausschließlich mit Kondom anzubieten, wäre nachdrücklicher als die des Gesetzgebers? So mancher Konkurrenzkampf, der über immer tabulosere Serviceangebote ausgetragen wird, könnte dadurch unterbunden werden. Die Gesetze sind eindeutig. In Leipzig, wo Oralverkehr ohne Kondom sogar erlaubt ist, existiert eine kleine, feine Escortagentur, die sich darauf spezialisiert hat, ausschließlich Service mit Schutz anzubieten, was auch den agenturinternen Servicekonkurrenzk(r)ampf unterbindet.

Website-Impressum

Wer eine eigene **Website** betreibt, muss sich an bestimmte Vorschriften halten. Verstöße dagegen können kostenpflichtig abgemahnt werden. Besonders im Erotikbereich ist zu beachten, dass der Eintrag eines Jugendschutzbeauftragten nicht fehlen darf. An dieser Stelle möchte ich Ihnen gerne dazu raten, sich einfach frisch, fromm, fröhlich, frei auf anderen Websites umzusehen, um zu gucken wie die's machen. Sie werden schnell feststellen, dass die Vorschriften des Telemediengesetzes häufig mit Füßen getreten werden. Um es besser zu machen, finden Sie einen ausführlichen LEITFADEN ZUR IMPRESSUMSPFLICHT im Internet, zur Verfügung gestellt vom Bundesministerium für Justiz.

Fotorechte

Es wäre einfach so schön, wenn man zum Fotografen ginge und die netten Ergebnisse dann hurtig zu seiner eigenen Bewerbung ins Netz stellen könnte. Doch wir wären ja nicht in Deutschland, würde es nicht auch für diesen Bereich Regelungen und Gesetze geben. Wer sich von einem Fotografen ablichten lässt, sollte am besten bereits im Vorfeld schriftlich anfragen, ob Bilder für gewerbliche Zwecke im Bereich Escortservice angefertigt werden und falls ja, zu welchem Preis. Ansonsten sollten sich Unternehmer ausdrücklich schriftlich die Genehmigung einholen, dass die Bilder zur kommerziellen Nutzung im Erotikbusiness freigegeben sind.

Ich muss zugeben, ich hatte in der Vergangenheit immer ehrliche Abmachungen mit Fotografen, die nicht im Nachhinein in irgendeiner Weise koberten. Bei Terminanfragen erwähnte ich jedoch auch immer, dass ich neue Fotos für meine Website benötigen würde, und da mein Beruf klar war, waren somit auch die Nutzungsrechte freigegeben, wenn mir der Fotograf anschließend schriftlich seinen Preis nannte. Das wird in der Fachsprache als konkludentes (schlüssiges) Handeln bezeichnet. Es waren allerdings keine mir fremden Fotografen, sondern Leute, mit denen ich bereits mehrmals zusammengearbeitet hatte. Also, wenn Sie auf Nummer sicher gehen möchten:

Lassen Sie sich die **Fotorechte** *schriftlich* sichern, inklusive der *kommerziellen Freigabe* für die Tätigkeit als Escortdame.

12 Die Selbstständigkeit – selbst und ständig

12 Die Selbstständigkeit – selbst und ständig

Allein die Anzahl der Unterkapitel zeigt Ihnen auf, dass eine Selbst-vermarktung mit allem Drum und Dran nicht nur Zeitaufwand bedeutet, sondern auch gewisse Kenntnisse und Fingerspitzengefühl erfordern. Das alles jedoch muss kein Ausschlusskriterium sein, denn man kann diese Aufgaben auch als anspruchsvolle Tätigkeit erkennen, die der eigenen Weiterbildung und Reflexion dienen. Es macht Spaß, sich mit sich selbst auseinanderzusetzen, seinen Markt-wert auszutesten, sich auszuprobieren und zu entdecken, was man möchte und was nicht.

Die Sparte Escortservice bietet äußerst viele Facetten, doch nur die wenigsten trauen sich, diese auszutesten und sich selbst darin zu finden. Ich sage es mal so:

Dessousfotos (schwarze Strapse, schwarze High Heels, lasziver Blick), zwei Stunden Mindestbuchungsdauer für 450 Euro, Service (Französisch, Verkehr, Küssen) und das klassische Businesskostüm hauen nun wirklich keinen mehr vom Hocker. Seien Sie kreativ in Ihrer Imagefindung, aber verstellen Sie sich nicht! Seien Sie ehrlich und authentisch. Es ist eine spannende Reise zu sich selbst.

Das Image: Schein oder Sein?

WER BIN ICH UND WENN JA, WIE VIELE, der Buchtitel von Richard David Precht, trifft diese Thematik ziemlich gut. Beim Image geht es nämlich nicht nur um den Außenauftritt, sondern vor allem darum, dieser Außendarstellung auch gerecht zu werden. Natürlich könnte man völlig kreativ sein in seiner Selbstdarstellung, doch wer nicht halten kann, was er verspricht, wird bald ärgerliche Kritiken über sich im Internet vorfinden. Daher gilt es, diesem Thema viel Zeit zu widmen.

Um Ihnen dieses Kapitel zu veranschaulichen, möchte ich anhand meines Werdegangs aufzeigen, wie viel Image möglich ist und wie das gesamte Kapitel Marketing-Mix ineinandergreift.

Meine Karriere im Erotikgewerbe begann nach meinem Ausstieg aus der Callgirlagentur noch in der Schweiz. Ehe ich meine Internetwerbung verbreitete, stellte ich mir in erster Linie zwei Fragen:

1. Was konkret macht mich aus?
2. Was unterscheidet mich von anderen Damen?

So führte ich bereits eine kleine **Marktanalyse** durch, betrachtete die Profile der anderen Damen, sah Dinge, die mir gefielen, und andere, die mich abstießen. Eine eigene Website hatte ich zu dieser Zeit noch keine und so war ich auf Plattformen angewiesen, auf denen ohne Internetauftritt, jedoch mit E-Mail-Adresse und Telefonnummer inseriert werden konnte. Ich hatte aus meiner Zeit als Agenturdame noch diverse Kundenstimmen im Ohr zu dem, was den Männern an mir gefiel. Da war also mein *fränkisch-bayerischer Dialekt,* meine *Natürlichkeit* und dass man mir nicht ansah, was ich tat. Mein Alter wurde so gut wie immer richtig geschätzt, was mich dazu veranlasste, dieses auch zu verwenden und nicht zu schummeln. Meine Kleidung war immer diskret, also elegant-natürlich, und gerade bei den Hausbesuchen war es umso wichtiger, nicht zu auffallend gestylt zu erscheinen. Mein Image war somit relativ schnell klar:

Ich war das waschechte Bayernmädel, 25 Jahre alt, natürlich, sympathisch und neugierig. Die Ansprüche an meine Kunden stellte ich unmittelbar. Diese sollten gepflegt, respektvoll und höflich sein. Die Fotos von mir waren echte Knipsbilder, die eine Freundin von mir in freier Natur schoss. Das Gesicht retuschierte ich, die Texte formulierte ich nach eigenem Gutdünken und mein Künstlername bestand lediglich aus einem Vornamen. Ich war alles andere als professionell und trotzdem wurde ich in dieser Zeit von Kunden gefragt, ob ich schon einmal etwas mit Marketing zu tun gehabt hätte, denn ich ließ mir zu meinen Inseraten immer lustige Werbesprüche einfallen, zum Beispiel in Anspielung auf Natur, Bayern und Natürlichkeit: *Die zarteste Versuchung, seit es Liebesdamen gibt.* Mein Image war also das des netten Mädchens von nebenan.

Mein **Image** veränderte sich mit dem Umzug nach Deutschland, meiner Brustvergrößerung und Haarverlängerung Ende 2005. Ich erstellte mir als semiprofessionelles Model eine Gratis-Website (mit Werbebannern) bei Beepworld, präsentierte mich zum ersten Mal mit richtigen Fotografenbildern und schränkte das Alter meiner Kunden auf 30 bis 55 Jahre ein. Die Website hatte den großen Vorteil, dass Rahmeninformationen, wie Terminvereinbarung und Bedingungen, sowie eine ausführlichere Vorstellung meinerseits direkt nachzulesen waren und der Buchungsprozess somit aufgrund enormer Zeitersparnis erleichtert wurde. Die Männer konnten sich so direkt über alles, auch mein Honorar, informieren und viele E-Mails blieben somit beiden Seiten erspart. Das Bayernmädel wurde nun zum waschechten Frankenmädel, das nach wie vor ausschließlich mit Only-safer-Praktiken warb, jedoch gerne und leidenschaftlich küsste und dadurch fast einen Unique-Selling-Point aufwies.

Nach einer gut einjährigen Pause vom Business und der in der Zwischenzeit abgeschlossenen Ausbildung zur Typ-Stylistin tauchte ich Ende 2007 als Vanessa Eden wieder auf.

Wieder ging ich in mich und überlegte, wie ich mich gerne sehen wollte, was mir in der Vergangenheit Spaß machte und was weniger. Ich versuchte mich nochmals mit allem, was mich ausmachte, neu zu präsentieren. Habe ich mich verändert? Auf welche Dinge lege ich nun besonderen Wert? Wie sollen die Männer sein, die ich treffe? Und was würde ich mir bei meinen Dates wünschen?

Ganz klar war für mich, ich wollte mehr an Erlebnis haben als die bloße Erotik. Ich wollte den Menschen, den ich traf, kennenlernen und nicht nur eine Fassade. Ich wollte tiefer gehen, aber ohne Zeitdruck, mich auf den Mann einstellen können und die Atmosphäre genießen. So legte ich eine Mindestbuchungsdauer von drei Stunden fest. Des Weiteren erstellte mir eine professionelle Werbeagentur aus Bayreuth eine herausragende Website, die ihresgleichen in der Szene suchte. Und so formte sich ein neues Bild – ein neues Image. Die Texte entsprachen meiner Persönlichkeit und selbstverständlich der Wahrheit. Nur wenige Monate später, im Februar 2008, eröffnete ich in Bayreuth das LIFESTYLE STUDIO EGOISTIN für Farb- und Stilberatung und somit war mein **Image** komplett. Ab jetzt war Vanessa Eden eine *Jungunternehmerin,* die sich die *Freiheit* nahm, ihr Leben *selbstbestimmt* und *ohne falsche Moralvorstellungen* in die Hand zu nehmen. Sie lebte ihre erotischen Facetten *eigenwil-*

lig und *neugierig* im Escortservice aus, war äußerst *selektiv* bei der Auswahl ihrer Kundschaft und *beschränkte* sich auf bis zu vier Treffen im Monat. Die *Mindestbuchungsdauer* wurde nochmals auf vier Stunden angehoben.

Die *Fotos* änderten sich dahingehend, dass lediglich eine Serie künstlerischer Schwarz-Weiß-Akte von einem Fotografen zu sehen war, auf den restlichen Bildern war ich – wie ich es am liebsten mochte – *vollständig bekleidet* in der Natur, in Jeans beim Entenfüttern, am Bach sitzend, ein Eis essend und auch erotisch im schwarzen Etuikleid mit Brille. Ich wollte über die Fotos mein *Wesen* einfangen lassen, was dem Fotografen Oliver Muehlfried sichtlich gut gelang: Ich war nach wie vor natürlich und unkompliziert, ein bisschen frech, nicht auf den Mund gefallen, äußerst selbstbewusst, nicht sexistisch, aber dennoch sinnlich, erotisch und geheimnisvoll. Den Höhepunkt an bildsprachlichen Experimenten erreichte ich 2011 durch einen Fotoausschnitt, der meine grazile Hand auf einem Parkettboden zeigte. Nun könnte man sagen: Hauptsache anders. Doch genau das war es, was mich gereizt hatte.

Werden Männer, die auf der Suche nach einem erotischen Abenteuer sind, auch auf einen aufmerksam, wenn man nicht nur Po und Brüste in die Kamera hält? Bekommt eine vermeintlich gewöhnliche Hand ebenso Interesse zugesprochen? Und wenn ja, sind diese Männer in irgendeiner Form anders als die, die auf optische Balzsignale reflexartig reagieren?

Am Ende meiner Karriere im Sommer 2011 waren die Mindestbuchungsdauer, die Kundenselektion und das Honorar so hoch wie nie. Im Gegensatz dazu zeigte ich so wenig nackte Haut wie noch nie zuvor; ich präsentierte mich ausschließlich elegant.

Ich schreibe über meine letzten Experimente deshalb auch so gerne, weil sie sämtliche Klischees in Richtung »*je teurer, desto tabuloser*«, auch und vor allem innerhalb der Branche«, nicht bestätigen und ich immer wieder aufs Neue dazu *ermutigen* möchte, den eigenen Weg in diesem Business zu gehen. Ich habe mich seltenst an anderen Damen orientiert und falls doch, ging dieser Schuss meist nach hinten los, da man schnell Gefahr läuft, zu kopieren und dadurch unglaubwürdig zu werden.

Vieles ist möglich, man muss nur seinen eigenen, individuellen Weg wählen und sich von Kritikern nicht entmutigen lassen. Wer sich in der Szene umsieht, wird schnell feststellen, dass sich viele Escortagenturen und Independent-Damen zu einem faden Einheitsbrei vermengen. Kreativität und Individualität sind meist Fehlanzeige. Eine mutige und hervorstechende Agentur thront mit ihren Musen in Berlin.

Die Frage, die zu diesem Thema natürlich aufkommt, ist, inwiefern eine Darstellung wie meine kundenfreundlich ist. Selbstverständlich bekam ich enttäuschte E-Mails, in denen freizügigere Fotos verlangt wurden, doch hätte ich dem nachgegeben, hätte das mein gesamtes Außenbild völlig über den Haufen geworfen. Wer klar in seiner Linie ist, lässt sich auch von Kritikastern nicht so leicht in die Enge treiben. Stilsicherheit ist hier das Stichwort. Das gilt nicht nur in Sachen Mode, sondern für das Auftreten allgemein. Wenn man von sich und seiner Sache überzeugt ist, lässt man sich nicht so leicht ins Wanken bringen.

Erwähnen möchte ich an dieser Stelle, dass ich in allen drei Bereichen erfolgreich mit meinen Konzepten war. Ich führe das in erster Linie auf meine Authentizität zurück. Nie habe ich vorgegeben, mehr oder gar anders zu sein, als ich war. Grundsätzlich ist es so, dass jeder Topf seinen Deckel findet, und genau hierfür ist es notwendig, sich darzustellen, wie man ist. Sonst findet man Deckel, die einem nicht passen oder die man nicht haben möchte.

Das Image ist, wenn man wirklich ehrlich zu sich ist, eigentlich immer authentisch und der beste Garant für Erfolg. Ein solches Image zieht sich wie ein roter Faden durch sämtliche Bereiche, die die Vermarktung betreffen. Es spiegelt sich im *Honorar*, im *Webauftritt*, in den *Fotos* und *Texten* wider.

Wie man es nicht tun sollte

Um Ihnen das Thema noch ein wenig zu veranschaulichen, hier ein paar Negativbeispiele:

» *Akademikerin mit aufwendiger, stilvoller Website, raffiniertem, individuellem Text, authentischen, künstlerischen Fotos (immer*

bekleidet), Mindestbuchungsdauer und durchschnittliches Honorar: zwei Stunden 400 Euro;
Störfaktor: Honorar und Mindestbuchungsdauer.

Eine solche Klassefrau mit überdurchschnittlichem IQ und Auftreten marschiert wirklich für zwei Stunden ins Hotel? Ist sie arbeitslos, braucht sie dringend Geld oder ist es wirklich das, was sie will? Die Buchungen blieben aus, bis sie diese Diskrepanz in relativ kurzer Zeit selbst bemerkte und die Mindestbuchungsdauer auf mehrere Stunden zu einem vierstelligen Honorar erhöhte.

» *Frau vom Typ männermordender Vamp, geschminkt, gestylt, extrem figurbetont, auf Fotos sehr platt alle körperlichen Attribute in den Vordergrund stellend, bietet Girlfriend-Experience;*
Störfaktor: Bilder und Texte.

Über die Fotos wird transportiert: Der pure Sex. Als Service gibt sie GfE an, was meist einen geistigen Austausch und Sinnlichkeit/Erotik impliziert. Potentielle Kunden könnten entweder von den Bildern oder den Texten irritiert sein.

» *Escortdame, elegante Frau im besten Alter (40), High-Class-Escort, gebildet, ist sehr selektiv und trifft nur auserwählte Herren, vereinbart nur sehr wenige Termine im Monat, Erreichbarkeit von montags bis samstags telefonisch, Mindestbuchungsdauer und Honorar: ab einer Stunde 160 Euro;*
Störfaktor: Honorar/Mindestbuchungsdauer und Text.

Auf Grund der Selektion würden nur wenige Termine im Monat wahrgenommen werden. Weshalb dann eine 24/7-Erreichbarkeit? Zumal der Begriff High-Class-Escort bei diesem Preisgefüge völlig indiskutabel ist. Kurzum: Der gesamte Auftritt passt hinten und vorne nicht zusammen.

Das Kapitel **Image** mag komplizierter erscheinen, als es ist. Im Endeffekt geht es aber eigentlich nur um einen glaubhaften, authentischen Auftritt, bei dem der Kunde das erwarten kann, was er sieht und liest. Mein persönliches Credo war immer, eine ehrliche Dienstleistung anzubieten, da ich der Überzeugung war, die Welt und im Besonderen die Geschäfts- und Werbewelt ist anstrengend und verlogen genug. Wenn der Mann mich traf, sollte er nicht auch noch mit falschen Werbefloskeln und leeren Worthülsen gelangweilt werden.

Ehrlichkeit ist heutzutage ein besonders erfrischend hohes Gut, das einem Wertschätzung und Respekt entgegenbringt. Ehrlichkeit, natürlich unter Berücksichtigung der Diskretion, ist überhaupt ein Garant für ein gelungenes Date. Hinzu kommt: Das Vorgeben eines Schein-Daseins wird für einen selbst so kräftezehrend, dass man unter Umständen schnell die Lust an der Tätigkeit verlieren kann. Permanent ein Bild von sich aufrechterhalten zu müssen, ist nicht nur anstrengend, sondern kann, wenn es auffliegt, auch äußerst geschäftsschädigend sein.

Ich erinnere mich an einen Bericht, den ein Kunde über eine Dame, die sich als besonders sophisticated präsentierte, verfasste und darin kommentierte, diese Frau würde in einer Liga spielen wollen, zu der sie nicht gehöre. Das warf ihre sämtlichen Werbeanstrengungen von einer Minute auf die andere über Bord. Ein authentisches Auftreten ist übrigens nicht nur im Escortservice wichtig. Wer zu sich selbst stehen kann und sich wirklich annimmt, strahlt diese Selbstsicherheit auch aus. Und wie in Kapitel 9 betont, ist diese Selbstsicherheit nicht nur wichtig, um gesund und reaktionsfähig im Job zu bleiben, sondern auch, um langfristig erfolgreich zu sein.

Sie sehen, auch hier schließt sich wieder der Kreis. Wer im Escortservice erfolgreich sein will, bekommt es mit gebildeten Männern zu tun, die aus dem Geschäftsleben so einiges gewohnt sind und selbstverständlich auch über Menschenkenntnis verfügen. Man sollte sich nicht dazu hinreißen lassen, zu denken, die Schummelei würde niemandem auffallen.

Wie findet sich das eigene Image?

Sie sollten sich fragen, was genau Sie im Escortservice suchen. Welche Dates Sie bevorzugen, welche Männer zu Ihnen passen und wie Sie sich Ihre Treffen vorstellen. Des Weiteren steht Ihre Persönlichkeit unmittelbar im Zusammenhang mit Ihren Ansprüchen. Also konkret: Möchten Sie für **Geschäftsessen** gebucht werden und dieses Angebot auf Ihrer Website bewerben, so sollten Sie ausgezeichnete Tischmanieren besitzen. Seien Sie selbstkritisch.

Das Image ist ein Gesamtpaket, quasi der erste Eindruck und ein roter Faden, der sich durch Ihre Ansprüche, die Texte, die Darstellung auf den Bildern, das Webdesign und das Honorar/die Mindestbuchungsdauer zieht. Diese Komponenten beeinflussen sich gegenseitig und somit verstärken oder blockieren sie sich. Sie sind als eine Einheit zu verstehen.

Mein Escort-Coaching-Tipp

Authentizität ist das Stichwort schlechthin. Fragen Sie sich, was Sie möchten und wonach Sie suchen. Fragen Sie sich aber auch, ob Sie Ihre Ansprüche selbst erfüllen können und möchten. Um Ihr eigenes Image zu finden, gehen Sie auf eine Reise zu sich selbst. Wie möchten Sie wirken? Wie möchten Sie sein? Können Sie Ihre eigenen Vorstellungen selbst halten? Versuchen Sie Ihr Image in *drei bis fünf Schlagworte* zu fassen, um Ihr Bild nach außen zu konkretisieren. Versuchen Sie einen stimmigen Charakter abzubilden. Sie müssen sich eines zu Gemüte führen, wenn Sie im Escortservice erfolgreich sein möchten:

Die banale Dienstleistung wird von *zigtausend* weiteren Frauen angeboten. Ob Sie jedoch die Kunden erreichen, die auch Sie möchten, steht und fällt mit der Vermarktung Ihrer Persönlichkeit. Jeder Mensch ist einzigartig und es gilt, genau das herauszuarbeiten. Da man das eigene Bild nach außen oft schwer selbst einschätzen kann, hilft an dieser Stelle auch eine **Image-/Stilberaterin** weiter. Wie das Image, wenn es erst einmal gefunden wurde, glaubhaft vermarktet werden kann, finden Sie in den nachfolgenden Kapiteln.

Der Marketing-Mix: Romantik kommt später

Um sein Image zu vermarkten, lohnt sich ein kleiner Blick in die Betriebswirtschaftslehre, denn auch Escortservice unterliegt als Dienstleistung den üblichen Marketingstrategien eines Unternehmens. Hierfür wird in der betriebswirtschaftlichen Literatur der **Marketing-Mix** beschrieben:

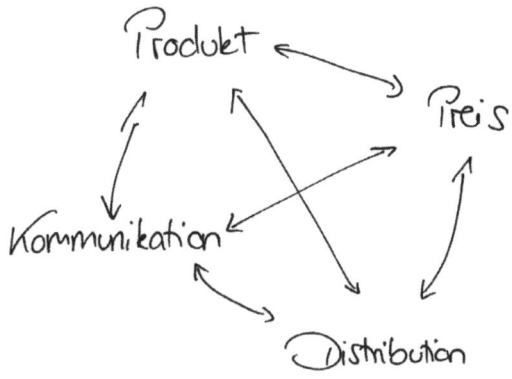

Ein Eingehen auf alle Unterpunkte mit allen Facetten würde jedoch den Rahmen dieses Buches sprengen und kann für Marketing-Desinteressierte schnell langweilig werden. In den vorherigen Kapiteln konnten Sie bereits einige meiner Marketingstrategien und Überlegungen nachlesen. Um dieses Kapitel zu veranschaulichen gebe ich nochmals meine letzten beiden Konzepte, wie ich sie über Wochen und Monate ausklügelte, hier zum Besten. Sie werden sehen, dass Überlegungen »rund«, also in sich schlüssig sein müssen und bereits kleine Unstimmigkeiten zum Misserfolg führen können. Denn die Frage ist nicht, warum Männer für eine Nacht bezahlen, sondern warum Männer 2000 Euro für eine Nacht bezahlen.

Er steht und fällt mit der Dame – dem »Produkt«

Das »Produkt« ist im Bereich Escortservice die Dienstleistung an sich, gepaart mit der Person, die sie ausübt. Da äußerliche Kriterien buchungsentscheidend sind, müssen diese mitbeachtet werden. So setzt sich das »Produkt« im Escortservice zusammen aus
» der Produktqualität,
» dem Service und
» dem Konzept.

Die »*Produktqualität*« umfasst, weit gegriffen, sämtliche Eigenschaften, die die Escortdame mitbringt. Das wäre unter anderem das erotische und kulturelle Kapital, wie bereits in Kapitel 9 beschrieben. Alle diese Eigenschaften müssen mit dem Gesamtkonzept übereinstimmen. Zusätzlich sollte die Sedcard wie auch die Fotos so ehrlich wie möglich gestaltet sein, da ansonsten das wahre »Produkt« verfälscht würde. Schönfärberei nützt niemandem, denn spätestens beim Zusammentreffen mit dem Mann wird die Realität offenbar.

Der *Service* bezieht sich hier auf die angebotene Dienstleistung, wie Dinnerdates, erotische Dates, Urlaubs-, Geschäfts- und Reisebegleitung, Oper-, Theater-, Musical- und Konzertbegleitung. Selbstverständlich ist, dass anlassgemäße Garderobe verfügbar sein muss. Außerdem findet man im Escortservice diverse erotische Serviceangebote aus anderen Kategorien umschrieben (griechisch, französisch, spanisch) wieder.

Das *Konzept* lässt sich grob als das alles umfassende Angebot sehen, wofür man stehen möchte. Bietet man Girlfriend-Erotik, ist man dominant, devot oder beides, auf Begleitungen ohne Erotik oder mit Erotik spezialisiert? Bietet man vor allem sportliche Begleitungen oder ist man vielleicht mehrsprachig und so die optimale Reisebegleitung? Vielleicht möchte sich die Dame aber auch auf kürzere Dates konzentrieren oder nur auf Langzeitbuchungen. Ebenso schließt das Geschäftskonzept die Kundenselektion und die Mindestbuchungsdauer ein sowie die Anzahl an Dates pro Monat und die Vorlaufzeit, die nötig ist, ehe ein Treffen zustande kommt. Kurzum: Sämtliche Rahmenbedingungen fließen in das Gesamtkonzept mit ein und müssen entsprechend kommuniziert werden.

So, und nun zu meinem Beispiel. Ich beziehe mich hierbei auf meinen letzten Stand der Ausübung. Da ich meine Tätigkeit als Erotikdienstleisterin immer wieder unterbrach und auch Ausflüge in andere Bereiche der Erotikszene unternahm, konnte ich sehen, dass es vor allem im Showgeschäft üblich ist, mit unverwechselbaren Vor- und Zunamen zu arbeiten. Diese Art und Weise der Markenbildung wollte ich gerne in den Escortservice übernehmen und wie ich feststellen konnte, war ich eine der ersten Independent-Damen, die so selbstsicher einen kompletten Künstlernamen vermarktete. Denn ich ließ ihn zusätzlich ganz offiziell beim Deutschen Patent- und Markenamt (DPMA) als Wort-/Bildmarke schützen.

Ich war nun also bereits zwei Jahre unter dem Namen Vanessa Eden im Escortservice tätig mit einer Mindestbuchungsdauer von vier Stunden zu 950 Euro, trat mit offenem Gesicht auf, vereinbarte nicht mehr als vier Treffen monatlich und ließ mir vorab von jedem Kunden Fotos schicken. Weitere Bedingungen waren eine Anzahlung vor jedem Treffen sowie eine Gewichts- und Altersbeschränkung. Eine Serviceliste meinerseits gab es nicht und die Bilder zeigten eine junge, fröhliche Jungunternehmerin, die ihre erotische Facette im Escortservice auslebte. Abgesehen davon, dass alle Fotos erotisch waren, zeigte ich mich in nur einer Bilderserie, bestehend aus circa fünf Fotos, im künstlerischen Schwarz-Weiß-Akt. Ich meine, man sieht bereits sehr deutlich, dass mein Image äußerst szeneuntypisch durch eine hohe Individualität ausgezeichnet wurde, denn auf die übliche Korsage-Straps-und-High-Heels-Präsentation verzichtete ich gerne.

Darüber hinaus war ich als *Ladenbesitzerin* nicht zwingend auf das Geld als Escortlady angewiesen, was auf Männer einen zusätzlichen Reiz ausübte. Durch meinen *Status als Businesslady,* den ich offensiv bewarb, verfügte ich bereits über ökonomisches Kapital, was die Assoziation zur echten Freiwilligkeit und Lust an der Erotik nochmals hervorhob. In Kapitel 12 (Image) beschreibe ich, wie wichtig es ist, mit dem inneren und äußeren Bild im Einklang zu sein.

Wie man am Ende auf den Kunden wirkt, lesen manche Damen oft in sogenannten **Erfahrungsberichten** im Internet, auf die ich, bis auf eine Ausnahme, gänzlich verzichtete. Ganz bewusst wollte ich nicht im Internet bewertet werden, was mich im Übrigen zusätzlich von anderen Damen unterschied. Gerade weil ich Businessfrau war und offen zu meinem kleinen Hobby stand, wollte ich meine erotischen Abenteuer nicht der Weltöffentlichkeit als kleine Bettlektüre zur Verfügung stellen. Ein charmanter Gentleman konnte mich aber doch kurz davon überzeugen, einen »Erlebnisbericht« zu verfassen. Ich gestattete seine Veröffentlichung, überlegte es mir allerdings nach wenigen Tagen wieder anders und ließ ihn löschen – typisch Frau eben. Ich hatte ihn noch in meinem E-Mail-Postfach gespeichert, weshalb ich mich dazu entschlossen habe, diesen einzig existierenden Bericht über mich nun hier zu publizieren. Er zeigt in etwa, wie das äußere Bild, das der Autor von mir hatte, und meine innere Wahrnehmung, wie ich sein wollte, zusammenspielen:

Lady – Girlfriend – Sexbomb

Am Anfang stand ein klares »NEIN«; aber dann: ja, sie hat tatsächlich zugestimmt, dass ich einen Bericht schreibe.

War gar nicht so einfach, denn wer Vanessa kennt, der weiß, dass sie für ihre Ansichten immer sehr gute Argumente hat. Aber ich denke, ich konnte sie überzeugen, und Ausnahmen bestätigen ja bekanntermaßen die Regel!

War es der Zufall, der wollte, dass ich einen Termin in Stuttgart hatte? Jedenfalls lag der Aufenthaltsort von Vanessa am Bodensee nicht weit entfernt und so beschloss ich, diese außerordentlich reizvolle Lady zu kontaktieren. Ich wollte unbedingt ein Hotel mit See- und Gebirgsblick und Vanessa schlug mir ein passendes Hotel vor, schön und ruhig gelegen direkt am Bodensee. Das Hotel ist ein altehrwürdiges Gemäuer, seit 1750 in Familienbesitz. Leider passt sich das vornehme Publikum diesem Gemäuer an, was uns aber nicht sonderlich störte, da wir ja genügend mit uns selbst beschäftigt waren.

Ich war sehr gespannt auf die Begegnung mit Vanessa. Der Inhalt ihrer Homepage ist schon besonders und auch ihre

Beiträge hier im Forum sind immer speziell und ordnen sich nicht einfach der Allgemeinheit und Mehrheit unter. Von daher wollte ich unbedingt meine große Neugier befriedigen.

Zu diesem Bericht fiel mir ad hoc als Aufhänger Tom Jones ein mit den Songs »She's a Lady« und »Sexbomb«. Ich habe dann noch »Girlfriend« ergänzt und berichte wie folgt:

She's a Lady

Ja, Vanessa kann eine echte Lady sein, was nun wiederum sehr gut in das vornehme Hotelambiente passte. Sie besticht durch stilsicheres und selbstsicheres Auftreten, kann kühl und elegant agieren, ohne arrogant zu wirken, wobei ihre Kleidung, sexy, aber eben nicht auffällig, das leichte Schwingen ihrer Hüften unterstreicht. Die überlegene und gelassene Ausstrahlung bedeutet jedoch nicht, dass sie Distanz wahrt. Ganz im Gegenteil, es ist eine Form von Sexappeal, die gleichzeitig Nähe und Distanz erzeugt, und ich kann mir gut vorstellen, dass sie so manchen Mann ratlos zurücklässt.

Während des Essens, mit einem wundervollen Blick auf den Bodensee und die Alpen, bestätigte sich meine Einschätzung, dass Vanessa eine große Portion Power besitzt, sich selbst sehr gut kennt und akzeptiert und Unabhängigkeit eine wichtige Position in ihrem Leben einnimmt. Vanessa kennt ihre Stärken und traut sich was, schlägt neue Wege ein und ist in der Lage, sich immer wieder neu zu erfinden und weiterzuentwickeln.

Wir hatten sehr interessante und intensive Gespräche, wobei es mir schwerfiel, immer bei der Sache zu bleiben, denn das Kleid, das die Lady trug, war das einzige Kleidungsstück an ihrem Körper!!!

She's a Girlfriend

Bereits schon im Aufzug und dann erst recht auf dem Zimmer verwandelte sich Lady Vanessa in Girlfriend Vanessa. Sie hat die Gabe, sehr schnell eine sehr vertraute und sinnliche Atmosphäre zu schaffen – jetzt, wo ich diesen Bericht schreibe, habe ich das Gefühl, dass ich Vanessa bereits seit Monaten kenne. Es ist wahrlich ein himmlisches Vergnügen, sich dieser leidenschaftlichen und hingebungsvollen Frau Schritt für Schritt zu nähern, wobei das »Küssen ausdrücklich erwünscht« die Schritte wesentlich verkürzt. Sie genießt und lässt genießen; ihre Sexualität ist etwas sehr Natürliches und Ungezwungenes. Es ist ein langsames, aber stetiges Steigern der Begierde, begleitet von einem Fordern und Gefordertwerden und sie genießt die zunehmende Hilflosigkeit des Mannes, der ihrem Körper und ihren Zärtlichkeiten sukzessive erliegt.

She's a Sexbomb

Also »Sexbomb« ist sicherlich zu platt und oberflächlich und wird Vanessa in keinster Weise gerecht, auch wenn ich mich Tom Jones anschließe und sage »You can turn me on«. Bomben bestehen bekanntlich aus einer Hauptladung und einem Zünder. Der Zünder ist erforderlich, damit der relativ unempfindliche Sprengstoff der Hauptladung zur Reaktion gebracht werden kann – und dieser Vergleich zu Vanessa ist sehr angebracht. Denn Zünder zeichnen sich durch hohe Empfindlichkeit bei Reibung, Stoß, Schlag und Erhitzung aus. Der Zünder muss vor seinem Einsatz entsichert werden, hier spricht man auch von Vorschärfung, auf die dann die Schärfung und Entschärfung folgt. Eine Besonderheit ist hier, dass auch eine Wiederschärfung ohne weiteres möglich ist. Gute Zünder benötigen keine große Aktivierungsenergie, auch Energiebarrieren genannt, die es zu überwinden gilt. Durch die hohe Empfindlichkeit können mehrere

Energieniveaus problemlos erreicht werden. Voraussetzung ist jedoch die richtige Chemie der Reaktionspartner und der Reaktionsbedingungen. Die eigentliche Zündung kann dabei mehrstufig erfolgen und beruht auf den Prinzipien des mechanischen Kontaktes, durch Druck, Schall oder auch optisch. Ist die Chemie gegeben, dann ist er Zünder in der Lage, außerordentlich intensive und mehrfache explosive Reaktionen in der Hauptladung hervorzurufen.

Für mich besteht der besondere Reiz einer Escortbuchung dann, wenn das Spannungsfeld zwischen der Lady-Rolle einerseits und der Sexbomb-Rolle andererseits möglichst weit auseinander ist. Vanessa füllt jede dieser Rollen authentisch und perfekt aus und das macht ein Date mit ihr zum Erlebnis.

Ich muss gestehen, diesen »Bericht« lese ich auch heute immer wieder gerne.

Was mich nach einer gewissen Zeit aber trotz alledem zu stören begann, war diese stundengenaue Abrechnung. Obwohl die Mindestbuchungsdauer sehr hoch war und ich so gut wie nie minutengenau das Date beendet hatte, fühlte ich mich in diesem Stundenkonzept nicht mehr frei und zu sehr an eine Dienstleistung gebunden: Gebucht für vier Stunden. Gebucht für acht Stunden. Doch auch den Begriff Escortservice fand ich für mich nicht mehr passend genug, da dieses Wort so inflationär und ohne jegliche Substanz das Internet überflutete.

Ich suchte mir den Ausdruck *Kurtisane der Moderne,* der mein Konzept als Oberbegriff darstellen sollte. Nun musste also dieser Oberbegriff mit Inhalt gefüllt werden, so dass er nicht nur eine Phrase blieb.

Ich entwickelte also mein bereits ausgeklügeltes Konzept im High-Class-Escort weiter zur *Kurtisane der Moderne* und schaffte als Erstes die stundenweise Buchung ab. Mit meinen Kavalieren verbrachte ich ab sofort ganze *Abende, Nächte* oder ein *Wochenende.* Eine neue Fotoserie wurde angefertigt, die mich noch geheimnisvoller, zurückhaltender und sinnlicher zeigte. Auch hatte sich mein

Äußeres verändert, was ich natürlich transportieren wollte. Die Haare waren kürzer und dunkler geworden. Die Texte auf der Website stellte ich neben Deutsch auch in Englisch und Französisch ein. Ich wollte damit auch französischsprachige Kavaliere auf mich aufmerksam machen, wies aber zugleich darauf hin, dass ich selbst kein Französisch sprach. Die Website selbst reduzierte ich auf ein Minimum an Unterseiten, Texten und Bildern. Mein Honorar sowie weitere Fotos stellte ich ausschließlich in einen passwortgeschützten Bereich, den **Club der Kavaliere,** ein. Um in diesen Bereich zu gelangen, erwartete ich eine ausführliche Beschreibung und Vorstellung des Herrn, inklusive wahrheitsgemäßer Angaben zur Person. Auch im geschützten Bereich sah man mich allerdings *ausschließlich bekleidet* – zum Leidwesen einiger Erwartungen. Meine Treffen beschränkte ich, da ich zu diesem Zeitpunkt Schülerin einer Berufsoberschule war, auf höchstens zwei im Monat.

Ich meine, Sie sehen an all diesen gezielten Feinjustierungen sehr deutlich, wie *sensibel* die einzelnen Faktoren eines Konzeptes zusammenspielen.

Service

ESCORTDAME
als
„Produkt"   Konzept

„Produktqualität"
(Kompetenz / Aussehen)

Der Begriff *Kurtisane der Moderne* fand sich nur wenige Stunden nach Veröffentlichung meiner neuen Idee auf diversen Escortseiten wieder, allerdings ohne Anpassung der anderen Faktoren. So stand der Ausdruck ausschließlich als Leerformel und ist ein gutes Beispiel für die Unstimmigkeiten in einem Konzept.

Wie viel bin ich mir wert? Der Preis

In meinen Coachings und auch per E-Mail wurde ich oft gefragt, welchen **Preis** man denn verlangen könne. Grundsätzlich ist es so, dass man seinen Preis selbst festlegen muss. Wie viel ist einem die Dienstleistung so nahe am Kunden wert? Wer Preisüberlegungen anstrebt, muss sich zum einen Gedanken über die *Mindestbuchungsdauer* und zum anderen über den *Stundensatz* machen. Selbstverständlich vergleicht man Preisgestaltungen der Mitbewerber. So liegen die Angaben zum **Honorar** für vier Stunden zwischen 500 und 1800 Euro.

Ein hoher Preis muss in der Marktwirtschaft nicht immer Ausschlusskriterium für Interessierte sein, ganz im Gegenteil sogar: Manche Männer fühlen sich durch einen hohen Preis erst angesprochen, da sie damit ein *»die ist nicht für jedermann zu haben«* assoziieren. Es ist sozusagen eine Anomalie der Marktwirtschaft. Im Normalfall steigt die Nachfrage, wenn der Preis sinkt. Hier kann es unter Umständen umgekehrt stattfinden: Die Nachfrage steigt bei einer bestimmten Zielgruppe – gerade bei dieser sensiblen Dienstleistung – erst mit Ansteigen des Preises. In der Wirtschaft spricht man auch vom sogenannten *Snob-Effekt*. Durch die Assoziation, »die ist nicht für jedermann zu haben« und somit ein eher rares »Gut«, findet man den in der Wirtschaftslehre gültigen Grundsatz »knappe Güter sind teuer«. Dieser und der Snob-Effekt bedingen sich gegenseitig.

Gerade bei der Preisgestaltung spielen die Fantasien der Leute ziemlich verrückt: *»Puh, die verlangt 2000 Euro für eine Nacht. Wer weiß, was die alles anbietet!«* Während meiner gesamten Erotiklaufbahn bin ich mit so einigen Männern intim geworden. Jeder, aber wirklich jeder Mann, berührte mich unterschiedlich. Irgendwann, das lässt sich gar nicht vermeiden, weiß eine Frau definitiv, was sie mag und möchte und was nicht – bei entsprechender Erfahrung natürlich. Ich sagte mal einer Journalistin: »Weißt du, wenn so viele Männer an dir herumschrauben, weißt du recht schnell, was dir gefällt und was nicht.« Meinen persönlichen Erfolg, vor allem am Ende meiner Erotikgewerbelaufbahn, führe ich immer wieder darauf zurück, selbstbestimmt und völlig auf *meine Bedürfnisse* zugeschnitten gearbeitet zu haben und trotzdem selektiv und teuer gewesen zu sein. Und deshalb würde ich nun gerne die irrige Annahme widerlegen: je höher der Preis, desto mehr an sexuellen Serviceleistungen muss angeboten werden. Denn genau das hatte bei mir nicht stattgefunden. Natürlich gibt es auch Frauen im Hochpreissegment, die sich in erster Linie über ihre körperlichen Attribute und Serviceleistungen definieren. Ebenfalls sind in manchen Luxus-Agenturen ausgiebige Serviceleistungen der Schwerpunkt. Doch das muss nicht sein, wenn man mehr zu bieten hat als das. Je teurer ich wurde, desto selektiver habe ich mir meine Kunden ausgesucht. Und gerade die Männer, die der Meinung waren:»Wenn die so viel Geld verlangt, muss sie doch alles machen«, haben bei mir auf Granit gebissen.

Zum Preis im Marketing-Mix kann ebenso eine *Preisbündelung* gehören, das heißt, dass man **Fahrtkosten,** beispielsweise bei einer Overnightbuchung oder grundsätzlich, mit in das Honorar einkalkuliert und somit selbst dafür verantwortlich ist, sich die günstigste Reiseroute zu berechnen. Ich habe am Ende meiner Tätigkeit dieses Modell gerne genutzt, um dem Kunden unnötige Rechnereien zu ersparen.

Einige Escortdamen, vor allem Independent-Escorts, bieten ihren Kunden immer wieder Rabatte in Form von *Specials* an, was ebenfalls in der Betriebswirtschaft gängige Praxis ist. Wenn sie sich beispielsweise sowieso schon an einem bestimmten Ort aufhalten, entfallen nicht nur die Reisekosten, sondern der Kunde spart sich unter Umständen auch eine Hotelbuchung. Des Weiteren werden gerne eigene Interessen (Reiseziele, Themenhotels, Theatervorlieben etc.) dazu genutzt, dem Kunden Angebote zu unterbreiten. Zusätzlich nutzen manche Escortdamen spezielle Jahreszeiten oder Feiertage, um ihre *Specials* anzupreisen: Frühlingsspecial, Sommerspecial, Herbstspecial und Winterspecial, Weihnachtsspecial und Silvesterrabatt. Die Wirkung von Specials lässt sich natürlich ad absurdum führen, wenn das gesamte Angebot von Frühling bis Winter ein einziges Special ist.

In der Kategorie Preis werden unter anderem die Konditionen beschrieben, zum Beispiel eine **Anzahlung** vor jedem Date, die Höhe derselben, die Vorgehensweise bei Dateabbruch etc. Bei Letzterem wird gerne formuliert, welche Kosten erhoben werden. Meist einigt man sich, sollte es innerhalb der ersten 30 Minuten zwischen den Beteiligten in keinster Weise passen, auf die Reisekosten der Dame. Abgesehen von der finanziellen Übereinkunft sollte bei jeder Datevereinbarung immer von beiden Seiten die Option auf Dateabbruch angesprochen werden. Das schafft bereits im Vorfeld Luft und den nötigen Handlungsspielraum im Fall der Fälle.

Wie lassen sich Preiserhöhungen durchsetzen?

Warum sollte die Dame ein Date für 400 Euro annehmen, wenn sie es auch für 900 Euro tun könnte? Diese Frage stellen sich viele Frauen und setzen deshalb peu à peu ihre Preise nach oben. Manche schaffen diese Sprünge, andere fallen wieder auf ihr altes Preisniveau zurück. Woran liegt das?

Wenn eine Dame ihre Preise erhöht, verliert sie zuerst einmal Kunden. Das heißt, sie muss sich um einen neuen Kundenstamm bemühen. Dieser hat möglicherweise andere Ansprüche und Vorstellungen als ihre vorherige Zielgruppe. Das A und O bei sukzessiven Preissteigerungen sind deshalb *finanzielle Rücklagen.* Die anfangs schwächere Auftragslage, bis die neue Zielgruppe aufmerksam geworden ist, muss überbrückt werden, um die neuen Preise dauerhaft durchsetzen zu können.

Oft eignen sich Pausen im Escortservice, um anschließend mit *verändertem Konzept* und neu angelegter Honorargestaltung wieder zurückzukommen. Auch nehmen einige Damen die eigene Agenturgründung und damit ihre *neue Position als Agenturinhaberin* zum Anlass, ihre Preise nach oben, in jedem Fall aber über die der Agenturdamen, zu setzen. Ganz allgemein sind *berufliche Weiterentwicklungen,* also zusätzliches kulturelles Kapital, Grund für viele Damen, die Preise nach oben zu korrigieren. Somit gleicht berufliche Kompetenz auch bis zu einem gewissen Maße die Nachfrage nach Jugendlichkeit wieder aus.

Der Versuch, **Preiserhöhungen** zu starten, kann eine Gefahr für das Image sein. Wenn Preissteigerungen nach wenigen Wochen oder Monaten wieder nach unten verändert werden müssen, weil das Geschäft nicht anläuft, nagt das an der Glaubwürdigkeit und schlussendlich am Umsatz. Grundsätzlich sollte sowohl die Independent-Dame als auch die Agentur versuchen, ihre Preise zu halten. Alles andere erzeugt nach außen ein Bild von schlechter Kalkulation und fehlender **finanzieller Ressourcen** und kann auf Dauer den Ruf schädigen. Nicht abschrecken lassen sollten Sie sich bei Preiserhöhungen von Ihren Kritikern. Es wird immer wieder männliche Kundschaft geben, denen »Höhenflüge« dieser Art sauer aufstoßen. Selbstverständlich, weil die Dame mit erhöhten Preisen nicht mehr in ihr Budget passt, was für einige äußerst frustrierend ist. Außerdem sind für manche Männer die Trauben, die zu hoch hängen, immer sauer.

Wie groß ist der Wirkungskreis?

Die *Distribution* beschreibt in der Betriebswirtschaft die Vertriebspolitik, also das Verkaufsgebiet, den Transport und die Absatzkanäle von Produkten, deshalb kann an dieser Stelle auf eine detaillierte Erläuterung und Ausführung verzichtet werden. Man sollte sich lediglich darüber im Klaren sein, in welchem *Gebiet* man seine Dienstleistung schwerpunktmäßig anbieten möchte. Ein reines »deutschlandweit« funktioniert kaum, da der Kunde oftmals auch kurzfristig anfragt und auf die Höhe der Reisekosten achtet. Des Weiteren ist im Falle eines Dateabbruchs die Nähe zum Wohnort der Dame von Vorteil. Hinzu kommt, dass der Kunde meist in der Gegend sucht, in der er sich gerade befindet oder befinden wird. Es ist also anzuraten, sich ein bis zwei Städte als Schwerpunkt der Tätigkeit zu suchen, da auch immer wieder in diversen Foren gezielt nach Frauen in Stadt XY Ausschau gehalten wird.

Wie in den Preisspecials erwähnt, ist der Aufenthalt an einem bestimmten Ort, der nicht Homebase ist, ein weiterer Bereich der Distributionspolitik. Auf diese Weise entstehen Angebote wie:

»Für vier Tage bin ich in Hamburg im 5*-Hotel anzutreffen und nehme mir Zeit für ein bis zwei Dates.«

Der »Transport« bzw. die »Transportbedingungen« fallen auch in den Bereich der Distribution und können auf der Website veröffentlicht werden. So legen manche Damen oder auch Agenturen fest, ausschließlich Business Class zu fliegen oder erste Klasse zu fahren. Eine Kostenpauschale für die aufgewandte Reisezeit ist ebenfalls auf einigen Websites zu entdecken. Mit **Reisespesen** ist grundsätzlich jedoch sensibel umzugehen. Sie sollten im entsprechenden Verhältnis zum Escorthonorar stehen. Da der Kunde die Spesen übernimmt, können diese auch von einer Buchung abhalten.

Texte, Fotos, Website: die Kommunikation

Die Kommunikation ist eines der wichtigsten Marketinginstrumente schlechthin, denn **Kommunikation** steckt in allen Bereichen, die der Mann vor dem eigentlichen Date zu Gesicht bekommt, liest und hört. Ich verzichte an dieser Stelle darauf, das Thema Kommunikation aus psychologischer Sicht darzustellen, und zeige lieber auf, wie diverse Kommunikationsmittel miteinander in Verbindung stehen, sich gegenseitig unterstützen oder auch blockieren können. Wichtig in diesem Kapitel ist das Bewusstsein für Sprachen aller Art, die durch diverse Mittel zum Ausdruck kommen.

Wodurch findet nun an den verschiedensten Orten ein Informationsaustausch durch Sprache statt?

Kommunikation und somit gleichzeitig Werbung wird durch *Texte* und *Fotos* auf *Websites, Internetprofilen,* in *sozialen Netzwerken, Blogs* und *Internetforen* transportiert. Gerne genutzt werden als Informationsmöglichkeit auch Pressebeiträge oder die Zusammenarbeit mit diversen Medien. Ebenso wird mit dem Kunden im gegenseitigen Austausch per E-Mail oder am Telefon kommuniziert.

Im Bereich Kommunikation werden die häufigsten Fehler im *Zusammenspiel* von Texten, Fotos, Website und Honorar gemacht. Jedes Detail des Konzeptes übermittelt eine *spezifische Botschaft,* die vom Kunden wahrgenommen wird.

Verhext mit dem Text

Ich habe in Kapitel 12 (Image) anhand dreier Negativbeispiele aufgeführt, wie sich **Texte** sowie Honorarangabe und Fotos gegenseitig im Wege stehen können. Für viele Independents, aber auch Escortagenturen, sind Texte oft nichts anderes als inhaltsloses und lediglich schmückendes Beiwerk. Und leider haben diese Auffassung auch einige Kunden übernommen, was logisch erscheint, wenn Floskeln nur dazu dienen, die Website quantitativ zu befüllen. Wozu sich mit langweiligen Phrasen abgeben, die nur dazu dienen, den Preis in die Höhe zu treiben?

Umfragen in Pay6-Foren haben jedoch gezeigt, dass weit mehr als die Hälfte der Kunden Wert auf *authentische* Texte legt. Mit glaubwürdigen Texten ist zum einen die Beschreibung der Person gemeint, zum anderen die Korrelation mit Fotos und Preisgefüge. Wer angeblich nur wenige Dates im Monat wahrnimmt, womöglich noch angibt berufstätig zu sein, aber 24/7 telefonisch erreichbar ist bei einer Mindestbuchungsdauer von einer Stunde zu 150 Euro, wird nur wenig Glaubwürdigkeit erlangen. Ähnlich verhält es sich mit Aussagen zu High-Class- oder Geschäftsbegleitung, wenn Orthografie und Grammatik der Texte unterdurchschnittlich sind.

Es gibt in der Tat Escortladys, die sich mit ihrem akademischen Grad brüsten, deren Websites jedoch vor Rechtschreib-, Ausdruck- und Grammatikfehlern nur so strotzen! Ein solcher Auftritt spricht wirklich für sich, fällt selbstverständlich in die Kategorie *mehr Schein als Sein* und ist ein absoluter Fauxpas.

Zudem ist das Thema Texte immer wieder Angriffsfläche für Copyrightverletzungen. Nicht wenige Agenturen, aber auch Independent-Damen bedienen sich gerne im World Wide Web, um sich Arbeit zu ersparen. Mit Texten von anderen Seiten verhält es sich ebenso wie mit abgeschriebenen Begriffen: Wenn diese nicht mit dem restlichen Konzept übereinstimmen, geht der Schuss nach hinten los. Zudem kann eine Verletzung des Urheberrechts kostenpflichtig abgemahnt werden. Die Texte einer Website sind mit das aufwendigste Element des gesamten Puzzles schlechthin. Und gerade deshalb sollte man sich an dieser Stelle wirklich Mühe geben. Bei der Formulierung kann man sich von professionellen Textern helfen lassen, doch über den Inhalt sollte man sich im Klaren sein. Wenn man selbst nicht weiß, was man anbieten möchte, woher soll es erst der Kunde wissen?

Ich habe heute ein Foto für dich

Fotos enthalten die sogenannte *Bildsprache,* die mit den Texten korrespondiert. Eine Dame, die von sich schreibt, sie wäre die perfekte Geschäftsbegleitung, sich aber ausschließlich in Dessous abbilden lässt, wird wohl kaum zu **Geschäftsessen** gebucht werden. Wie sollte das auch funktionieren? Woher will der Kunde wissen, in welchem Outfit die Dame zum Essen erscheinen würde? Über die Fotos lässt sich die Dienstleistung, die man bewirbt, darstellen. Wer gerne auf Reisen geht, kann sich beispielsweise mit einem kleinen Koffer fotografieren lassen. Wer am liebsten Treffen in der Natur mag, kann sich genau dort ablichten lassen. Und wer Girlfriend-Erotik bevorzugt, sollte nicht gerade in aufreizender Pornopose seinen Hintern in die Kamera strecken. Natürlich gibt es Männer, die durch bekleidete Frauen ihre Position als Bucher in Gefahr sehen: *Ich kaufe doch nicht die Katze im Sack!* Diese Einstellung sei ihnen unbenommen, doch wer als Frau Männer mit Fantasie bevorzugt, wird sich von solchen Phrasen nicht einschüchtern lassen. Und wenn Frauen sich in Dessous ablichten lassen, wird es wieder Männer geben, die nach Vollaktbildern fragen. Und wenn Frauen Vollaktbilder per E-Mail versenden, wird es Männer geben, die ausschließlich Großaufnahmen der Genitalien anfordern. Es gilt, die Gratwanderung zwischen *Kundenfreundlichkeit* und *Selbstbestimmtheit* auszubalancieren.

Ich blieb selbstverständlich auch bei diesem Thema meiner Linie treu und versandte keine weiteren Fotos per E-Mail. Mein Anspruch an dieser Stelle war es, Kunden zu erreichen, die genügend Fantasie mitbringen, eine Frau in Gedanken zu entkleiden. Klar ist jedoch, dass durch mehr Haut mehr Ur-Instinkte im Mann angesprochen werden und die Buchungsfrequenz durch eindeutige Posen steigen kann. Die Frau muss sich einfach an dieser Stelle fragen: Welche Art von Männern möchte ich ansprechen? Denn jede Frau bekommt die Männer, die sie verdient (in Anlehnung an den Buchtitel: JEDER BEKOMMT DEN PARTNER, DEN ER VERDIENT). Die Kommunikation über Bilder und Texte ist im ersten Schritt eine Einbahnstraße von der Frau zum Kunden. Im zweiten Schritt folgt die Re-Aktion des Kunden darauf.

Jeder Inhalt der Bildsprache (Mimik, Pose, Gestik) wirkt auf ganz bestimmte Menschen. *Was man ausstrahlt, zieht man an.* Was man gibt, bekommt man zurück. Also: Wie möchten Sie sich selbst sehen und wie möchten Sie vor allem gesehen werden? Was bei Fotos zusätzlich zu beachten ist, ist die Freigabe der kommerziellen Nutzungsrechte für die gewerbliche Verwendung in der Erotikbranche durch den Fotografen. Dieses Thema führe ich in Kapitel 11 (Paragraphen) weiter aus.

Photoshop lässt grüßen

Besonders beliebt bei Fotografen bzw. Bildgestaltern ist das Retuschieren am Computer. Das mimik-lose Puppengesicht lässt grüßen. Ein paar Fältchen weniger, den Bauch ein wenig straffer, die Beine länger, die Cellulitis entfernt, den Mund voller, die Augen strahlender und schon steht eine Escortdame vor dem Herrn, die er nicht wiedererkennt. Tun Sie sich und auch Ihrem Kunden diese Art der »Verschönerung« nicht an. Die Wahrheit steht früher oder später vor der Hotelzimmertür und trägt unter Umständen nicht zu einer harmonischen Atmosphäre bei. Ebenso verhält es sich mit der Garderobe. Zeigen Sie am besten nur Kleidungsstücke auf Bildern, die Sie zumindest in ähnlicher Form auch besitzen. Also ein kleines Schwarzes, einen Hosenanzug oder ein Oberteil in der ähnlichen Farbe und Form sollte es sein. Aus Diskretionsgründen wird verständlicherweise an dieser Stelle gerne mit Kleidung posiert, die einem nicht gehört. Doch der Stil und eine ähnliche Garderobe sollten vorhanden sein.

Eine weitere, wenn nicht vielleicht sogar die wichtigste Überlegung bei Fotos ist das Zeigen des Gesichts. Ein Gesicht sagt mehr als 1000 Brüste, ein Lächeln mehr als 1000 Knackpos. Wer aus Anonymitätsgründen sein Gesicht jedoch nicht zeigen kann, muss sich bei seinen Fotos doppelt und dreifach Mühe geben. Viele Damen weichen auf besonders betonte Körperlichkeiten aus, indem sie sich in erster Linie unbekleidet in aufreizenden Posen ablichten lassen.

Der Webauftritt ist die Visitenkarte

Sowohl die Texte als auch die Fotos werden meist auf einer eigenen **Website** präsentiert. Im Internet gibt es diverse Angebote, gratis eine Website zu erstellen, die bereits – für die Anonymität nicht unerheblich – ein **Impressum** enthält.

Diese Gratistools haben allerdings den Nachteil, dass das Design von verschiedenen Damen genutzt werden kann. Ein Alleinstellungsmerkmal und ein markenähnlicher, individueller Auftritt lassen sich über diese Tools kaum erreichen. Der Vorteil ist: Angebote dieser Art sind meist gratis und vorteilhaft, wenn der Ausflug in die Branche nur kurz sein soll. Von vielen Damen werden auch Wordpress und andere Blogs als Websiteersatz genutzt.

Bei einer eigenen Website ist das Thema Anonymität zu beachten. Wer eine eigene Domain anmeldet, also www.domain.de, kann über den Namen und die Adresse, auf die die Domain registriert ist, im Internet gefunden werden. Deshalb bieten sich speziell im Erotikbereich Firmen gegen Entgelt an, die die Registrierung für Sie übernehmen. An dieser Stelle ist jedoch ausdrücklich zu beachten, dass man selbst Inhaber der Domain bleibt. Dies ist unbedingt schriftlich festzuhalten. Denn in der Vergangenheit hat sich gezeigt, dass freie Webmaster sich hilfsbereit für den Domainservice zur Verfügung stellten. Die Damen verbreiteten über Jahre ihre Seiten im Internet und erarbeiteten sich einen hohen Bekanntheitsgrad. Als sie sich dazu entschlossen, ihre Website neu aufzuziehen und ihre Domain natürlich mitzunehmen, wurde diese nicht mehr herausgegeben. Es lag kein Vertrag vor. Eventuell hätte man anwaltlich dagegen klagen können. Doch man wollte schließlich baldmöglichst mit der neuen Website online sein. Es empfiehlt sich wirklich, auch bei Webdesignfirmen, auf seriöse und daher etwas teurere zurückzugreifen und nicht auf verlockende vermeintliche Rundum-sorglos-Pakete von Einzelpersonen einzugehen.

Der Domainname kann aus einem Begriff mit dem Zusatz Escort bestehen, aus einem frei erfundenen Vor- und Zunamen, also einem Künstlernamen oder einem suchmaschinenfreundlichen Begriff wie (Escort + Stadt). Wer sich intensiv Gedanken über seinen Auftritt und somit sein Konzept macht, muss an dieser Stelle den Domainnamen in die Gesamtüberlegungen mit einbeziehen.

Der Name sollte – wie jeder **Markenname** auch – leicht verständlich und auch für ausländische Kundschaft zugänglich sein. Ehe man sich jedoch für einen Namen als Marke entscheidet, empfiehlt sich die Internet-Recherche beim Deutschen Patent- und Markenamt (http://register.dpma.de/DPMAregister/marke/uebersicht), um keine bestehenden Markenrechte zu verletzen. Falls die Markenfrage nicht eindeutig geklärt werden kann, ist es notfalls ratsam, mit einem Anwalt für Markenrecht zu sprechen.

Um in den Escortservice erst ein wenig hineinzuschnuppern, sollte man sich in Bezug auf die eigene Website jedoch besser in Zurückhaltung üben. Für den Anfang ist es nicht zwingend erforderlich, hochprofessionell an die Sache heranzugehen. Eine eigene Website bedeutet nicht nur Kosten für die Erstellung, Domain- und Hostinggebühren, sondern auch eine gewisse Aktualisierung der Fotos und Texte sowie permanente Arbeit, was die Auffindung im Internet angeht, die sogenannte Suchmaschinenoptimierung (SEO). Ein eigener Webauftritt ist daher gerade am Anfang ein echter Fulltime-Job, der sehr viel Spaß machen kann, aber eben auch wirklich Arbeit bedeutet. Wer diese Zeit nicht aufbringen möchte oder kann, sollte sich an diesem Experiment nicht versuchen, denn eine Website, die niemand findet, ist genauso zu bewerten wie ein Schatz in einer Truhe, die sich nicht öffnen lässt: Sie ist wertlos. Wer sich also dazu entschließt, Zeit und Geld für einen eigenen, individuellen Internetauftritt in die Hand zu nehmen, darf das Engagement nicht mit seiner Fertigstellung aufgeben. Fertig ist man nie, zumindest nicht, bis man sich einen gewissen Bekanntheitsgrad erarbeitet hat, der sich irgendwann verselbstständigt.

Wie wichtig ist das Webdesign?

Ich hatte mich damals nach viel Bastelei und kreativem Ausprobieren damals dazu entschlossen, mir einen einheitlichen Webauftritt zu gönnen. So beauftragte ich eine professionelle Bayreuther Werbeagentur, die ihren Schwerpunkt in anderen Branchen hatte. Selbstverständlich fragte ich erst höflich an, ob eine solche Umsetzung seitens der Agentur auf Gegeninteresse stößt. Die Inhaberin konnte sich zum Glück für das außergewöhnliche Projekt begeistern und somit auch mich, als ich das Ergebnis zu Gesicht bekam. Die Website war mit Logoerstellung wohl die höchste, aber gleichzeitig auch beste Investition während meiner Selbstständigkeit.

Der Auftritt war, da gerade nicht branchentypisch, hervorstechend und brachte mir als Independent-Escort sehr schnell einen großen Bekanntheitsgrad ein. Dieser bezog sich jedoch nicht nur auf die Szene an sich, sondern auch branchenfern wurde der Auftritt immer wieder gelobt und bestaunt, so dass es nicht lange dauerte, bis diverse Medien auf mich aufmerksam wurden: Wer ist diese junge Frau, die sich einen selbstbewussten, offenen und eleganten Internetauftritt leistet? Die sich einen vollständigen Künstlernamen gibt, wie es bislang hauptsächlich im Erotik-Showgeschäft üblich ist?

Der Webauftritt war klar, stilsicher, offensiv und selbstbewusst. Er war nicht verschnörkelt, mädchenhaft, verspielt und stereotyp. Er war auf den ersten Blick anders. Ein Eyecatcher! Volltreffer!

Die Werbefachleute haben mich gut getroffen. Sie konnten umsetzen, was ich verkörperte oder erst noch verkörpern wollte. Sie trafen den Nerv der Zeit und ließen sich nicht von Branchenklischees beeinflussen. Meine Entscheidung, dieses Geld zu investieren, war durch die Gewissheit gestützt, der Erotikbranche längerfristig verhaftet zu bleiben. Denn am Ende muss sich investiertes Kapital rechnen und wer, wie ich, nicht viele Treffen vereinbart, schreibt Investitionen dieser Art über einen längeren Zeitraum ab.

Der Webauftritt ist in dieser diskreten Dienstleistung, in der Werbung äußerst eingeschränkt möglich ist, die einzige Möglichkeit, sich auf Dauer zu einer **Marke** zu machen. Deshalb spielt das Design eine *erhebliche Rolle.*

Als sich 2008 mein Image auf Grund meiner beruflichen Weiterentwicklung änderte, passte ich meinen Webauftritt nochmals an. Ich wollte, dass auf den ersten Klick klar wird: Sapperlot, hier ist was passiert! Neue Texte, andere Fotos, veränderte Honorarbedingungen – zack! Ich eignete mir hierfür einiges Wissen über HTML-Programmierung an und arbeitete mit Adobe Dreamweaver®. Beim Design verließ ich mich ganz auf meine Stilsicherheit, die ich in der Zwischenzeit erlangt hatte. Die von der Agentur erstellte Seite nutzte ich nun als offizielle Website, die der Information über meine unterschiedlichsten Projekte diente. Mein Logo behielt ich selbstverständlich bei allen meinen Aufgabengebieten bei, was den Wiedererkennungswert förderte.

Die Weiterentwicklung bzw. Veränderung findet man im *Marketing-Mix* auch im Bereich *Produkt* wieder. Dort wird die Anpassung an neue Marktgegebenheiten als Produktvariation bezeichnet. Das lässt sich ähnlich auch auf den Escortservice übertragen, möchte man sich lediglich an den Markt anpassen. Was jedoch bei mir passierte und auch bei anderen Escorts zu beobachten ist, ist ein *Imagewechsel*, meist nach zwei bis drei Jahren, da man sich beruflich und persönlich *weiterentwickelt* hat und vieles an Erfahrungen hinzugewonnen wurde. Man kann es ein *Sich-neu-Erfinden* nennen. Mir haben diese Metamorphosen, die ich während meiner gesamten Erotiklaufbahn erlebt habe, es waren circa vier, einen wahren *Energie- und Kreativitätsschub* gegeben. Ich beschäftigte mich in dieser Zeit unglaublich viel mit mir selbst, hinterfragte, recherchierte, deckte auf, stellte fest und wunderte mich. Über neue Fotos lassen sich diese Veränderungen auch sehr schön festhalten. Wie Sie sehen, kann ein solcher Internetauftritt weitaus mehr sein als die bloße Bewerbung seiner Dienstleistung.

AIDA – nicht nur auf See

Ich möchte es nicht versäumen, gerade weil eine **Website** aus unternehmerischer Sicht in erster Linie der Werbung dient, auf das AIDA-Konzept hinzuweisen. **AIDA** ist ein Akronym für die Wirkung jeglicher Form von Werbung: *Attention, Interest, Desire, Action.*

Allen voran muss man also mit seiner Internetseite die Aufmerksamkeit (Attention) der potentiellen Kunden erregen. Wenn
das passiert ist, muss das Interesse (Interest) geweckt werden. Dies
geschieht im Escortservice meist mit aussagekräftigen, qualitativ
hochwertigen Fotos. Anschließend muss der gesamte Internetauftritt,
also das Angebot, das mit Hilfe von Texten, Fotos und dem Honorar beworben wird, das Verlangen (Desire) beim Kunden wecken.
Hier ist es – ich wiederhole mich – von entscheidender Bedeutung,
ein in sich stimmiges, aufeinander aufbauendes, widerspruchsfreies
und glaubhaftes Gesamtbild (Image) von sich zu zeichnen. Am Ende
steht die Buchungsanfrage, also das Aktivwerden (Action) des Kunden: Ziel erreicht!

Ein eigener Internetauftritt hat den Vorteil, dass man sich über
Backlinks (gegenseitige Verlinkung) mit anderen Escortdamen welt-
weit vernetzen kann und auf deren Websites auftaucht. Wer es durch
eine konsequente Suchmaschinenoptimierung schafft, bei Google
zu diversen Suchbegriffen (Keyword: Escort + Stadt) auf der ersten
Seite gelistet zu sein, erhält damit eine der besten Gratis-Werbe-
möglichkeiten. Auch in diversen Werbeportalen lässt sich gegen
Backlinks gratis **Werbung** schalten. All diese Möglichkeiten bleiben
einem verwehrt, wenn man keinen eigenen Webauftritt besitzt.

Die **Werbeportale** für Escortdamen ändern sich jedoch ständig,
weshalb jede Dame am besten ihre eigene Aktualisierung vornimmt.
Hierzu sieht man sich auf diversen Independent-Escort- und Agen-
turseiten einfach die Linklisten und sonstigen Links an und entscheidet, auf welchen Seiten man sich ebenfalls listen lassen möchte.
Hierbei empfehle ich, das gesamte Portal zu überprüfen. Passen die
sonstigen Werbeanzeigen dort zu Ihrem Angebot? Entspricht die
Seite Ihrem ästhetischen Anspruch?

Eine Werbeanzeige kann nur so gut sein wie das Medium, in
dem sie erscheint. Ich vermied Billigplattformen, da ein Inserat nicht
nur Klicks für die Website bringt, sondern ebenfalls eine entsprechende Klientel. Wer darauf Wert legt, sollte sich nicht überall listen
lassen. Denn Independents, die zu inflationär gelistet sind, büßen
Kunden ein, die Wert auf eine selektive Teilzeitdame legen.

Über das Tool alexa.com erfährt man zudem, wie gut oder
schlecht frequentiert eine Internetseite ist und ob es sich lohnt,

dort kostenpflichtige Werbung zu schalten. Man sollte seine Werberessourcen nicht von jetzt auf gleich verheizen, sondern sich langsam der Erschöpfung des Werbekontingentes nähern.

Als neue Dame muss man sich zudem nicht überall listen lassen. »Neu« ist per se interessant. Vor allem in Escort-Internetforen ist immer wieder zu beobachten, dass neue Damen auf großes Interesse seitens der Männer stoßen. Deshalb: Teilen Sie sich Ihre werbestrategischen, aber auch finanziellen Ressourcen gut ein. Die eine oder andere Dame war schon erstaunt, wie plötzlich, nach ziemlich exakt zwei Jahren, die Neubuchungen schwanden, die Stammkundschaft ausblieb und das verprasste Geld dann fehlte.

Kundenerguss: literarisch

Eine weitere Form der Werbung, die von Escortdamen, aber auch von Kunden im Bereich Kommunikation sehr gerne genutzt wird, ist die der sogenannten **Erfahrungsberichte** von Kunden. Wie war das früher einmal? Männer schreiben nicht so gerne Briefe? Briefeschreiben ist so'n Mädchendings? Nicht so im Escortservice. Doch dieses Thema spaltet selbst brancheninternen die Gemüter: Für Frauen sind die Berichte oft Gratis-Werbung, wenn sie nach ihrem Gusto verfasst wurden. Für Männer dienen die Berichte einer ersten Einschätzung der Dame, neben den Möglichkeiten der Webpräsentation, des E-Mail-Kontakts oder eines persönlichen Telefonats vorab. Berichte bieten für Kunden auch die Option, auf sogenannte »Abzockerinnen« hinzuweisen, wenn Damen also in keinster Weise an einem gelungenen Date Interesse haben und dem Mann nicht zugewandt sind. Solche subjektiv empfundenen Ansichten sind allerdings immer mit einem äußerst kritischen Auge zu betrachten, da es sich um eine intime Dienstleistung handelt, bei der es kräftig »menscheln« kann, sowohl im positiven als auch im negativen Sinne. Wer sich für diese Art der Werbung entscheidet, muss zudem damit rechnen, dass nicht nur tolle Berichte erscheinen, sondern vielleicht auch einmal ein Kunde dabei ist, der einem nicht behagte, aber nachträglich trotzdem seine literarischen Ergüsse im Internet verteilt.

Das gibt manchen Kunden, wenn das Date schon nicht besonders war, wenigstens hinterher noch einen Kick.

Zudem muss bedacht werden, dass ein Treffen immer ein subjektives Erleben ist, das nicht 1:1 auf andere übertragen werden kann. In Kapitel 12 (Produkt) liest man denn auch den einzigen Bericht, dessen Veröffentlichung im Internet ich kurzzeitig stattgegeben habe. Ansonsten hatte ich alle meine Kunden darum gebeten, auf Ausschweifungen dieser Art zu verzichten. Deshalb wies ich unter anderem bereits auf meiner Website darauf hin, dass keine Erlebnisberichte über mich verfasst werden mögen. Somit war auch im Vorfeld klar, dass interessierte Kunden diese Informationsmöglichkeit über mich nicht erhielten.

Ich habe in meinen Treffen immer wieder festgestellt, dass Sympathie und Stimmung ein Date in unglaubliche Höhenflüge verwandeln können. Da macht man schon mal Dinge, die man sich mit anderen Kunden eben nicht vorstellen kann. Wenn Leidenschaft und Lust einfach überkochen und kein Fleck der Suite mehr ausgelassen wird, ist das keine große Schauspielleistung: Es ist der Sechser im Lotto.

Der erste Kontakt

Herzlichen Glückwunsch! Sie haben sich also für ein Independent-Dasein entschieden, Fotos, Texte und möglicherweise einen Webauftritt gestaltet und sich nach allen Regeln der Kunst zu Markte getragen. Die ersten E-Mails flattern ins Postfach oder das Telefon steht nicht mehr still? Wenn es nicht ganz so stürmisch verläuft, verzagen Sie nicht. Gut Ding will Weile haben. Wie der erste Kontakt mit Ihnen und Ihren Kunden zustande kommt, entscheiden Sie alleine auf Grund der Informationen, die Sie von sich geben.

Ich habe besonders gute Erfahrungen damit gemacht, *keine* **Telefonnummer** im Internet zu veröffentlichen. Gerade, wenn man Escortservice nur nebenberuflich ausübt, könnte das Privatleben durch ständiges Telefonklingeln sehr eingeschränkt werden. E-Mails haben den Vorteil, dass man sich einen ersten Eindruck verschaffen kann, nicht sofort antworten muss und bereits eine gewisse Höflichkeitsform erkennen oder vermissen kann.

Sowohl E-Mails als auch ein Telefongespräch nutzen sowohl Damen als auch Kunden vorab, um zu überprüfen, ob die berühmte Chemie vorhanden ist oder aufkommen kann. Da beide Kontaktmöglichkeiten nur ein Weg zum Ziel sind, führe ich an dieser Stelle die E-Mail-Korrespondenz näher aus.

Es ist ein sehr angenehmes und meist wirklich höfliches gegenseitiges Beschnuppern und die Anbieterin hat so die Möglichkeit, bereits eine erste **Selektion** vorzunehmen. Ein oftmals schlechtes Zeichen ist es, wenn in E-Mails sowohl die Anrede als auch die Verabschiedung fehlen. Hier handelt es sich in der Regel um Massenemails an mehrere Damen oder gar Spam.

Die Orthografie ist gerade im Zeitalter des Internets ein Zeichen der Netiquette und ein Fehlen derselben auch nicht zwingend durch gewisse kleine elektronische Geräte zu entschuldigen, die einem das Tippen erschweren.

Ich hatte die Kommunikation per E-Mail genutzt, um zum einen eine schriftliche Buchungsbestätigung vorliegen zu haben und zum anderen, um mir Fotos potentieller Interessenten schicken zu lassen. Eine Handhabung, die bis heute sehr ungewöhnlich ist, die ich aber nach einer gewissen Testphase (mal schauen, ob sie das mitmachen) zu einer Bedingung umgewandelt habe. Ich begründete diese Bedingung mit dem Wunsch nach einer *Begegnung auf Augenhöhe.* Ich zeigte mein Gesicht und so wollte auch ich gerne wissen, wer mich treffen möchte.

Geben und Nehmen ist ein ungeschriebenes Gesetz. Je mehr die Dame gibt, desto mehr kann sie selbst auch einfordern. Da ich transparent mit meinen Daten und meiner Person war, habe ich Gleiches auch von meinen Kunden verlangt und bin damit auf großes Verständnis gestoßen. Es rief sogar bei den meisten ebenfalls ein gutes Gefühl hervor, dass es mir eben nicht egal war, ob ich zu Hinz und Kunz nach Hintertupfing fahre. Grundsätzlich ist es beim ersten Kontakt so, dass in jeder Hinsicht eigene Bedingungen aufgestellt werden können. Sie müssen sich einfach nur im Klaren darüber sein: *Jede Bedingung Ihrerseits schränkt den Kundenkreis ein.* Das heißt im Umkehrschluss: Je weniger Sie auf das Geld angewiesen sind, desto selektiver können Sie die Kundenauswahl treffen. Somit ist die Anzahl an Anfragen insgesamt möglicherweise geringer, höher jedoch ist die Anzahl an passenden Dates.

Es kann unmöglich eine vollständige Anleitung hier wie auch in anderen Bereichen gegeben werden, die alle Eventualitäten abdeckt. Doch äußerst wichtig an dieser Stelle ist erneut das **Bauchgefühl.** Wenn das Bauchgefühl nein sagt, dann meint es das auch so. Natürlich kann sich ein Bauchgefühl irren, und selbst ich habe zu meiner aktiven Zeit auch mal gegen dieses Gefühl verstoßen, weil die Neugierde siegte oder auch die Dollarzeichen in den Augen. Negative Erfahrungen hatte ich dabei keine, doch ein wohliges Gefühl vor dem Date auch nicht immer. Das Bauchgefühl ist neben all den Sicherheitsmaßnahmen und Bedingungen, die man stellt, der wichtigste Indikator schlechthin.

Wie läuft das erste Beschnuppern ab?

Grundsätzlich gilt, im Übrigen auch beim persönlichen Gespräch: Man darf alles fragen, aber nicht auf alles eine Antwort erwarten. Der Kunde erfragt per E-Mail meist weitere Angaben zum *erotischen Service,* ob dieses oder jenes, wie beispielsweise Französisch mit Aufnahme, Analverkehr, Rollenspiele oder bestimmte Dessouswünsche, möglich sind. Gerne werden auch weitere *Fotos* angefragt, wie Fotos, auf denen Sie weiter entkleidet sind. Alle diese Fragen sind völlig legitim, denn der Kunde möchte wissen, was er für sein Geld bekommt.

Wenngleich es sehr kundenunfreundlich klingen mag, so hatte ich doch von Servicebeschreibungen jeglicher Art Abstand genommen, da für mich der Mensch im Vordergrund stand und mit Mensch war nicht nur der Kunde, sondern auch ich gemeint. Mir ging es vor allem um ein schönes Miteinander, ein harmonisches Sich-auf-einander-Einlassen und das Entdecken des Gegenübers. Da wäre eine Serviceliste, die ich abzuarbeiten gehabt hätte, sehr hinderlich gewesen. Ich wollte meine Treffen so privat wie möglich gestalten und erwartete diese Einstellung auch von meinen Kunden. Die einzigen Informationen, die der Kunde von mir erhielt, waren meine

Tabus. Alternativ fragte ich den Kunden, auf welche Spielarten er besonderen Wert legen würde, so dass ich dann entscheiden konnte: Darauf lasse ich mich ein oder nicht. Das hat immer sehr gut funktioniert und selbstverständlich ist mir so der eine oder andere Kunde auch abgesprungen, was mir jedoch lieber war, als ein Missverständnis vor Ort. Ich hatte vollstes Verständnis für Männer, die genau wissen wollten, welchen Service sie erhalten, denn immerhin bezahlen sie für *ihre* Wünsche und Bedürfnisse. Doch ich wollte Männer treffen, die mich in erster Linie kontaktieren, weil sie *mich* wollten und nicht irgendeinen Service. Ein bisschen narzisstisch? Vielleicht. Aber gut getan hat's trotzdem und die Rechnung ging auf.

Kleidungswunsch: Luder oder Lady?

Nach **Kleidungswünschen** wird oft seitens der Damen gefragt und so erhalten sie von ihren Kunden meist die Standardantwort: Rock, Bluse und High Heels. Na klar, was sollte der Kunde auch anderes antworten? Wenn die Frau schon nicht weiß, was sie anziehen soll, woher soll das erst der Mann wissen? Spaß beiseite. Es gibt in der Tat Herren, die konkrete Vorstellungen von der Garderobe der Damen haben, insbesondere von ihren Dessous. Manche mögen extrem kurze und eng geschnittene Miniröcke und scheuen auch nicht davor zurück, mit der Dame ihrer Wahl so in die Öffentlichkeit zu gehen. Auch hier gilt wieder: Der Mann darf alles erfragen, muss aber nicht alles bekommen. Wenn Sie einen Kundenwunsch nicht erfüllen möchten, sagen Sie ihm das selbstverständlich im Voraus, so dass er die Möglichkeit hat, zu entscheiden, ob er Sie treffen möchte. Ansonsten gilt: Ziehen Sie an, worin Sie sich wohl fühlen. Das eigene Wohlfühlen ist beim Date das A und O. Deshalb: Kleiden Sie sich so, wie Sie gesehen werden möchten. Wenn Kundenwünsche bezüglich der Kleidung ihre Grenze überschreiten, werden Sie sich damit keinen Gefallen tun. Es macht nur wenig Sinn und sieht sogar eher peinlich aus, wenn Frauen ständig an ihrem Rock herumzupfen, um ihn nach unten zu ziehen. Ein Mensch, der sich in seinem Outfit nicht wohl fühlt, strahlt das auch aus. Er kann nicht unbefangen und frei am Tisch sitzen und sich auf sein Gegenüber konzentrieren. Mögliche Blicke, die man auf sich zieht, werden als unangenehm empfunden. Und dieser Mechanismus wirkt sich störend auf die eigene Erotik aus.

Noch zu Beginn meiner Tätigkeit habe ich angeboten, diverse Kleidungsstücke einfach mitzunehmen und mich auf dem Hotelzimmer für die zweisamen Stunden umzuziehen. Das wurde allerdings kaum in Anspruch genommen, da für die meisten dieser Anfragen der Kick darin bestand, mit einer leicht bekleideten Frau in der Öffentlichkeit gesehen zu werden. Während manche Männer besonders darauf bedacht sind, einen möglichst großen Spannungsbogen zu erzeugen zwischen der schicken Lady, mit der sie ausgehen, und dem verruchten Luder, mit dem sie anschließend im Bett landen, mögen wenige andere das offensichtliche Luder bereits als Appetitanreger zu Tisch.

Vorsicht, Bildersammler

Für manche Kunden ist es besonders wichtig, vor dem Treffen noch intimere Bilder sehen zu dürfen. Das geht von Gesichtsfotos und Dessouswünschen über Akt bis hin zu Pornografie. Je nachdem, wie viel die Frau bereits vorab von sich preisgibt, wird an dieser Stelle nachgehakt. Meiner Meinung nach spricht es erst einmal für den Mann, wenn ihm auch wichtig ist, wie das Gesicht der Dame aussieht. Es würde mich befremdlich stimmen, wäre ihm das völlig egal. Für Frauen, die Diskretion wahren müssen, ist das natürlich eine Gratwanderung und hier kann beispielsweise über eine separate E-Mail-Adresse ein unverfängliches Foto gesendet werden. Die Dame könnte dem Herrn aber auch ein günstiges Dinner Date vorab anbieten, das gleichzeitig dem gegenseitigen Beschnuppern dient. Und selbstverständlich könnte sie auch von ihm ein Bild verlangen – denn der Deal ist das Geben und Nehmen. Doch egal, ob es sich um verlangte Akt- oder Gesichtsfotos handelt, eine gewisse Vorsicht sollte man walten lassen, denn Bildersammler sind gerade im Netz sehr aktiv. Ehe Sie Fotos verschicken, könnten Sie sich auf ein erstes Telefonat einigen, denn eine E-Mail-Adresse ist innerhalb von Minuten angelegt und auch wieder gelöscht. Telefonnummern hingegen wechselt man weniger schnell aus. Männer, die auf Grund ihres Erfindungsreichtums meinen, sie könnten ihre Telefonnummer nicht herausgeben, da Frau und Hund das sonst mitbekämen, können Sie getrost in den Papierkorb verschieben. Eine E-Mail-Adresse genügt am Ende zur Sicherheit sowieso hinten und vorne nicht.

Ja, was passiert noch alles so per E-Mail im World Wide Web? *Fakes* en masse, die *Sitte* versucht's auch, *Unterhaltungskünstler* probieren ihr Glück – Sie sehen, es ist echte Arbeit. Wenn es nun also konkret werden soll: Wie findet man heraus, ob der Mann am Telefon oder auch per E-Mail echt und kein **Fake** oder die **Sitte** ist?

Clown gefrühstückt? Der Fake-Check

Das ist zugegebenermaßen die schwierigste Aufgabe im Independent-Dasein. Ich hatte zu meiner Zeit eine extrem strenge Selektion, in der für Spaßvögel kein Raum zum Flattern blieb. Ich tauschte meist nicht mehr als drei bis vier E-Mails aus, überprüfte die Daten per Google-Recherche, verlangte zeitnah eine Telefonnummer und unmittelbar bei Terminvereinbarung eine Anzahlung auf mein Konto. Ja, ich weiß. Das klingt immer alles zu schön, um wahr zu sein: Die sucht sich ihre Kunden aus, lässt sich sogar Bilder schicken, gibt eine Alters- und Gewichtsbegrenzung vor und sichert sich durch eine Anzahlung auf ihr Konto vor Fakes ab. Das alles war selbstverständlich nur deshalb möglich, weil ich kein Geheimnis um meine Identität machte, auch nicht, als ich noch in der Schweiz im Angestelltenverhältnis in der Gastronomie arbeitete.

Zeitgleich muss darauf hingewiesen werden, dass alle diese Mechanismen meinen Kundenkreis stark *einschränkten*. Die Masse, vor allem die kurzfristig suchende Masse, die für denselben Abend eine Frau für ein Zwei-Stunden-Date sucht, erreicht man damit nicht mehr. Denn alleine schon die Anzahlung erzwingt eine rechtzeitige Buchung von circa einer Woche im Voraus. Doch meine Buchungsvorlaufzeit betrug sogar zwei bis drei Wochen. So ist es eine Entscheidung, die die Dame zu treffen hat, wie sie arbeiten möchte, aber auch, wie viel sie verdienen möchte.

Also noch einmal von vorne: Der **Fakecheck** gestaltet sich sehr schwierig, wenn der Mann über eine web.de-, gmx.de- oder aol.de-E-Mail-Adresse anfragt und am besten noch Georg Huber heißt, der in München lebt. Nun angenommen dieser Georg Huber ist in der Heimatstadt der Dame und sucht für denselben Abend ein Date, so kann sie die Hotelreservierung überprüfen. Selbstverständlich nur dann, wenn er ihr diese zukommen lässt, was eher selten der Fall ist. Immerhin befinden sich oft Kreditkartendaten auf den Reservierungen. Sie kann aber auch, wenn er bereits im Hotel eingecheckt hat, ihn auf seinem Zimmer anrufen und somit feststellen, ob er wirklich vor Ort ist. Ähnliches gilt bei **Hausbesuchen,** die ich jedoch keiner Independent-Dame für ein erstes Treffen empfehlen würde. Diese wären, trotz aller Sicherheitsmaßnahmen, einfach zu gefährlich.

Ich schrieb damals in mein Buchungsformular, dass ich von Beginn an alle persönlichen Daten, also Name und Wohnort, wahrheitsgemäß erwarte. Für mich gehörte das quasi zum guten Ton. Und was spricht eigentlich dagegen? Da möchte jemand mich treffen, möchte, dass ich mich ihm hingebe, ihm öffne, ihm vertraue, und dann ist er nicht einmal in der Lage, mir seine Daten mitzuteilen, damit ich immerhin weiß, mit wem ich es zu tun habe? Natürlich haben einige Männer Angst, »es« könnte herauskommen.

Wer dennoch völlig anonym eine sexuelle Dienstleistung in Anspruch nehmen möchte und kein bisschen von sich preisgeben mag, der hat die Möglichkeit, ein Bordell aufzusuchen – so einfach ist das. Wer von einer Frau allerdings erwartet, dass sie sich speziell für ihn den Abend frei hält, sich für ihn zurechtmacht und eine Anreise auf sich nimmt, muss schon die gute alte Schule beherrschen. So zumindest ist mein Verständnis. Und wie könnte es auch anders sein: Bei meinen Kunden hat das gut funktioniert – ein Treffen auf Augenhöhe. All den anderen bin ich natürlich gar nicht erst begegnet.

Trotzdem verabreden sich Escortdamen, wenn es sich um Treffen in ihrer Stadt handelt, auch schon mal kurzfristiger und lediglich nach Überprüfung des Hotel-Check-ins. Deshalb kommt es vor, dass sie vor verschlossener Hoteltür stehen und der Kunde nicht öffnet: Ein Restrisiko bleibt somit immer. Bei längeren Anreisen verlangen kluge Damen, sofern sie den Mann noch nicht kennen, immer eine **Anzahlung.**

Doch der Fake ist nicht unbedingt immer der, bei dem man vor verschlossener Hotelzimmertür steht oder der einfach nicht am vereinbarten Treffpunkt ist. Ein Fake könnte auch jemand sein, der Termine vereinbart und sie immer kurz vor knapp wieder absagt. Die Oma ist schon zweimal gestorben, die Tante hat sich immerhin ein Bein gebrochen und die Autopanne ist dabei obligatorisch. Einer Independent-Dame wurde ein solches Theater mit einem Kunden mal zu bunt. Sie hielt sich für einen solchen Kerl regelmäßig die Abende frei und sagte hierfür anderen Kunden ab. Das alles konnte sie per E-Mail nachweisen und das verloren gegangene Honorar vor Gericht einklagen.

Und dann gibt es noch eine Kategorie, die ich eher als *Unterhaltungskünstler* bezeichnen würde oder besser gesagt: Er ist wohl der Meinung, ein solcher ist an ihm verloren gegangen. Er »bucht« bevorzugt mehrere Tage, Wochen oder sogar Monate im Voraus. Eine Anzahlung möchte er selbstverständlich noch nicht leisten, denn es könnte ja während dieses langen Zeitraums etwas dazwischenkommen. Nichtsdestoweniger ist er aber selbstverständlich daran interessiert, die Dame besonders gut kennenzulernen, und außerdem freue er sich ja schon so sehr auf das Treffen, dass er es gar nicht erwarten könne. Und so nimmt er sich frech die Freiheit heraus, mehrmals wöchentlich ohne Vereinbarung anzurufen, um mit der Escortdame einen netten Plausch zu führen. Immerhin wäre er ja ein solventer Kunde und würde bald viiiel Geld für seine Herzensdame ausgeben wollen. Sie wissen, worum es geht? Fakes dieser Art prahlen gerne mit ihrem nicht vorhandenen Reichtum, um die Frau warm zu halten, und logischerweise wäre auch das Date mindestens ein Overnight, denn er könne es sich ja leisten. Es ist ehrlicherweise nicht einfach, auf solch verlockende Angebote nicht einzugehen, denn würde in der Tat ein langes Date stattfinden, ist meist auch die Dame an einem gewissen Kennenlernen vorab interessiert. Das nutzen diese Herren natürlich aus, um an verschiedenen Abenden gratis mit der Dame zu plaudern. Es führt kein Weg daran vorbei: An dieser Stelle muss man einfach klipp und klar Position beziehen, dass man gerne für ihn Zeit hätte, wenn er die Ernsthaftigkeit seiner Anfrage durch eine Anzahlung bestätigen würde. Immerhin liefen viele Spinner da draußen herum und nicht, dass man meinen würde, er wäre so einer, selbstverständlich nicht, und gerade aus diesem Grund wird er kein Problem haben, seine Seriosität unter Beweis zu stellen.

Ich habe einem solchen Unterhaltungskünstler in einem Internetforum, in dem auch er aktiv war, einen literarischen Erguss gewidmet:

Der Scharlatan

Es war einmal ein Scharlatan,
dem taten es die Escorts an.

Er dacht': hehe, ich bin ganz schlau,
buch' paar Wochen vorher schon die Frau.

Da der Kontostand ist wieder leer,
muss 'ne and're Lösung her!

Ein guter Kund' geb ich vor zu sein,
Einsamkeit, Frauenstimmen – meine Pain!

Doch eine Buchung will ich nicht!
Telefonieren will ich kleiner Wicht!

Quatschen und Nerven stundenlang,
und alles erfahren von meinem Fang.

Meine Masche: Ich hätte Geld wie ne Bank,
bis zu dem Tag, dann bin ich krank!

Die Sitte – darauf reimt sich Titte

Die **Sitte** freut sich regelmäßig, die Sperrbezirksverordnung und die Hygieneschutzverordnung in Bayern, aber auch in anderen Bundesländern zu überprüfen. Gut, die Jungs und Mädels machen auch nur ihren Job. Ich persönlich hatte einen sehr freundlichen Kontakt zur Bayreuther Polizei, die mich eines Tages aufsuchte, um nach dem Rechten zu sehen. Sie klärten mich auch telefonisch darüber auf, dass ich Escortservice nicht in umliegenden kleinen Ortschaften ausüben dürfe (Sperrgebiet). Das war noch ganz zu Beginn meiner Zeit in Deutschland. Sie ließen mich nicht ins offene Messer laufen, sondern gaben mir Hinweise und Tipps, eigentlich so, wie man das von seinem Freund und Helfer erwarten kann. Ich erhielt sogar eine Visitenkarte, falls ich Probleme mit Zuhältern hätte. Ich könne mich jederzeit bei ihnen melden. Das war ein vorbildlicher, hilfsbereiter Auftritt, der wohl deutschlandweit seinesgleichen sucht! Denn ich weiß von anderen Damen, dass es nicht immer so freundschaftlich läuft, und auch aus eigener Erfahrung ist mir bekannt, zu welchen Mitteln gegriffen wird, um die Einhaltung der Sperrgebiets- und Hygieneschutzverordnung in Bayern zu überprüfen. Man lese hier:

Ich hatte durch Werbemaßnahmen für mein Ladengeschäft in Bayreuth meine Telefonnummer im Internet – nicht jedoch auf meiner Escortwebsite. Dennoch riefen mich potentielle Escortkunden nie an, denn ich wünschte diesen Erstkontakt ausdrücklich per E-Mail.

Nun erhielt ich einen Anruf, die Rufnummernübertragung wurde unterdrückt und es meldete sich ein Michael aus München. Nein, wie einfallsreich! Michael, Thomas oder Andreas! Es fehlte nur noch Müller. Er sprach davon, wie toll unser letztes Date gewesen wäre und dass er mich unbedingt gerne wiedersehen wolle. Ich war etwas perplex, denn eigentlich konnte ich mich immer an alle meine Kunden erinnern. Schließlich bin ich nicht von einem Bett zum nächsten gehüpft. Ich fragte also genauer nach und es war mir etwas peinlich, ihm mitteilen zu müssen, dass ich mich leider gerade gar nicht an ihn erinnern könnte. Er erzählte mir etwas von einer Kunstausstellung, die wir in München besucht, und dass wir uns im Vier Jahreszeiten getroffen hätten, wo er mich nun auch gerne wie-

dersehen wolle. Na und dann durfte natürlich nach der Sperrbezirks-
fangfrage nicht auch noch die Hygieneschutzverordnungsfangfrage
fehlen, die sogleich kam: ob ich denn immer noch Französisch ohne
Kondom anbieten würde.

Puh – er hätte sich den Rest eigentlich sparen können, denn mit
seinem Vier Jahreszeiten hatte er sich bereits verraten. Ich überlegte
noch angestrengt, auf welcher Kunstausstellung ich in München mit
einem Kunden war, und mir fiel partout keine ein. Dass ich allerdings das Vier Jahreszeiten in der Maximilianstraße in München,
also mitten im Sperrgebiet, bis zu diesem Zeitpunkt noch nicht von
innen gesehen hatte, das wusste ich ganz genau!

Ich ließ ihn noch ein wenig erzählen, wo genau im Hotel wir
uns denn getroffen hätten, und er meinte sittensicher: an der Bar.
Na klar. So stellt sich ein kleiner Sittenpolizist die Treffen einer
High-Class-Kurtisane vor. Kunstausstellung, Bar, Vier Jahreszeiten,
München. Doch er lag falsch. Ich machte ihm klar, dass es sich um
eine Verwechslung handeln müsse, denn ich war noch nie in diesem
Hotel in München – jedenfalls nicht beruflich, das stand fest. Doch
anders konnten sie mich wohl nicht drankriegen.

Eine Anzahlung wurde natürlich nie geleistet. Das, worauf
andere Escortdamen und auch Agenturen gerne verzichten, um den
Kunden nicht zu vergraulen und kurzfristig verfügbar zu sein. Solche Frauen verheddern sich dann auch schon einmal im Fangfragen-
netz der Sitte. Eine sexuelle Dienstleistung im Sperrgebiet ist bereits
auch schon Oralverkehr und wenn dieser auch noch ohne Kondom ausgeführt wird, hat man in Bayern ein weiteres Problem. So
buchte sich also die Sitte in ein anderes 5*-Hotel in München ein
und »bestellte« die Damen im Stundentakt. Diese freuten sich noch
über den anspruchslosen Herren, der – wie überraschend – gar keinen Sex wollte. Er sei
so ein Anfänger und
auch noch unsicher,
dass ihm »nur« Oral-
verkehr ohne Kondom
genügen würde. Und
die Falle schnappte zu.

Mein Escort-Coaching-Tipp

Egal ob Fakes oder Sitte – eine Anzahlung
ist zu 99 % das sicherste Mittel, sich vor
unliebsamen Erfahrungen zu schützen.

Nur Bares ist Wahres? Die Anzahlung

An genau dieser Stelle täuschte sich Julia Roberts oder besser gesagt Vivienne, als sie sagte:»*Nur Bares ist Wahres.*« Nicht so im Escortservice. Die **Anzahlung** ist vor allem bei längeren Reisen oder gar Urlaubsbegleitungen unabdingbar. Hierfür gibt es nun verschiedene Mittel und Wege. Ich persönlich habe Anzahlungen stets ganz einfach und unkompliziert über mein offizielles Geschäftskonto laufen lassen. So erscheinen die Beträge direkt in der Buchhaltung und auch sonst ist es sehr vertrauenerweckend, keine Heimlichkeiten dieser Art zu veranstalten. Das Finanzamt dankt. Als Empfänger dieses Geschäftskontos kann die Firma in Erscheinung treten, so dass bei Überweisung nicht der private Name stehen muss. Meiner Meinung nach ist das der unkomplizierteste und sinnvollste Weg, da ein Geschäftskonto in Verbindung mit der Selbstständigkeit einiges erleichtert.

Mitbewerberinnen handhaben die Anzahlungen teilweise über *Western Union.* Dort muss der Versender des Geldes allerdings den vollständigen Namen und das Land des Empfängers angeben, damit das Geld von ebendiesem mit dem Personalausweis abgeholt werden kann. Zusätzlich benötigt auch der Empfänger den vollständigen Namen des Versenders, um das Geld abholen zu können. Eine weitere Möglichkeit, sich Geld schicken zu lassen, ist *Paypal.* Dort und auch bei Western Union darf jedoch nicht offiziell erscheinen, dass es sich bei der Dienstleistung um eine erotische handelt, sonst wird das Konto abgelehnt oder irgendwann gesperrt bzw. der Zahlungsvorgang nicht ausgeführt. Paypal ist ebenfalls nicht anonym. Der Kunde erfährt Namen und Anschrift derer, die das Paypal-Konto betreiben. Und zu guter Letzt ist es bei einigen Kreditinstituten möglich, sich völlig ohne Namensangabe Geld auf seine Kreditkarte senden zu lassen. Meist handelt es sich dabei um *Prepaid-Kreditkarten*, die über ein Guthaben verfügen können. Hierfür genügt als Empfänger das Kreditinstitut. Kontonummer und Bankleitzahl werden normal eingetragen und im Verwendungszweck steht die Kreditkartennummer. Diese Überweisungen nehmen allerdings bis zu sieben Tage in Anspruch. Bei welchen Kreditinstituten das genau möglich ist, muss erfragt werden.

Ganz wichtig und unbedingt zu beachten ist, dass die Anzahlung immer auf das Konto eingegangen sein muss. Ein eingescannter Überweisungsträger heißt noch gar nichts! Auch ein Screenshot der vermeintlichen Online-Überweisung muss nichts bedeuten, denn eine Überweisung kann, solange sie noch nicht ausgeführt wurde, wieder rückgängig gemacht werden. Der Empfänger bekommt davon gar nichts mit, außer dass er auf sein Geld wartet.

13 Die Escortagentur – you are the boss!

13 Die Escortagentur –
you are the boss!

Sie sind natürlich nicht der Boss der Escortagentur, aber Sie sind Ihr eigener Boss. Einige Damen suchen sich Escortagenturen in der Hoffnung, diese würden ihnen sämtliche Verantwortung abnehmen. Leider geben sie damit auch manchmal die Selbstverantwortung ab und lassen sich zu Dingen überreden, die unter Umständen auch gesundheitsschädlich sein können. Bedenken Sie bei Eintritt in eine Escortagentur, dass Sie eine *selbstständige Unternehmerin* sind mit allen *Charaktereigenschaften, Fähigkeiten* und *Fertigkeiten,* die diese mitbringen sollte.

Seit dem 1. Januar 2002 könnte man als Escortdame auch im Angestelltenverhältnis arbeiten, mit allem, was dazugehören würde. In erster Linie wäre das der Zugang zu den Sozialversicherungen. Doch das möchten die wenigsten. Warum das so ist? Wenngleich Prostitutionsverbände darum kämpfen, diesen Beruf zu einem »normalen« zu machen, so ist er doch weit davon entfernt, einer zu sein.

Ich nenne das immer gerne *die Anomalie der Prostitution.* Sie ist seit 2002 offiziell in Deutschland sittenkonform, also ein legales Gewerbe, und doch ist sie kein Beruf wie jeder andere auch. Außer vielleicht, man würde eines Tages anerkennen, dass das erotische Kapital, wie es von Hakim beschrieben wurde, beruflich ein- und umsetzbar ist wie das kulturelle und das ökonomische auch. Doch nicht einmal dann. Der Job als Escortdame ist intim. Über eine solche Intimität möchte sich kein Mensch von einem anderen Vorschriften machen lassen. Vorschriften über die Arbeitsweise sind in anderen Berufen erlaubt – jedoch nicht in der Prostitution. Es geht um das *Recht auf sexuelle Selbstbestimmung,* das zu den Grundrechten in Deutschland zählt. Dieses würde mit Füßen getreten, würde man den Frauen, in welcher Form auch immer, Anweisungen geben. Deshalb ist ein Vorschreiben sexueller Dienstleistungen schlichtweg verboten.

Das Vertragsverhältnis zwischen Ihnen und der Escortagentur Ihrer Wahl ist folgendes: Sie sind eine selbstständige Unternehmerin (wie auch die Independent-Escorts) und beauftragen die Agentur mit Ihrer Vermarktung. Des Weiteren nehmen Sie den Telefon- und E-Mail-Dienst sowie den Sicherheitsservice der Agentur in Anspruch. Rechtlich bedeutet das, Sie sind dazu verpflichtet, eine Steuernummer zu führen, Steuern zu bezahlen, eine Buchhaltung vorzuweisen und am Ende jedes Jahres eine Einkommensteuererklärung abzugeben. Immer häufiger stehen auch Escortagenturen ihren Damen zu diesem Thema helfend beiseite. Eine ordentliche Beratung darf allerdings ausschließlich vom Fachmann (Steuerberater) erfolgen.

Wie viel Provision ist angemessen?

Für den Rundumservice, den Ihnen die Agentur bietet, bezahlen Sie meist eine **Provision** von 30 % des auf der Website angegebenen Honorars. Einige von ehemaligen Escortdamen geführte Agenturen nehmen auch Provisionsstaffelungen (je länger die Buchung, desto weniger Prozent), teilweise bis 20 %. Das ist für viele Escortdamen eine äußerst positive Entwicklung, denn die Konkurrenz belebt bekanntlich das Geschäft. Provisionen über 30 % sind kaum zu begründen, denn die Hauptarbeit vor Ort macht nach wie vor die Dame. Der Vorteil dieser Abrechnung liegt klar auf der Hand: Ausgaben finden nur statt, wenn entsprechende Einnahmen generiert werden. So ist das unternehmerische Risiko seitens der Escortdame (fast) gleich null.

Für die Art der Provisionsbegleichung gibt es in der Regel nur einen Weg. Noch einmal: Sie sind selbstständige Unternehmerin und beauftragen die Agentur mit Ihrer Vermittlung. Für die Vermittlungen erhebt die Agentur eine Provision von x % auf das Honorar. Nach erfolgreicher Vermittlung wird Ihnen eine sauber arbeitende Agentur somit eine *Rechnung* stellen und Sie damit zur Zahlung des Provisionsbeitrages auffordern. *Die Provision wird erst bezahlt, wenn eine Rechnung vorliegt!*

Leider gibt es immer wieder Fälle, in denen Agenturdamen die Provision ohne jegliche Belege bar übergeben oder sogar ohne Rechnung einfach überweisen. Das genügt jedoch für die Buchhaltung nicht. *Ohne Beleg keine Zahlung und keine Buchung!* Lassen Sie sich am besten gar nicht erst auf halbseidene, vermeintlich steuerlich vorteilhafte Vorschläge ein. Informieren Sie sich bei ihrem Steuerberater, wie Ihre Buchhaltung auszusehen hat und welche Belege Sie für eine ordentliche Abrechnung benötigen.

Wie Sie möglicherweise in Kapitel 12 feststellen konnten, ist eine gelungene (!) Selbstvermarktung ein gutes Stück Arbeit. Man benötigt – je nach Intensität und Professionalität – nicht nur Eigenkapital, sondern auch jede Menge Zeit. Sowohl die zeitliche als auch die monetäre Investition möchten sich viele Frauen sparen, da sie erst einmal einen kleinen Einblick in die Branche erhalten wollen. Diese Vorgehensweise ist klug und ich handhabe sie bei meinem Einstieg ebenso. Über eine Escortagentur anzufangen, ist sicherlich sinnvoll und weitere Unterschiede bezüglich der Entscheidung, ob Independent oder Agentur, habe ich in Kapitel 11 aufgezeigt. Wie findet man nun die für sich passende Escortagentur bei dieser Masse an Angeboten im Internet?

Die Qualitätskriterien: Wer passt zu mir?

Wer genau zu Ihnen passt, kommt einzig und alleine auf Ihre Erwartungen an. Sie sollten sich deshalb als Erstes über Ihre Ziele im Klaren sein. Wie viele Aufträge/Termine möchten Sie im Monat, in der Woche, am Tag annehmen? Sind Sie eher an kurzen Dates oder längeren Treffen mit gesellschaftlicher Begleitung interessiert? Sind Sie bereit zu reisen oder möchten Sie nur in unmittelbarer Nähe den Job ausüben?

Um die für Sie richtige Agentur zu finden, hilft nur eines: *vergleichen, vergleichen, vergleichen!* Und zwar nicht nur die Preise, sondern auch die Fotos und Sedcards der Damen, die Texte, das Impressum und die Google-Platzierung, denn auch Sie wollen später ja gefunden werden. Auch sollten Sie sich mit diversen Agenturinhabern zum persönlichen Gespräch treffen, um einen Eindruck und Vergleichsmöglichkeiten zu erhalten. Aber der Reihe nach:

Manche Agenturen stellen verschiedene Preisstaffelungen auf (Bronze, Silber, Gold etc.). Informieren Sie sich vorab, wie diese Staffelungen zustande kommen und ob Sie gegebenenfalls Ihr Honorar und die Mindestbuchungsdauer selbst festlegen können.

Wie wirken die Fotos auf Sie? Sind die Damen stilvoll und professionell (Frisur, Make-up, Mode) in Szene gesetzt oder wirken die Bilder eher wie Handyknipsexemplare eines bösen Ex-Freundes? Wie ist die Sedcard gestaltet? Finden Sie dort eloquente, die Persönlichkeit erfassende Texte oder eher eine Auflistung von Sexdienstleistungen? Wie sind die Texte der Seite geschrieben? Wird womöglich besonders auf das Wohlergehen der Damen hingewiesen oder lautet der Grundtenor eher: *Unsere Damen machen alles und für jeden?* Enthalten die Texte Rechtschreibfehler, Ausdrucksfehler oder schlechte Übersetzungen?

Das Impressum sollte ausnahmslos ein deutsches sein, da es ein Zeichen von Seriosität ist. Zum einen können Sie, im Fall der Fälle, Ihre Ansprüche juristisch besser durchsetzen, als wenn der Firmensitz in Timbuktu liegt. Zum anderen wird aber auch eine Agenturleiterin bei einem Sicherheitsnotfall die Polizei selbstverständlicher informieren, als wenn die Escortagentur im Ausland geführt wird.

Eine seriöse Escortagentur sollte zudem …

… Zeit für ein persönliches Beratungsgespräch
  und ihre Fragen haben.

… Deutsch und mindestens noch eine Fremdsprache sprechen.

… Sie über Risiken und Vorschriften aufklären
  (kein Sprung ins kalte Wasser).

… Ihnen bei Fragen zu Buchhaltung etc. behilflich sein. Ihnen
  womöglich den Steuerberater ihres Vertrauens vermitteln.

… einen ausgesprochen höflichen, respektvollen Umgangston
  wählen, auf Ihre Wünsche und Bedürfnisse eingehen.

… Sie ernst nehmen.

… Sie bei der Suche nach einem Fotografen unterstützen
  oder selbst einen bezahlbaren Hausfotografen haben.

… über lückenlose, gewissenhaft ausgeführte
  Sicherheitsmaßnahmen verfügen.

Eine Escortagentur darf Ihnen niemals Präsenzzeiten vorschreiben (als Unternehmerin sind Sie nicht weisungsgebunden) oder Ihnen womöglich noch bestimmte Sexualpraktiken nahelegen und somit (indirekt) Druck auf Sie ausüben in der Art: Wenn du dieses und jenes nicht tust, erhältst du eben keine Aufträge. Von solchen Gepflogenheiten, die stark an kriminalisiertes Rotlichtmilieu erinnern, ist dringend Abstand zu nehmen! Es gibt genügend seriös arbeitende Agenturen in Deutschland und davon werden immer mehr von ehemaligen Escortdamen geführt.

Die Arbeitsweisen von Escortagenturen sind in der Tat sehr unterschiedlich. Beachten Sie bitte immer, dass sich Umgangston und Einstellung der Agentur Ihnen gegenüber auch auf die Escortkunden überträgt. Eine Agentur hat in erster Linie hinter ihren Damen zu stehen. Die Damen sind die Auftraggeber der Agentur, nicht die männliche Kundschaft.

Aufnahmegebühr? Wofür?

Eine reine **Aufnahmegebühr** wird von Agenturen meist nicht verlangt. Kosten, die dennoch anfallen, sind die für Fotoshootings und Erstellung der Sedcard. Da viele Agenturen eigene Hausfotografen haben, um ein einheitliches Image auf der Website zu bewahren, müssen meist diese in Anspruch genommen werden. Eigene, mitgebrachte Fotos werden selten bis gar nicht verwendet, zumal oft die Fotorechte nicht schriftlich geklärt sind.

Viele Damen, die in den Escortservice einsteigen möchten, besitzen jedoch keine finanziellen Ressourcen, um die Kosten für das Erstshooting begleichen zu können. Hier bieten einige Agenturen ihren Damen an, mit den Gebühren in Vorleistung zu gehen, binden im Gegenzug die Dame jedoch an eine bestimmte Vertragsdauer. Wenn die Dame vor der Vertragsdauer die Zusammenarbeit mit der Agentur beenden möchte, fällt eine Gebühr (meist die des Shootings) an. Die Shootinggebühren sind von Agentur zu Agentur sehr unterschiedlich und betragen zwischen 1 und 500 Euro.

Einige Agenturdamen sehen die Gebühr bei vorzeitigem Austritt als eine Art Strafzahlung an. Dies müsste sicherlich im Einzelfall geprüft werden. Doch grundsätzlich muss auch Ihnen im Vorfeld klar sein, dass Sie ein gewisses unternehmerisches Risiko immer zu tragen haben. Sie sind auch bei Agentureintritt eigenständige Unternehmerin. Mir ist kein Unternehmen bekannt, das völlig ohne Investitionen im Voraus in der Lage wäre, Umsätze zu generieren.

Independent-Damen, die sich selbst vermarkten, investieren in Fotos, Website, Werbung und jede Menge Zeit. Auch sie würden auf ihren Kosten sitzen bleiben, würden sich ihre Maßnahmen nicht auszahlen.

Solche Vorgehensweisen der Agenturen sind vielleicht einfacher vor dem Hintergrund zu verstehen, dass auch sie sich in gewisser Weise absichern müssen, um wirtschaftlich handeln zu können bzw. um überhaupt existieren zu können.

Deshalb gilt auch für Vereinbarungen dieser Art: Lesen Sie den Vertrag genau durch. Lassen Sie sich *Zeit* und holen Sie notfalls zur Verständlichkeit eine zweite Person dazu. Nur wenn die Vertragsbedingungen der Agentur Ihren Vorstellungen entsprechen, sollten Sie sich auf eine Zusammenarbeit einlassen.

Der Vertrag: Fairplay oder Fesseln?

Es gibt Agenturen, die arbeiten mit Verträgen, und solche, die arbeiten ohne. Es ist keine Aussage darüber zu treffen, welche Form nun die bessere ist. Wichtig ist vielmehr: Wenn ein Vertrag vorliegt, welche Regelungen sind darin festgehalten? Selbst wenn beide Parteien unterschreiben, so heißt das noch lange nicht, dass dieser Vertrag auch Rechtsgültigkeit vor Gericht besitzt.

In einem Vertrag kann alles mündlich Vereinbarte schriftlich festgehalten werden, zum Beispiel wie mit den Fotos der Dame umzugehen ist. Dürfen diese ohne Unkenntlichmachung in einem geschlossenen Bereich auftauchen? Falls ja, zu welchen Bedingungen? Darf die Agentur die Fotos womöglich nach Austritt aus der Agentur weiterverwenden (bloß nicht!)? Und wann entfernt die Agentur die Bilder nach Austritt? All das sind Fragen, die es zu regeln gilt. Eine Community, bestehend aus Agenturen und einem Anwalt, hat sich die Mühe gemacht, einen Muster-Vertrag zu entwerfen, der von jeder Agentur kostenfrei übernommen werden darf. Für Sie als Escortdame dient dieser Vertrag der Veranschaulichung, um zu sehen, welche Punkte grundsätzlich angesprochen werden sollten und was in einen solchen Vertrag alles hineingehören kann. Der Muster-Vertrag steht Ihnen im Anhang und zudem gratis auf escort-coach.de zur Verfügung.

Die Probleme: kommen vor

Und das nicht zu knapp! Am 13.11.2012 wurden bei Akte 20.12 auf Sat.1 die Machenschaften einer Escortagentur offengelegt, wie ich sie selbst noch nie zuvor in dieser Schwere wahrgenommen habe. Zwar werde ich regelmäßig seit 2008 über unschöne Vorkommnisse mit diversen Escortagenturen informiert, doch strafrechtlich relevante Vorwürfe, wie in dieser Sendung aufgezeigt, kamen mir bis dato nicht zu Ohren. Um den Nachahmungseffekt zu vermeiden, führe ich die makaberen Vorgehensweisen der Agenturleiterin hier nicht im Detail aus.

Dass Konkurrenz das Geschäft belebt, sollte eigentlich ein Vorteil für die agentursuchenden Damen sein, da sich Agenturen immer mehr auch um gut aussehende, charmante Damen bemühen müssen. Die Kehrseite der Medaille ist jedoch, dass der Escortmarkt immer härter umkämpft wird und somit natürlich auch Kunden entsprechend selektieren. Die Geiz-ist-geil-Mentalität macht auch vor der Escortbranche nicht halt. Am liebsten alles und am liebsten günstig. Das ist die Masse der Anspruchslosen.

Nach oben wird die Luft dünn und so versuchen einige Agenturen, mit einem besonders guten Service ihrer Damen zu punkten. Um sich dauerhaft einen guten Ruf in der Escortwelt zu verschaffen, wird entsprechend Druck in Bezug auf das Serviceangebot der Damen ausgeübt. Plötzlich erhalten die Damen Vorschriften oder auch agenturinterne »Empfehlungen«, bei einem Overnight beispielsweise mindestens zwei oder drei Mal mit dem Kunden Sex haben zu müssen. Bei Nichterfüllung wird mit Auftragseinbußen oder sogar Strafgeldern gedroht. Und obwohl sich Agenturinhaber durch solche Aussagen bereits mit einem Fuß im Gefängnis befinden, sind das keine Einzelfälle.

Auch werden offene Provisionsforderungen durch einige Agenturen mit Hilfe von Druckmitteln durchzusetzen versucht. Da sind an erster Stelle das Verbleiben von Fotos auf der Website trotz Vertragsbeendigung mit der Agentur, das Drohen von »Eintreibern«, der Erpressungsversuch und das Ausführen eines Outings bei Familie, Arbeitgeber oder Universität. Manch männliche Agenturinhaber regeln das mit der Provision aber auch ganz anders: Sie kommen bei der Escortdame zu Hause vorbei, um sich die Provision persönlich in Verbindung mit einem Blowjob abzuholen. Allen Ernstes wurde ich von einer Dame gefragt, ob das normal sei und ob das alle Agenturinhaber so handhaben würden.

Auch wenn es um die Terminvermittlung geht, kann es zu Problemen kommen. Da werden Blitzmetamorphosen der Dame erwartet: rein ins Bad, nach fünf Minuten aussehen wie eine Primadonna, um 30 Minuten später beim Kunden vor der Türe zu stehen. Auch veranschlagen manche Agenturen feste Präsenzzeiten oder permanente Verfügbarkeit für kurzfristige Anfragen.

Doch auch auf die Bedürfnisse und Wünsche der Escortdamen – der Auftraggeberinnen wohlgemerkt! – in Bezug auf die Treffen wird oft zu wenig bis gar nicht eingegangen: Serviceangebot, Alters- und Gewichtsbegrenzung beim Kunden, Raucher/Nichtraucher oder Kleidungswünsche des Kunden werden oft missachtet. Agenturinhaber fürchten Umsatzeinbußen, wenn Damen zu wählerisch werden, und ersticken Wünsche dieser Art deshalb direkt im Keim.

Probleme können auch entstehen, wenn die Agentur ihre Arbeit grundsätzlich schlecht macht, das heißt nicht genügend auf die Sicherheit der Damen achtet, falsche Serviceinformationen an den Kunden übermittelt, um den Auftrag sicher zu haben, Kundenwünsche bezüglich Kleidung etc. nicht an die Dame weiterleitet. Das alles kann vor Ort zwischen den Beteiligten für Missstimmungen sorgen. Der Kunde bekommt das Gefühl, übers Ohr gehauen worden zu sein, und die Escortdame zweifelt immer mehr an der Berechtigung der Agentur, eine Provision für die Vermarktung ihrer Dienstleistung zu kassieren.

Doch nicht nur Agenturen sind Auslöser für Probleme. Auch viele Escortdamen halten sich schlichtweg nicht an Vereinbarungen, die mit der Agentur im Vorfeld besprochen wurden. Häufig verstoßen sie gegen die Exklusivvereinbarung, sich nur von einer Agentur vermitteln zu lassen, oder sie stecken dem Kunden ihre Telefonnummer zu, um sich bei einem wiederholten Treffen vor der Agenturprovision zu drücken. Zusätzlich sind manche Damen einfach unorganisiert, unpünktlich und unzuverlässig – sehr zum Leidwesen des Kunden und der Escortagentur. Auch nehmen es einige Agenturdamen mit der Sicherheit nicht so genau, vergessen, sich nach dem Date abzumelden, oder verlieren sich im Rotweingelage mit dem Kunden und lösen somit einen Polizeigroßeinsatz aus, da die Sicherheitsabmeldung verschwipst wurde.

In der Tat ist es so, dass der Dienstleistungsgedanke *Die Agentur arbeitet für die Frau* häufig zu kurz kommt. Das mag zum einen an der passiven Haltung der Agenturdamen liegen, zum anderen aber auch an den wirtschaftlichen Zielen der Escortagentur.

Mein Escort-Coaching-Tipp

Ehe Sie sich eine Agentur suchen, sollten Sie sich darüber im Klaren sein, was Sie möchten. Eine aktive Haltung, ein unternehmerisches, verantwortungsbewusstes Denken nimmt Ihnen auch als Agenturdame niemand ab. Sie müssen sich in jedem Fall als eigenständige Unternehmerin begreifen, die eigenverantwortlich handelt. Bei der Zusammenarbeit mit einer Agentur beauftragen Sie die Agentur mit Ihrer Vermittlung. Das heißt ganz konkret: Die Agentur arbeitet für Sie und nicht Sie für die Agentur. Die Agentur arbeitet auch nicht für die männliche Kundschaft, sondern ausschließlich für Sie.

Nichtsdestoweniger kann eine Agentur natürlich im Vorfeld ebenso festlegen, mit wem und zu welchen Bedingungen sie ihre Dienstleistung anbieten möchte. Nicht alle Bedingungen sind zwingend gesetzeskonform und so würden sicherlich auch nicht alle Agenturverträge vor Gericht standhalten.

Sollten gewisse Bedingungen einer Agentur bereits im Vorfeld nicht Ihren Vorstellungen entsprechen, sei es die Exklusivvereinbarung oder bestimmte Servicewünsche, wie Oralverkehr ohne Kondom, so lassen Sie am besten direkt die Finger davon. Vor Vertragsunterzeichnung sollten beide Parteien ehrlich zueinander sein. Vorgeschobene Harmonie oder ein »Ach, ich mach's dann sowieso, wie ich will« führt auf lange Sicht nur zu Problemen.

Um die richtige Agentur für sich zu finden, hilft nur eines: vergleichen, vergleichen und nochmals vergleichen. Ihr Ziel sollte es sein, mit einer Agentur eine Win-win-Situation zu schaffen.

Druck – egal in welcher Art und Weise – ist ein absolutes No-Go und nicht tolerierbar.

Sie sollten sämtliche in Kapitel 9 beschriebenen Eigenschaften, Fähigkeiten und Fertigkeiten selbstverständlich auch als Agenturdame mitbringen, hierzu gehören auch Ehrlichkeit, Verschwiegenheit und Zuverlässigkeit.

14 Das erste Date – Gefühlsachterbahn

Das erste Date im Escortservice ist vergleichbar mit dem ersten Kuss oder dem ersten Mal: Man ist aufgeregt, hat Herzklopfen, die Gefühle tanzen von Neugierde über Nervenkitzel bis hin zu Nervosität, da man nicht weiß, was einen genau erwartet und: Seinen ersten Kunden vergisst man wohl nie. Doch auch unter Kunden ist es besonders beliebt, eine »Neue« einzuführen bzw. von ihr »eingeführt« zu werden. Ehe ich auf die sachlichen Dinge in diesem Kapitel zu schreiben komme, möchte ich Sie mit meinem »ersten Mal« ein wenig einstimmen.

Mein erstes Mal

Ich war bereits 24 Jahre alt, wog 58 kg bei 1,67 m und war sowohl optisch als auch charakterlich eher das nette Mädel von nebenan. Klar ist: Männer sind bereit, für Sex zu bezahlen, und nachdem ich die SMS der Agentur über den Auftrag erhalten hatte, war klar: auch für Sex mit mir. Ich erhielt die SMS bereits nachmittags gegen 15 Uhr an einem kalten Novembertag und sollte gegen 20 Uhr im tiefsten Engadin beim Kunden sein. Nachdem Navigationssysteme zu dieser Zeit noch nicht existierten, jedenfalls nicht in meinem Auto, plante ich eine entsprechende Anreise ein, um auch pünktlich zu erscheinen. Ich glaube, an diesem Nachmittag fand das längste und ausgedehnteste Zurechtmachen ever statt. Unmittelbar nach der Agentur-SMS sprang ich unter die Dusche und tat alles, was frau eben so macht und in TV-Sendungen zu sehen ist. Dabei darf das obligatorische Halterlose-Strümpfe-Überziehen oder Wimperntuschen natürlich nicht fehlen. Auf die Strümpfe verzichtete ich jedoch, denn ich war auch wie das nette Mädel von nebenan bekleidet. Ich trug eine Jeans, ein Oberteil und Schuhe. Unterwäsche trug ich auch. Ich kaufte mir drei Jahre zuvor mal ein schönes Wäscheset aus Samt von Marie Jo, das immer zu »besonderen« Anlässen hervorgeholt wurde. Dann war es so weit. Es war 18 Uhr und ich musste los. Völlig aufgedreht stieg ich in mein Auto und gab Gas. Während der Fahrt gingen mir tausend Gedanken durch den Kopf:

Was mache ich, wenn er alt und hässlich ist?
»Was mache ich, wenn er nicht sauber ist? Hoffentlich riecht er nicht aus dem Mund und hat sich die Füße gewaschen.« Die Agentur riss mich mit einem Anruf aus meinen Gedanken und sagte mir, der Kunde würde sich schon sehr auf mich freuen. Sie hätte ihm natürlich gesagt, dass er »mein Erster« wäre. Genau darauf würde er sich besonders freuen. Für Männer kommt eine solche Position fast schon der des Entjungferers gleich. Man wollte das kleine Mädel ja nicht erschrecken und möchte ganz vorsichtig sein. Der Anruf beruhigte mich ungemein! Ich wusste, mir wird dort nichts passieren. Dieser Nervenkitzel, der fast unangenehm war, verwandelte sich somit in Neugierde – und Erregung. Ich begann, mich sexy zu fühlen, so unscheinbar ich vielleicht auch daherkam. Ein Mann wollte mich buchen. Er hätte sich auch eine andere aussuchen können, doch er wollte mich. Diese Gewissheit stärkte mich und gab mir eine gewisse Selbstsicherheit. Ich hatte nicht das Gefühl, dort hinzufahren und jemanden bedienen zu müssen. Ganz im Gegenteil sogar. Da war jemand, der wollte mich treffen – und dann auch noch für Geld. Dieser Gedanke schmeichelte mir und Freude stieg in mir auf. Was wird das wohl für ein Mann sein, der mich gerne erwartet und sich darauf freut, »mein Erster« zu sein? Wird es auch für mich einer Entjungferung gleichkommen – hoffentlich einer schöneren als der echten?

Ich liebte das Autofahren. Oft bin ich einfach nur so Auto gefahren, um mich zu entspannen, gute Musik dabei zu hören oder einfach nur, um schöne Plätze ausfindig zu machen. Jetzt hatte ich zwei Stunden Gelegenheit, während dieser entspannenden Tätigkeit meine Gedanken schweifen zu lassen.

Werde ich mich danach schmutzig fühlen?
Werde ich mich vor mir selbst ekeln, vor ihm oder vor Männern allgemein? Ich fand mich ganz schön crazy. Na ja, aber das war ich
von mir schon gewohnt. Kein Abenteuer auslassen. Als Jugendliche
bin ich getrampt, später mit dem Fahrrad alleine von München zum
Gardasee gefahren und als junge Frau gerne nachts um eins joggen
gegangen – ich genoss diese Stille. Lebensbedrohliche Angst kannte
ich kaum in meinem Leben.

Ich bog von der Hauptstraße aus nach links in ein kleines
Wohngebiet ein, wo sich die gepflegten Grundstücke gute Nacht
sagten. Ich hatte die Anweisung, nicht unmittelbar vor der Haustür zu parken, sondern in einer Nebenstraße, da das Autokenn-
zeichen unerkannt bleiben sollte. Ich lief also auffällig unauffällig
(kann man wirklich unauffällig sein, wenn man das möchte?) die
paar Meter zu seinem Haus. Ganz genau: Es war ein Hausbesuch
und die Herrin des Anwesens in weiter Ferne. Mich begrüßte ein in
die Jahre gekommener Herr, an die 60, äußerst zuvorkommend und
freundlich, indem er mich, natürlich erst als die Haustüre wieder
ins Schloss gefallen war, herzlich umarmte und drückte. Er roch gut
und bestätigte mir nochmals, wie sehr er sich auf mich gefreut hatte.
Eine Aussage übrigens, die ich auch später noch von vielen Herren zu hören bekam. Sie freuen sich auf die Damen, die ihnen eine
schöne Zeit bereiten, bei denen sie so sein dürfen, wie sie sind –
ohne Scham, ohne falsche Moralvorstellungen, ganz Mann, mit all
ihren Bedürfnissen und Wünschen – auch im Schwanz.

Er hatte das Licht gedimmt, Kerzen angezündet, den Sekt kalt
gestellt – die Champagnerklientel sollte noch ein paar Jahre auf sich
warten lassen – und die Pralinen auf dem Wohnzimmertisch plat-
ziert. Dort talkten wir ein wenig small und tauschten erste Streicheleinheiten aus. Gerade ältere Herren lieben es, junge Frauen küssen
zu dürfen, doch mehr als ein bayerisches Bussi war nicht drin. Ich
wurde ja von der Agentur gebrieft: kein Küssen, kein Finger in die
Scheide – nur mit Kondom, auf Grund von Infektionen und Hygiene,
Oralverkehr und selbstverständlich auch Geschlechtsverkehr nur mit
Kondom. Daran hielt ich mich.

Für das Wesentliche zogen wir uns recht bald ins Schlafzimmer
zurück, in das eheliche, wohlgemerkt. Die Ehefrau lächelte mir von

der linken Bettseite aus entgegen. Aha, die linke war also seine Matratze. Ich frage mich ja bis heute, welchen Sinn es macht, sein Foto auf der anderen Bettseite zu platzieren, wenn man doch in natura danebenliegt. Möchte frau den Mann vielleicht jeden Morgen daran erinnern, wie sie eigentlich aussieht? Oder ist das bereits vorbeugend drapiert, weil sie insgeheim weiß, dass auch andere Frauen das eheliche Schlafgemach aufsuchen? Na wie auch immer. Ich ging erst duschen, nicht so lange, wie mir von der Agentur empfohlen wurde, denn ich wollte »es« schließlich bald hinter mir haben. Ich wollte endlich wissen, wie »es« sich anfühlt und ob »es« gut ist. Ich verzichtete darauf, nach der Dusche meine drei Jahre alten Dessous wieder anzuziehen, und legte mich, nur von einem weißen Handtuch umwickelt, zu ihm aufs Bett. Er hatte die Anstandsunterhose beim Entkleiden noch angelassen und so kamen wir uns, langsam aber sicher, näher.

Das Zimmer war in der Zwischenzeit ebenfalls mit Kerzen dekoriert, die den Raum in sanftes Licht tauchten. Er drehte mich vorsichtig auf den Bauch und begann, meine kalten Füße zu massieren. Warme, weiche Männerhände kneteten mit fein duftendem Mandelöl erst meine Füße, danach glitten sie über meine Oberschenkel und meinen Rücken. Er tat es behutsam, aber bestimmt. Genau wie ich es mochte. Dabei schloss ich die Augen und konnte es kaum fassen. Das ist es also, wofür man bezahlt wird? Ich entspannte mich dabei so gut es ging für das erste Mal. Seine Hände wurden nach und nach fordernder und ich spürte sein Begehren.

Das Besondere an seinem Schlafzimmer, oder besser gesagt das Nichtbesondere, war ein altmodischer Kleiderschrank mit großen Spiegelschiebetüren.

Ich beobachtete mich dabei ganz bewusst im Spiegel

Abgesehen davon, dass ich Spiegel beim Sex schon immer sehr reizend fand, war die Funktion dieses Mal trotzdem eine andere:

Richard David Precht erläuterte in einer Talkrunde bei Lanz am 23. November 2011 als Gast die Fragestellung aus seinem Buch WARUM STÖREN SPIEGEL BEIM KLAUEN? Er meinte, amerikanische Wissenschaftler hätten zu Halloween eine Untersuchung mit Kindern durchgeführt, wo diese die Chance hatten, Bonbons zu klauen. Die meisten Kinder nahmen die Gelegenheit reichlich wahr, nicht jedoch die Kinder, die sich bei ihrer Tat im Spiegel betrachten mussten. Die Wissenschaftler führen das Ergebnis der Untersuchung auf die Tatsache zurück, dass das Selbstbild und das, was wir tun, durch den Spiegel vernetzt würden. Der Mensch versuche in der Regel, sich moralisch in ein halbwegs gutes Licht zu setzen, was deutlich schwerer würde, wenn er sich bei seinem Tun, das nicht selbstbildkompatibel ist, beobachten könne. Im täglichen Leben wäre der Mensch ein Meister der Verdrängung und Verschiebung. Das ginge mit Spiegel nicht mehr. Der Mensch würde sein Tun nun bewusst sehen und erleben.

Was heißt das nun auf den Schlafzimmer-Schiebetürenschrank-Spiegel bezogen? Hätte ich sehen können, dass mein Handeln, nämlich Sex mit einem fast 40 Jahre älteren Mann, unmoralisch ist? Oder vielleicht, wenn man genauer hätte hinsehen wollen, dass mich seine Frau noch immer durch den Spiegel anlächelt? Oder vielleicht auch, dass ich einmal mehr merke, warum mir Sex vor dem Spiegel so gut gefällt? Ich meine, alles wäre möglich gewesen. Fakt ist aber in der Tat, dass ich uns beide ganz bewusst im Spiegel beim Sex beobachtete. Vor allem auch mich, mit recht klaren Gedanken im Kopf: Schau mal, du und dein erster Kunde. Du vögelst gerade das erste Mal für Geld. Du bist gerade das, was man im Jargon »Hure« nennt. Du und dein erster Kunde, der dich für Sex bezahlt. Und dann ist er auch noch so alt.

Zugegeben, das Stöhnen fiel mir bei diesem Kopfwirrwarr etwas schwer. Ich wartete während dieser Gedanken auf das vielbeschworene Ekelgefühl, das jede »käufliche« Frau angeblich empfinden würde. Das, von dem sie sich abspalte, wenn sie in diese Rolle schlüpfe. Doch es wollte einfach nicht kommen. Nicht in diesem Bett, vor diesem Spiegel, mit diesem Mann – und auch später nicht.

Die Zeit war um, er war glücklich und ich erleichtert. Ich ging nochmals duschen und konnte es schon wieder nicht fassen. Die Zeit ging so schnell vorbei und ich musste mich gar nicht überwinden. Im Gegenteil, ich konnte es sogar genießen. Er behandelte mich so zuvorkommend, umsichtig und respektvoll, dass ich mich wie eine ganz besondere Frau fühlte. Ich hatte eine solche Wertschätzung schon lange nicht mehr verspürt und mir fiel ein großer Stein vom Herzen.

Der Abschied war kurz und herzlich und ich freute mich auf die zwei Stunden Autofahrt nach Hause, in denen ich das Date noch einmal in mir nachwirken lassen konnte.

Verruchtheit, Stolz und Sexiness

Ich fühlte mich wahnsinnig gut. Es war eine Mischung aus Verruchtheit und Stolz, Sexiness und Begehren und mir war klar, ich hatte in diesem Moment gegen eine gültige Norm verstoßen. Ich hatte Sex gegen Geld. Ich habe mich berühren lassen für Geld. Ein Mann durfte seine Lust an meinem Körper befriedigen und ich bekam Geld. Nein, das fühlte sich nicht schlecht an. Ich fühlte mich auch nicht schmutzig danach. Es fühlte sich spannend an, verrucht und geheimnisvoll.

Ich rief die Agentur an und sagte ihnen, dass alles super war. Der Mann toll war, ich total begeistert bin und mich schon auf den nächsten Kerl freuen würde.

Zu der ganzen Verruchtheit kam das Wissen, einen Menschen, nämlich diesen Mann, glücklich gemacht zu haben. Es war eine herzliche Begegnung auf beiden Seiten. Das Foto von der Ehefrau konnte ich an diesem Tag noch gut wegstecken. Ich bemerkte sie wohl, dachte aber, es gehöre wohl dazu, wenn man im Escortservice arbeitet. Später änderte ich meine Einstellung dazu.

Ist diese Geschichte in etwa das, was Sie sich so vorstellen, wenn Sie an Escortservice denken? Wohl eher kaum. Bei Escortservice denkt man an 5*-Hotels, Paris, London, New York, Businessmänner von Welt, Champagner in Strömen und puren Luxus. Doch hätte das nette, naive Mädel von nebenan wirklich in so eine Welt gepasst? Ich meine nicht. Und doch zeigt meine Geschichte sehr schön auf, wie es laufen kann in der Branche. Ich bin nicht mit einer Mindestbuchungsdauer von vier Stunden eingestiegen, und das war gut so. Für den Anfang habe ich es als besonders befreiend empfunden, dass das Date zeitlich so beschränkt war.

Wenngleich die meisten Erfahrungen gut waren, so wusste ich durch die Agentur doch nie mehr von den Männern als den Namen und eine Adresse. Manchmal noch Dessous- und Outfitwünsche, das war's. Der Nervenkitzel im Voraus nahm also nie wirklich ab. Routiniert wird man nicht, da jeder Kunde anders und jede Situation eine neue ist. Trotzdem wurde ich entspannter, als ich zu meiner Independent-Zeit vorab Kontakt zum Kunden aufnehmen und somit vorfühlen konnte.

Sie sehen also, auch im Erotikgewerbe ist ein Aufstieg möglich. In Interviews gab ich manchmal mit einem Augenzwinkern von mir, ich hätte mich eben »hochgeschlafen« – ganz offiziell. Wobei ich meinen Aufstieg nicht darin begründet sehe, dass Ein-Stunden-Dates (Callgirl) weniger »wert« sind, als »Mehr-Stunden-Dates« (Escort). Ich sehe meinen Aufstieg darin, dass ich sowohl die Rahmenbedingungen als auch die Kundschaft immer mehr meinen persönlichen Bedürfnissen anpassen konnte und damit sogar noch kräftige Honorarerhöhungen durchsetzte. Was konkret schon bedeutete: weniger Männer, dafür intensivere Begegnungen zu gleich viel Geld unterm Strich. Und mein Bedürfnis war genau dieses: intensivere Begegnungen, dafür weniger Wechsel.

So, genug von mir erzählt. Mein Coaching baut ganz klar auf meine spätere Karriere im Escortservice bzw. auf die Zeit als *Kurtisane der Moderne* auf.

Die Reiseplanung: Zeit ist Geld

Sollten Sie bei einer Agentur sein, übernimmt diese oftmals die **Reiseplanung** für Sie. Falls nicht, sollten Sie alle ihnen hierfür zur Verfügung stehenden Mittel nutzen, das heißt in erster Linie Internet, inklusive Staumelder, Bahn- oder Flugverbindungen. Planen Sie Ihre Reise so rechtzeitig wie möglich und planen Sie vor allem immer genügend Pufferzeit auf Grund von Staus, Zugausfällen oder Verspätungen mit ein. Eine kleine Zugverspätung, die Sie Ihren Anschlusszug verpassen lässt, kann sich am Ende auf gut zwei Stunden verlängern. Nehmen Sie sich am besten ein gutes Buch mit, damit Sie bei verfrühter Anreise nicht gelangweilt vor dem Hotel auf und ab gehen. Fakt ist, sollte eine Verspätung in Aussicht stehen, ist der Kunde sofort zu informieren. Das gebietet schlichtweg die Höflichkeit. Auch, wenn es sich »nur« um fünf Minuten handelt.

Wenn Sie im Direktkontakt mit dem Kunden stehen, sollten Sie sich bereits im Voraus darüber informieren, wie er im Fall der Fälle am liebsten kontaktiert werden möchte. Sitzt er selbst gerade im Zug auf dem Weg zum Hotel, ist ein Anruf sicher möglich. Nimmt er jedoch noch unmittelbar vor der Verabredung mit Ihnen an einem Geschäftsmeeting teil, könnte ein Anruf äußerst störend und indiskret sein. Ein solch unsensibles Verhalten könnte sich im Anschluss negativ auf das Treffen auswirken.

Der Buko: Beischlafutensilienkoffer

Alles, was Sie nicht vergessen sollten, befindet sich im Beischlafutensilienkoffer. Ich packe in dieses Kapitel auch noch die Handtasche und den Reisekoffer mit hinein.

Handtasche

Die **Handtasche** haben Sie selbstverständlich immer am »Mann«, allen voran Ihre persönlichen Dinge, wie Handy, Portemonnaie und Personalausweis. Sollten Sie mit dem Auto anreisen, bietet es sich an, Portemonnaie, Personalausweis, Führerschein und andere Sie identifizierende Papiere und Karten dort zu lassen. Ein Telefon sollte schon alleine auf Grund von Sicherheitsmaßnahmen immer mitgenommen werden. Reisen Sie mit öffentlichen Verkehrsmitteln an und haben persönliche Dinge in Ihrer Handtasche, ist es umso wichtiger, diese niemals unbeaufsichtigt beim Kunden zu lassen. Nie, niemals. Auch beim kurzen Toilettengang ist Ihre Handtasche wie Ihre beste Freundin. Und Männer wissen schließlich, dass Frauen »immer zu zweit auf die Toilette gehen«.

Was haben Sie noch in Ihrer Handtasche? Lippenstift und Lipliner zum Nachziehen; Zahnseide, denn Speisereste in den Zahnzwischenräumen nach dem Essen sind ein absolutes No-Go; die Nagelfeile für alle Fälle; Wimperntusche, Kajalstift, Puder und Concealer, um das Make-up schnell und effektiv auffrischen zu können. Wenn Sie nun noch Ihr Parfüm unterbekommen (besser eine Probe Ihres Lieblingsparfüms), eine Packung Papiertaschentücher, (farblosen) Nagellack, eine kleine Taschenlampe und Sicherheitsnadeln/Näh-Set, kann Ihnen (fast) nichts mehr passieren. Der farblose Nagellack dient eher dazu, eine noch nicht sichtbare Laufmasche im Keim zu ersticken, der farbige, mögliche Nagellackschäden zu reparieren. Was das Näh-Set angeht, so habe ich mich gerne in den 5*-Hotels bedient und mir eine kleine Sammlung an Utensilien zugelegt. Das genügt wirklich für Knopf und Co. Die kleine Taschenlampe ist immer dann sehr hilfreich, wenn bei Dunkelheit der Autoschlüssel oder anderes in der Handtasche schneller gefunden werden soll.

Buko
Der **Beischlafutensilienkoffer** gehört für viele Frauen zur **Grundausstattung** eines Dates. Darin findet man neben Dufteelichtern und Streichhölzern auch CDs, fein duftende Massageöle, selbstverständlich jede Menge **Kondome** (in verschiedenen Größen!), kondomkompatibles Gleitgel (fettfrei) und allerhand erotische Spielereien, wie Toys, Handschellen (nur bei ihm anzuwenden!), verschiedene Wäschesets, ein paar Ersatzstrümpfe und flache Schuhe für die Reise. Ich schreibe, »für viele Frauen« gehört ein solcher Buko zur Grundausstattung, da er bei mir nicht immer dazugehörte. Da ich an Toys und diversen Spielsachen kein Interesse hatte und auch sonst keine erotische Dessousmodenschau vorführte, kamen die paar Kondome und das Duftmassageöl immer in meiner Handtasche unter. Für Overnights stattete ich mich hingegen besser aus, was dann wiederum in den Reisekoffer passte.

Zum **Gleitgel** ist zu sagen, dass es die Sicherheit von Kondomen enorm erhöht. Ich hatte zu meiner aktiven Zeit jedoch immer versucht, ohne auszukommen, was bedeutet: sein eigenes Gleitgel zu produzieren, was zugegebenermaßen sehr vom Mann abhängt. Hinzu kommt, das lässt sich nicht ganz vermeiden: Gleitgel gibt dem Date – sofern es unsensibel angewandt wird – einen Touch von Routine. Die wenigsten Escortkunden mögen diese Art der vorbereitenden Befeuchtung (s. hierzu auch Kapitel 15), da sie den Anschein erweckt, die Frau hätte nicht wirklich Lust auf Sex und natürlich auch nicht auf ihn als Mann. Hier ist echtes Fingerspitzengefühl in der Handhabung gefragt. Wenn das Gleitgel bei Runde Nr. 3 zum Einsatz kommt, ist es sicherlich für den Kunden verständlicher, als wenn es in den ersten fünf Minuten ausgepackt und aufgetragen wird. Man könnte es beispielsweise in das Liebesspiel mit einbeziehen, denn es gibt fettfreies Gleitgel, das sich auch als Massageöl eignet.

In einem kabarettistischen Interview wurde ich einmal gefragt, wie lang 20 Zentimeter wären. Ich antwortete spontan: Aus Männer- oder aus Frauensicht? Zugegeben, das Publikum verstand meinen Humor und ich sorgte so für Heiterkeit. Bei manchen Männern jedoch hört spätestens hier der Spaß auf! Deshalb ist Sensibilität auch gefragt, was die Kondomgröße angeht, denn er möchte seinen liebsten Freund und Helfer besser nicht in einem XS-Kondom sehen.

Reisekoffer

Achten Sie beim Kauf Ihres **Reisekoffers** darauf, dass dieser leicht, handlich und mit Rollen versehen ist. Je nachdem, ob die Begleitung in der warmen oder kalten Jahreszeit stattfindet, sind auch unterschiedliche Koffergrößen ratsam. Ein zu kleiner Koffer kann Kleidungsstücke zusammenpressen, so dass es zu unschönen Knitterfalten kommt. In einem zu großen hingegen rutscht bei einem Flug alles durcheinander und sieht besonders beim Entpacken im Hotel sehr schlampig aus. Achten Sie außerdem darauf, mit »ordentlichem« Gepäck anzureisen. Auch »nur« ein Koffer ist ein Accessoire, das Ihr Image prägt. Besonders geeignet zum Verreisen sind auch Kleidersäcke für Kostüme oder Kleider, die im Koffer sonst leicht knittern. Wer besonders empfindliche Stoffe mit sich trägt, für den empfiehlt sich außerdem ein kleines Reisebügeleisen und um dieses auch im Ausland nutzen zu können, ein internationaler Steckdosen-Adapter. Sollte man diesen vergessen haben, erhält man ihn zur Not auch noch am Flughafen. Wegen der Sicherheitsvorschriften am Flughafen bietet es sich an, den Koffer mit allen Kosmetikprodukten einzuchecken und den Kleidersack, Laptop etc. mit in die Kabine zu nehmen. Es empfiehlt sich, Blusen und andere empfindliche Garderobe mit Seidenpapier zusammenzulegen, damit sie keine Falten bilden. Nehmen Sie unbedingt nur jene Kleidungsstücke mit, die in Ordnung sind. Also fehlende Knöpfe entweder noch annähen oder das Teil zu Hause lassen. Ebenso verhält es sich beim Schuhwerk. Schuhe mit kaputten Absätzen bleiben grundsätzlich weg vom

Fuß und somit auch dem Koffer fern. Sie werden mit der Zeit beim Kofferpacken routinierter werden, doch eine einmal erstellte Liste, die gegebenenfalls ergänzt wird, bietet sich an und erleichtert die Reisevorbereitung ungemein, damit auch nichts vergessen wird.

Das Styling: bieder oder billig?

Normalerweise: weder noch. Eine Mischung aus Eleganz und Erotik darf es sein, sexy, aber nicht aufdringlich, figurbetont, aber nicht zu kurz. Erotische Reize dürfen und sollen partiell gesetzt werden. Das kann in einer knackig sitzenden Jeans mit High Heels der Po sein, in einer eleganten Hose die fein ausgeschnittene Bluse oder der eng sitzende, nicht zu kurze Rock. High Heels heben den Po und machen (fast) jedes Outfit zu einem Hingucker. Der Gang wird femininer, die Hüften wiegen harmonisch und der Oberkörper samt Busen ist aufrechter – sofern man in ihnen gehen kann. In High Heels ist Körperspannung angesagt, die mit einem zu gewagten **Outfit** schnell billig wirken kann. Doch selbstverständlich wirken noch mehr Dinge als das Outfit an sich. Sind die Fingernägel echt oder künstlich? Falls künstlich, wie künstlich? Sind sie gepflegt und in Form gefeilt? Sind sie lackiert? Farblos, dezent oder knallig? Wie sehen die Haare aus? Sind die langen, blondierten Haare gepflegt oder gleichen sie eher einem Strohbündel? Ist die blonde Hochsteckfrisur gekonnt gesteckt oder erinnert sie an ein unbewohntes Vogelnest? Selbstverständlich sollte auch die gesamte Körperpflege, wie in Kapitel 9 (Cleopatra) erwähnt, nicht zu kurz kommen.

Oft wurde ich in meinen Coachings gefragt: »Was zieht eine Escortdame beim Date an? Muss sie *Designerkleidung* tragen?«

Zum einen spielen natürlich Kundenwünsche eine Rolle, wobei Männer eher einfach gestrickt sind. Viele mögen den klassischen Businesslook (Rock, Bluse, Strümpfe, High Heels), wohl weil sie der Meinung sind, man würde die Escortdame nicht als solche erkennen und sie eher für eine Arbeitskollegin halten. Dabei ist es in der Zwischenzeit schon so, dass das der klassische Escortlook ist. Achten Sie einmal darauf, wenn Sie in ein 4*-, 5*-Sterne-Hotel kommen und eine hübsche Businessdame wartend in der Lobby sitzt. Es gibt jedoch auch Kunden, die in der Tat den Luderlook bevorzugen und auch nichts dagegen haben, so mit der Dame essen zu gehen. An dieser Stelle müssen einfach Sie entscheiden, wie weit Sie gehen möchten und wann die Grenzen zur Scham beginnen. Kleidungsstücke, die man nicht in der Öffentlichkeit tragen möchte, könnte man auch mitnehmen und für die schönen Stunden zu zweit auf dem Hotelzimmer anziehen. Sollten Sie sich über eine Agentur vermitteln lassen, ist es besonders wichtig, dass hier die **Kommunikation** 1A funktioniert. Kundenwünsche jeglicher Art müssen Ihnen von der Agentur mitgeteilt werden.

Typische Designermode mit präsenten Logos ist kein zwingendes Must-have im Escortservice. Zwar definieren sich manche Escortdamen gerne über teure Labelgarderobe, doch viele geben sich damit auch der Lächerlichkeit preis. Bei einigen Damen erinnert dieses Verhalten an Schaumschlägerei, was beim Kunden meist auf Ablehnung stößt. Das gilt insbesondere dann, wenn die Dame die Kleidung nicht authentisch trägt. Diese Frauen verwechseln »Kleider machen Leute« mit »Label machen Leute«.

Ich habe zu meiner Zeit das Thema **Dresscode** so gehandhabt, dass ich den Herrn einfach gefragt habe, wie er unser Date in etwa gestalten wolle. Auf Designerkleidung mit auffallenden Logos habe ich nie Wert gelegt. Viel wichtiger war es, passend und sauber gekleidet zu sein. Sind wir in einer größeren Stadt längere Zeit über Kopfsteinpflaster gebummelt, habe ich meine High Heels natürlich im Hotel gelassen. Ebenso bei Ausflügen in die Natur, auf denen man spontane Abstecher auf abgelegene Wege unternimmt. Ein Besuch im Wohlfühlwellnesshotel ist auch in schicker Jeans, Ballerinas und Poloshirt möglich. Zusätzlich hat natürlich die Sauberkeit der Kleidung oberste Priorität und vor allem auch der Schuhe. Da kann das Outfit noch so elegant sein, ein kaputter Absatz oder schmutziges Leder lassen einen aussehen wie »Lieschen Müller«. Strümpfe dürfen selbstverständlich keine Laufmaschen haben, da zählt auch nicht die Ausrede »*Ich bin hängen geblieben*«. Hierfür hat man selbstverständlich immer ein paar Ersatzstrümpfe dabei. Die Kleidung sollte gut sitzen, also nicht kneifen oder herumschlabbern, der Rock nicht ständig nervös nach unten gezupft werden müssen und Ihr Gang in High Heels sollte eine Augenweide sein. Wichtig ist, dass Sie sich wohl fühlen und entsprechend frei agieren können. Hierfür ist unter Umständen auch eine **Farb- und Stilberatung** einer professionellen Stylistin ratsam. Jedes Date ist immer wieder die Chance für einen kleinen Auftritt, bei dem Sie entscheiden, ob Sie Applaus oder Pfiffe ernten. Und was diesen Auftritt natürlich erst perfekt macht, sind Ihr strahlendes Lächeln und Ihre leuchtenden Augen, wenn Sie Ihrem nervösen Kunden bei der ersten Begegnung zärtlich einen Kuss auf die Lippen hauchen.

Das Hotel: Angekommen – und jetzt?

Sie sind angekommen, bravo! Sie haben also die Anreise gut überstanden, alles Wichtige eingepackt, nochmals einen prüfenden Blick in den Spiegel geworfen, vielleicht nachgepudert, die Lippen nachgeschminkt und sich einen weiteren Spritzer Parfüm gegönnt.

Der Vorgang am Ankunftsort, der meist das **Hotel** ist, kann unterschiedlich ablaufen. Je nachdem, ob der Kunde Sie vor dem Hotel, in der Tiefgarage oder in der Lobby abholt. Ich stellte irgendwann fest, dass ich es gar nicht mag, fluchtartig den Hotellift zu suchen und mich Blicken des Rezeptionspersonals auszusetzen. Während Personal von 1*- oder 2*-Sterne-Hotels neue Gäste schon mal ignoriert, ist das 5*-Hotelpersonal meist besonders aufmerksam. Je nachdem in welcher Situation man sich gerade befindet, ist dieses Verhalten entsprechend angenehm oder unangenehm. Deshalb bat ich nach einer gewissen Erfahrung einfach den Kunden darum, falls wir uns im Hotel trafen, mich vor diesem in Empfang zu nehmen. Das ist zudem die einzige Art und Weise, wie ein Gentleman eine Dame willkommen heißen sollte. Alles andere hat einfach keinen Stil.

Mir war die Situation unangenehm, vom Tiefgaragenlift aus direkt hoch in die entsprechende Etage zu fahren, dann heimlich, still und leise durch die Hotelgänge zu schleichen, um endlich an der Tür anzukommen, an die ich klopfen sollte. Gut, bei ausländischen Gästen habe ich schon mal eine Ausnahme gemacht. Wenn man die Gelegenheit hat, offen mit seinem Kunden umzugehen, kann man sich von ihm auch an der Hotelrezeption eine Zimmerkarte auf den eigenen »Namen« hinterlegen lassen. Ich hatte bislang noch nicht meinen Ausweis vorzeigen müssen, doch ein gewisses Risiko ist natürlich dabei, möchte das Hotelpersonal Sie ebenfalls offiziell einbuchen.

Diese Vorgehensweise bietet sich besonders in Hotels an, in denen die Fahrstühle ausschließlich mit Zimmerkarte funktionieren. Wo wir schon beim Thema wären: Sie sollten, noch ehe Sie das Hotel betreten, wissen, ob die Lifte mit oder ohne Karte funktionieren. Es könnte unter Umständen zu unangenehmen Situationen kommen, wenn Hotelpersonal zu Hilfe eilt und Sie nicht mehr zu sagen haben als: Ich müsste zu Zimmer 166. Sie sehen, es gibt vielerlei Arten, dem Mann zu begegnen, der auf einen wartet. Die eleganteste ist und bleibt sein aufmerksames In-Empfang-Nehmen vor dem Hotel – am besten noch mit Ihrer Lieblingsblume.

Die Begrüßung: herzlich von Herzen

Lächeln, lächeln und nochmals lächeln. Was kann es für den Mann Wünschenswerteres geben, als wenn eine wunderschöne Frau mit einem Lächeln im Gesicht auf ihn zuschreitet? Ihre Freude oder immerhin Ihre positive Stimmung sollte in Ihrer Gestik und Ihrer Mimik erkennbar sein. Sie müssen ihm dabei nicht gleich um den Hals fallen. Bleiben Sie echt und entspannt. Aber vor allem, strahlen Sie Lebensfreude aus! Ihr Verehrer hat womöglich einen anstrengenden Tag hinter sich, mit harten Verhandlungen oder anderen unangenehmen Dingen zu kämpfen gehabt. Jetzt möchte er relaxen mit einer schönen Frau an seiner Seite, die ihm grundsätzlich wohlgesonnen ist. Nicht jeder Kunde erwartet die heiße **Begrüßung** zu Beginn, weshalb Sie sich nun ganz auf Ihre **Empathiefähigkeit** verlassen müssen. Ein Standardrezept gibt es hier nicht. Ist er ein Draufgänger, der am liebsten gleich leidenschaftlich auf den Mund geküsst werden möchte? Ist er zurückhaltender und genügt ihm vielleicht schon ein zartes Bussi auf die Lippen? Womöglich ist er auch völlig schüchtern und verlässt sich ganz auf Ihre zaghafte Initiative. Oder es reicht ihm, herzlich gedrückt zu werden, denn Sie sind offiziell als Arbeitskollegin angereist. An dieser Stelle ist wirkliches Fingerspitzengefühl gefragt. Vielleicht fällt es Ihnen leichter, die Situation zu beurteilen, wenn Sie schon mehr über den Kunden wissen. Wohnt er mehrere 100 Kilometer entfernt und ist fernab jeglicher Arbeitskollegen, wird er wohl entspannter sein, als wenn sein Wohnort samt Firma um die Ecke liegt. All das gilt es zu berücksichtigen und macht ebenso eine einfühlsame Escortdame aus.

Der Umschlag: Money, Money, Money

Auf diversen Escortwebseiten ist zu lesen, dass der unverschlossene **Umschlag** mit Inhalt unaufgefordert innerhalb der ersten 15 Minuten übergeben werden sollte. Der Herr sollte die Dame nicht in die unangenehme Situation bringen, danach fragen zu müssen. Diese Vorgehensweise ist ausnahmslos richtig. Wenngleich auch Escortdamen seit dem ProstG ihr Honorar einklagen könnten, so möchten das in Wirklichkeit nur die wenigsten, zumal die wahren Personalien meist nicht ausgetauscht werden.

Jetzt werden Sie vielleicht staunen, doch es gibt in der Tat Männer, die nicht nur einen weißen, unverschlossenen Umschlag überreichen. Es gibt Männer, die ihre *Geste der Wertschätzung,* wie ich es damals liebevoll nannte, mit einer kleinen Grußkarte und persönlicher Widmung oder einem persönlichen **Geschenk** übergeben. Sie bedanken sich damit für die schöne Zeit und die wundervolle Begegnung. Hach, was habe ich das geliebt! Geht das noch schöner? Ich glaube nicht. In einer solchen Geste steckt so viel Aufmerksamkeit und Wärme, da kann das Date nur zu einem Highlight werden. Manche Männer drapieren aber das Bargeld oder den Umschlag auch gerne aufmerksam auf dem Nachttischkästchen, so dass sich die Dame selbst bedienen kann.

Obschon es sehr unhöflich ist, wenn der Mann mit dem obligatorischen Umschlag auf sich warten lässt, so ist es bei manchen in der Tat die Nervosität und sicherlich keine böse Absicht. Ein nettes, freundliches »Ich glaube, ich bekomme noch etwas von dir« oder »Kann es sein, dass du vor lauter Vorfreude etwas Wichtiges vergessen hast?« bricht dieses Eis meist ganz schnell und man sieht plötzlich einen peinlich berührten Mann hektisch herumfuchteln, während er hurtig die Scheine aus dem Portemonnaie holt.

263

Der unverschlossene Umschlag dient im Übrigen dazu, vor ihm das Geld nachzuzählen. Es kam bei mir einmal vor, dass zu wenig im Umschlag war, was ich an Ort und Stelle berichtigen konnte mit einem einfachen: Kann es sein, dass du dich verzählt hast? Sollten Sie Ihr Honorar erst an sich nehmen, damit womöglich noch auf die Toilette verschwinden, um dort nachzuzählen, und anschließend behaupten, es sei zu wenig drin gewesen, ist der Zug bereits abgefahren. Die Übergabe sollte wegen des Nachzählens an einem möglichst diskreten Ort stattfinden, also entweder in der Tiefgarage, im Hotelzimmer oder im Taxi auf dem Weg zum Restaurant. Am angenehmsten ist das Nachzählen, wenn man vom Kunden direkt dazu aufgefordert wird.

Sie dürfen das Geld ruhig selbstbewusst in Empfang nehmen, dem Herrn dabei tief in die Augen sehen, lächeln und sich bedanken. Das sollte das Mindeste an Wertschätzung Ihrerseits sein, und wenn Sie mögen, berühren Sie ihn dabei: Streicheln Sie seine Hand, seine Schulter oder zaubern Sie ihm einen zarten Kuss auf die Lippen. Den Anfang einer wundervollen Begegnung kann man auch freudig willkommen heißen.

Wird jetzt erst noch geredet oder geht's gleich ins Bett?

Ich nutzte die Zeit meist, um ein gemeinsames Essen vorzuschalten, nicht nachzuschalten, denn ich wollte den Mann ja kennenlernen und mich ein wenig auf ihn einstimmen. Manchmal ist es so, dass die erotischen Gelüste erst über anregende Gespräche wirklich geweckt werden. Oder wie eine aktive Dame es nennt: Geist ist geil. Geist ist natürlich nicht nur am Tisch geil, sondern vor allem auch im Bett, wenn sich dieser über Einfallsreichtum und Fantasie äußert. Aber dazu später. In der Tat hat ein Quickie vor dem Essen oder ein Essen währenddessen genauso seinen Reiz. Doch in der Regel war der Ablauf ein gemeinsamer Restaurantbesuch zu Beginn, so dass jeder die Gelegenheit hatte, ein wenig aufzutauen, sich zu beschnuppern, gemeinsam zu lachen und sich inspirierende Geschichten zu erzählen. Ich habe es geliebt!

Doch worüber genau spricht man mit seinen Kunden bzw. darf man mit ihnen sprechen? Es ist ein wenig wie beim Friseur. Mit manchen Männern kommt man über das Wetter nicht hinaus und andere weinen sich über Familiendramen aus. Die goldene Mitte liegt eher bei Themen wie Weltgeschehen, Politik und Wirtschaft, Familienleben und Freundeskreis, Sport und Hobbys und der ganz persönlichen Weltanschauung. Ich machte grundsätzlich positive Erfahrung mit sehr persönlichen Gesprächen. Dass Männer nämlich nicht reden wollen und vor allem nicht über sich, stimmt nicht! Sie wollen vielleicht nicht zu Hause über sich und ihre Gefühle sprechen, bei einer neutralen Person geht das aber schon viel besser. Das Gerücht, Männer würden sich bei Escortdamen gerne über ihre Eheprobleme ausweinen, kann ich ebenso nicht bestätigen. Sehr wohl bekommt man auf Nachfrage zu hören, die Frau würde dieses und jenes im Bett nicht tun oder schon lange nicht mehr mit ihm schlafen. Gerne wiederholt wird auch, sie würde sich so gehen lassen, gar nichts mehr aus sich machen und am liebsten nur noch in bequemen Klamotten herumlaufen. Oftmals wird der Zeitpunkt des Kinderkriegens oder der Hochzeit als Ursache der Problematik gesehen. Manchmal sollte man vielleicht Wörter auch einfach wörtlich nehmen, denn nach der Hoch-Zeit kommt bei manchen nur noch eines: die Tief-Zeit.

Doch ich habe vermeintliche Beschwerden über die Ehefrauen auch immer kritisch betrachtet, denn welcher Mann erzählt schon frei von der Leber weg: »Du, bei mir zu Hause ist alles super. Meine Frau ist sexy und eine Granate im Bett. Ich kann ihr alle meine Wünsche offenbaren und sie zieht sich für mich sogar sexy Dessous an. Sie ist eigentlich perfekt, aber ich möchte eben Abwechslung.« So ein bisschen Mitleid kommt doch gut an, zumal sich die Zweitfrau geschmeichelt fühlt, dass sie die Auserwählte ist, wenn es zu Hause schon nicht mehr stimmt.

Wie viele Ehemänner hat eine Frau in ihrem Bekanntenkreis, bei denen die Ehe »ach so schlecht« läuft. Auf der heimlichen Suche nach einer Geliebten oder einem Abenteuer kommt diese Leier natürlich viel besser an. Und auch bei Escortdamen möchten Männer gerne glänzen, weshalb sie schon mal zu solchen Mittelchen greifen. Ist vielleicht menschlich und wenn ich ehrlich bin, habe ich alle Geschichten gerne gehört, unabhängig davon, wie ich sie vielleicht im Nachhinein für mich bewertet habe.

Doch eine Escortdame trifft ja nicht nur Ehemänner, sie trifft auch auf Singleherren, die meist viel von ihrem Beruf zu erzählen haben. Man muss fachlich nicht zwingend fit sein, doch eine gute Allgemeinbildung ist anzuraten. Es könnte auch passieren, dass die Dame auf einen besonders interessierten Herrn trifft, der sie nach ihrem Beruf oder zumindest nach dem auf ihrer Sedcard befragt. Im Escortservice wird leider gelogen, dass sich die Balken biegen, und es ist äußert ärgerlich für Kunden, wenn sich beispielsweise die Studentin für Veterinärmedizin als freiberufliche Schmetterlingssammlerin entpuppt. Womöglich war ihr Beruf für ihn ein zusätzlicher Anreiz, sie treffen zu wollen. Dass sich diese kleinen Lügengeschichten nicht positiv auf das Date auswirken, sollte klar sein.

Es ist nachvollziehbar, wenn Frauen aus Diskretionsgründen ihren realen Beruf nicht angeben möchten. Doch der Ersatzberuf oder die Umschreibung desselben sollte zumindest dem Bildungshorizont und der Ausbildungslaufbahn gleichkommen.

Reden ist Silber, Zuhören ist Gold

In einem **Gespräch** sind *Feingefühl* und *Empathiefähigkeit* gefragt. Hinhören, was der andere sagt. Genau hinhören. *Aktiv zuhören.* Haben Sie wirkliches Interesse an dem Menschen, der Ihnen am Tisch gegenübersitzt? Dann wird die Unterhaltung für Sie wohl ein Kinderspiel werden. Viele Menschen vermissen das wirkliche, ernsthafte Interesse am anderen. Oberflächlichkeiten bestimmen den Tagesrhythmus. Wie gut tut da ein intensives, inspirierendes Gespräch auf Augenhöhe mit einer Person, die einen ernst nimmt. Bei einem gemeinsamen Abend und länger sind Gespräche maßgeblich dafür entscheidend, ob man die berühmte Chemie für den anderen entdecken kann oder nicht.

Im Übrigen entspricht es nicht der Wahrheit, dass die Dame an einem solchen Abend dem Herrn nur nach dem Mund zu reden hat – ganz im Gegenteil sogar. Die meisten Männer, die ich traf, schätzten meine oftmals kritische, sachliche Haltung sehr. Viele sind tagsüber genügend von Ja-Sagern geplagt und entspannen regelrecht bei einem rhetorischen Schlagabtausch.

Wenn ich in Interviews nach den Essenzen gefragt wurde, die das Escortdasein so reichhaltig gemacht haben, dann waren es sicher auch immer die wundervollen Begegnungen und die intensiven Gespräche mit meinen Kunden. Ich habe so viel an Lebenserfahrung und Horizonterweiterung erfahren, andere Kulturen, Lebensweisen und Ansichten entdeckt und mich vielseitig bereichert gefühlt. Viele meiner Kunden begleiten mich noch heute per Newsletter oder per E-Mail. Man tauscht sich nun schon über Jahre hinweg aus, pflegt freundschaftliche Kontakte zueinander und ist sich einfach wohlgesonnen. Wenngleich man nur wenige Stunden miteinander geteilt hat, waren diese doch so aufrichtig, ehrlich und respektvoll, dass beide Interesse daran hatten, das Leben des jeweils anderen weiterzuverfolgen.

Mein Escort-Coaching-Tipp

Zeigen Sie Herz und wahres Interesse an Ihrem Gegenüber. Hören Sie zu und verschonen Sie ihn weitestgehend von möglichen privaten Problemen Ihrerseits. Achten Sie darauf, wenn er Fragen nicht beantworten möchte, und rudern Sie zurück. Auch eine Entschuldigung – »Ich wollte dir nicht zu nahe treten/nicht zu neugierig sein« – ist angebracht, wenn man zu private Details nachfragte. Ebenso ist es aber natürlich auch Ihnen möglich, sich von zu intimen Fragen abzugrenzen. Ein Date ist schließlich kein Kreuzverhör, sondern ein geselliges Beisammensein.

Vermeiden Sie es, während des Gesprächs gelangweilt auf Ihrem Handy herumzutippen oder ständig auf die Uhr zu sehen. Beides sind absolute Tabus! Ihre volle Aufmerksamkeit gehört in diesen Stunden Ihrem Kunden.

Wer kommunikativ stark ist, wird sich ganz allgemein bei einem Escortdate leichter tun, denn auch Konfliktsituationen können über eine gute Rhetorik beseitigt werden. Eine Positionierung seiner selbst, unter Einbezug des anderen, gelingt leichter, wenn man sich geschickt und sensibel artikulieren kann. Missverständnisse unter Menschen geschehen sehr häufig einfach nur auf Grund von Kommunikationsstörungen. Ich würde Ihnen empfehlen, sich näher mit diesem Thema zu befassen. Es ist zudem eine Bereicherung für das ganze Leben.

Die Sicherheit: Safety first!

Die **Sicherheit** korreliert sehr stark mit einem sauberen und gesetzestreuen Arbeiten. Das beginnt damit, dass jede Dame, die im Escortservice tätig ist, ihre Einnahmen versteuern sollte. Denn: Ein selbstbewusstes Auftreten ist das A und O im Bereich der Sicherheit. Und wie sollte sich das gestalten, wenn im Hinterkopf die Angst vor Finanzamt und Polizei existiert? Gerade die Polizei muss im Notfall zu Hilfe kommen und deshalb sollte man sie auch selbstsicher anrufen können.

Die Sicherheitsvorkehrungen betreffen jede Dame im Escortservice. Wer sich über eine Agentur vermitteln lässt, hat es vermeintlich leichter. Vermeintlich deshalb, weil es nur dann leichter ist, wenn die Agentur ordentlich arbeitet und ihren Verpflichtungen nachkommt.

Dem Kunden wird vermittelt, dass die Dame durch die Agentur geschützt wird. Dies wird erreicht, indem die Dame diverse Sicherheitsmaßnahmen anwendet und zu beachten hat.

Dazu gehören beispielsweise:

» das An- bzw. Abmelden bei der Agentur per SMS oder telefonisch (jede Agentur handhabt das anders, deshalb fragen Sie Ihre Agentur einfach genau, wie es um Ihre Sicherheit bestellt ist)

» ein mit der Agentur vereinbartes Codewort für den Notfall

» eine Kurzwahlspeicherung im Handy mit einer Notrufnummer (ggf. der Agenturnummer)

Weiter sollten Sie vor Ort unbedingt hellwach und aufmerksam sein:
- » Szenario **Hausbesuch:** Die Haustür wird abgeschlossen, der Schlüssel abgezogen. Befinden sich weitere Leute in der Wohnung, die nicht angekündigt waren, oder entdecken Sie womöglich Kameras? Bittet der Kunde Sie, länger zu bleiben, ohne Ihre Agentur einzuweihen?
- » Szenario **Auto:** Steigen Sie nicht in sein Auto ein. Fahren Sie gemeinsam mit dem Taxi!
- » Parken Sie Ihr Auto ein, zwei Straßen weiter, wegen der Diskretion bezüglich Ihres Kennzeichens (Vorsicht, Stalker!)
- » Hat Ihre Agentur bzw. haben Sie auch alle seine Daten gecheckt?
- » Achten Sie auf Ihre Ausweispapiere und sonstigen Unterlagen zu Ihrer Identität, wenn Sie auf Diskretion angewiesen sind
- » Ihre **Handtasche** lassen Sie nie alleine beim Kunden! Nie!
- » Nie!
- » Sie lassen sich – und sind Sie noch so devot – nie fesseln!
- » Nie! Nie! Nie!
- » Bei längeren Dates schließen Sie Ihr Portemonnaie nicht mit seinem zusammen in den **Hotelsafe** (ausgenommen, Sie haben den Code)
- » Ein **Pfefferspray** sollte zu Ihrer Grundausstattung gehören, Sie sollten dieses im Freien auch schon einmal ausprobiert haben – Vorsicht, achten Sie auf die Windrichtung! (Auch deshalb sollte Ihre Handtasche nie bei ihm bleiben. Am Ende könnte er es gegen Sie selbst einsetzen)
- » Und vieles mehr

2006 suchte ich eine Selbsthilfeorganisation für Prostituierte auf. Dort wurden mir noch weitere Dinge mit auf den Weg gegeben:
- » keine Dinge in unmittelbarer Nähe haben, mit denen der Kunde Sie würgen könnte: Gürtel, Schals, Schnürsenkel etc.
- » keine Kissen in der Nähe, da er Sie damit ersticken könnte

Wie funktioniert so etwas in einem Hotelzimmer? Merken Sie etwas? Dieses Thema lässt sich *ad absurdum* führen! Denn mit ein wenig gesundem Menschenverstand wird schnell klar: *100%ige Sicherheit gibt es nicht!*

Es gibt unzählige Situationen bei einem Escortdate, wo die Dame nicht in unmittelbarer Nähe ihres Telefons ist. Ich stelle mir das auch äußerst amüsant vor, wenn sie beim Sex im gesamten Hotelzimmer/in der gesamten Wohnung permanent in einer Hand ihr Handy hält, um im Notfall Hilfe rufen zu können. Okay, Spaß beiseite an dieser Stelle zu einem solch ernsten Thema:

Es gibt natürlich bestimmte Regeln, die Frauen einhalten sollten, und ich spreche an dieser Stelle nicht von Sicherheitsmaßnahmen, sondern von Verhaltensweisen beim Kunden. Psychologen wissen heute, dass es je nach Verhaltensmuster bestimmte Opfertypen gibt. Auf Welt.de konnte ich einen kurzen, aber einleuchtenden Artikel zu diesem Thema finden: WAS IST EIN OPFERTYP?

Ein Gefühl, dass Sie nie beschleichen sollte, weder vor noch während des Dates, ist **Angst**. Angst lähmt und lässt den Menschen nicht mehr rational und überlegt handeln. Sollten Sie von Natur aus eine eher ängstliche Person sein, so würde ich Ihnen dringend davon abraten, im Escortservice zu arbeiten. Eine zu coole, lockere Einstellung ist natürlich auch nicht das Maß der Dinge. Wie so oft ist es die goldene Mitte.

Vorsicht ja, Angst nein

Denn Vorsicht ist besser als Nachsicht. Sicherheitsmaßnahmen müssten dann greifen, wenn es eigentlich schon zu spät ist. Ich rate Ihnen in erster Linie zu Prävention, also Vorsorge! Beides in Kombination ist das Optimum an möglicher Sicherheit. Sollten Sie jetzt schon Angst vor fremden Männern haben, dann rate ich Ihnen nochmals dringend: Lassen Sie andere Frauen diesen Job machen. *Für Sie ist er nicht geeignet!*

Wie habe ich das gemacht zu meiner Zeit als Independent-Escort? In Interviews wurde ich gerne gefragt, ob ich denn nie Angst gehabt hätte, alleine zum Kunden zu fahren. Dabei möchte ich besonders hervorheben, dass die wichtigsten Menschen in meinem Umfeld über meine Tätigkeit immer informiert waren. Zur Zeit meines Angestelltenverhältnisses war das auch mein Chef und selbstverständlich die Arbeitskollegen, so dass ich vor der Angst eines Outings verschont blieb. Diese Offenheit im Freundes- und Bekanntenkreis ermöglichte mir ein selbstbewussteres Auftreten beim Kunden, da die Angst vor dem Outing schon mal nicht bestand. Zusätzlich kenne ich keine Grundangst vor fremden Menschen oder Männern. Ich denke, ich begegnete meinen bereits stark vorselektierten Kunden dann immer auch mit einer gehörigen Portion Vertrauen. Immerhin gingen sie bereits durch eine strenge Selektion inklusive Anzahlung, Realdaten und Foto.

Die Agentur übernimmt beim Covering die Aufgabe, zu überprüfen, ob nach der gebuchten Zeit die »Abmelde«-SMS eingeht bzw. auch, ob während des Dates ein Hilferuf kommt. Somit muss die Agentur während der Buchungen rund um die Uhr für ihre Damen zur Verfügung stehen und erreichbar sein. Es genügt also nicht, wenn sich die Agenturinhaberin bei Dateende den Wecker stellt, um die »Abmelde«-SMS zu empfangen. Diese Möglichkeit eines guten Coverings hätte ich mir unter Kostenaufwand als Independent-Escort dazubuchen können. Entweder bei einem Sicherheitsunternehmen oder bei independent-office.de. Ich habe bereits in der Vorauswahl darauf geachtet, wirklich nur die Kunden zu treffen, bei denen ich das Gefühl hatte, es stimmt. Womit ich beim nächsten Stichwort angekommen bin. Neben *Prävention* gehört auch das **Bauchgefühl** zu den wichtigsten Sicherheitsmaßnahmen. War ich mir bei einem Kunden trotz Selektion und vorherigem Bauchgefühl nicht so sicher, habe ich bei Ankunft meinen *Koffer im Auto gelassen.* So bin ich lieber mit dem Auto angereist, um auch vor Ort in Notfällen flexibel und nicht auf öffentliche Verkehrsmittel angewiesen zu sein.

Ich möchte Ihnen an dieser Stelle keine Angst machen, doch wichtig ist es, sich einer möglichen Gefahr bewusst zu sein – ähnlich, wie wenn man nachts um drei alleine durch den Englischen Garten joggt. Doch die mögliche Gefahr darf in Form von Angst kein Date überschatten. Ich wählte zu meiner Sicherheit das Covering über eine mir vertraute Person und, was für mich noch wichtiger war: die nachweisbare *Anzahlung* auf mein Konto und selbstverständlich das ordentliche Bezahlen meiner Steuern.

Doch das Maß aller Dinge vor Ort war für mich mein *Auftreten vor und während des Dates.* Dieses war stets bestimmend, wenn nicht sogar dominant. Ich hatte bereits per E-Mail klar zu verstehen gegeben, was für mich Escort bedeutete und was mir wichtig war.

Anfragen, die mir suspekt vorkamen, lehnte ich ab. Ich ging bereits im Vorfeld auf keinen Kompromiss ein. Manche Kunden fragten beispielsweise Servicewünsche an, die ich nicht sicher hätte zusagen können. Somit erklärte ich ihm klar und deutlich, dass er quasi ein Risiko mit mir einginge, wäre ihm diese Dienstleistung besonders wichtig. Ich könne sie ihm nicht versprechen, und meist fügte ich noch den Nachsatz an, er solle besser eine Frau suchen, die ihm das zusichert. Diese Ehrlichkeit und auch diese Freiheit muss und sollte sich eine Escortdame leisten, vor allem, wenn sie ohne Agentur arbeitet! Diskussionen, die erst im Hotelzimmer ausgetragen werden, können erhebliches **Konfliktpotential** enthalten.

All diese Sicherheitsmechanismen tragen dazu bei, vor Ort ruhig zu sein. Jede kleine Unsicherheit Ihrerseits, könnte der Kunde merken. Ich habe mich so abgesichert, dass ich mich sicher fühlte – im Voraus durch Selektion und währenddessen durch das Auftreten und das Covering.

Das Wichtige, vor allem für Independent-Escorts, ist, dass der Kunde mitbekommt, die Dame hat eine Coverperson im Rücken. Es wäre fahrlässig, wenn der Kunde vermutet, dass da niemand mehr ist. Gerade bei Damen, die alleine arbeiten, ist es von besonderer Brisanz, den Kunden wissen zu lassen: Ich bin nicht alleine!

Somit ist das Vorgehen auch für Independents gleichzusetzen mit einer Agenturdame. Auch diese telefoniert mit ihrer Coverperson und der Kunde muss wissen, dass die Frau geschützt wird.

Bitte haben Sie Verständnis dafür, dass nicht explizit alle Sicherheitsvorkehrungen in diesem Buch veröffentlicht werden, da diese sonst auch gegen die Frau verwendet werden könnten. Lassen Sie sich, vor allem, wenn Sie ohne Agentur arbeiten möchten, von einer der Fachberatungsstellen informieren. Diese bieten Ihnen Einstiegsberatung sowie Beratungen zum Thema Sicherheit gratis an und sind deutschlandweit organisiert. Eine Fachberatungsstelle auch in Ihrer Nähe finden Sie unter: *bufas.net* oder im Anhang.

Hinzufügen möchte ich noch, dass Konfliktmanagement ebenfalls zu den Sicherheitsvorkehrungen gehört. Weitere Hinweise dazu finden Sie auch im nächsten Abschnitt, dem Dateabbruch.

So lässt sich beispielsweise die Situation mit der abgeschlossenen Tür lösen, indem man den Kunden ruhig und sachlich darauf anspricht. Ich löste exakt eine solche Situation so: Tür fällt ins Schloss. Klick. Er schließt ab. Klack. Ich dreh mich um und frage mit einem Lächeln im Gesicht: »Duuu? Würdest du die Tür bitte wieder aufschließen?« Er fragte verdutzt: »Wozu?«, doch noch im selben Moment machte es auch bei ihm »klick«, er verstand die Botschaft und öffnete die Tür wieder. An diesem Beispiel können mehrere Möglichkeiten, mit einer solchen Situation umzugehen, aufgezeigt werden:

» Hätte er in der Tat etwas Negatives vorgehabt und die Tür nicht wieder aufgeschlossen, so wäre man in dieser Situation sicherlich handlungsfähiger gewesen als später nackt im Bett.

» Hätte ich ihn nicht darauf angesprochen, wäre das Date womöglich zu einem Desaster geworden, da ich vor lauter Angst wohl eher ins Bett gemacht hätte.

» Hätte er meine Angst gespürt und vielleicht tatsächlich von Beginn an aggressive Gelüste gehabt, wäre ich wohl ziemlich handlungsunfähig gewesen, denn Angst lähmt.

Befinden sich weitere Personen in der Wohnung, die nicht abgesprochen waren, ist diese (möglichst unter einem Vorwand) sofort zu verlassen.

Hausbesuche tragen in jedem Fall ein höheres Risiko, weshalb Sie sich an dieser Stelle als Agenturdame überlegen sollten, ob Sie bei einer Agentur bleiben möchten, die Hausbesuche auch an Ihnen noch unbekannte Männer vermittelt. Als Independent-Escortdame sollten Sie Hausbesuche bei neuen Anfragen grundsätzlich ablehnen, vor allem, wenn Sie die vollständig zu überprüfenden Personalien des Herrn nicht haben.

Der Dateabbruch: Bloß weg hier?

Der **Dateabbruch** ist ein absoluter Härte- und zum Glück auch Ausnahmefall im Escortbusiness. In der Regel versucht sowohl der Mann als auch die Frau das Date zu einem gelungenen Abschluss zu bringen. Man munkelt über die Beweggründe, der Mann wäre einfach zu »schwanzgesteuert« und die Frau zu geldfixiert, als dass beide bei fehlender Chemie das Date abbrechen würden. In Insiderforen wird immer wieder darauf hingewiesen, dass bei fehlender Sympathie ein Date besser beendet werden sollte. Doch die Realität sieht leider anders aus. Beide haben sich in der Regel auf das Treffen gefreut, sich intensiv vorbereitet, der Mann das Hotel gebucht, die Frau eine (weite) Anreise auf sich genommen und die Zeit für ihn reserviert. Dass beide dann nicht einfach so hinwerfen, kann unter diesen Gesichtspunkten nachvollzogen werden. Um also ein Date wirklich abzubrechen, muss es bei manchen schon knüppeldick kommen.

Die Schmerzgrenze ist hierbei sicherlich für jeden Menschen eine andere und auch zu respektieren. Doch kann man sich bei kleineren Problemen behelfen, so dass eine Eskalation umgangen wird. Ich möchte Ihnen an dieser Stelle einige Beispiele anführen, wie heikle Situationen von der Escortdame beseitigt werden können.

Bei hygienischen Mängeln des Mannes, die sich durch einfaches Waschen beheben lassen würden, lädt man ihn kurzerhand auf eine gemeinsame Dusche ein und legt selbst kräftig Hand an. Sollte die **Hygiene** im Mundbereich vorübergehend zu Wünschen übrig lassen, animiert man den Herrn zum gemeinsamen Zähneputzen. Sie können davon ausgehen, dass sich Männer im Normalfall eher von ihrer besten Seite zeigen möchten und nicht von ihrer schlechtesten. Warum es dennoch immer wieder zu hygienischen Mängeln kommt, hat unter Umständen vielschichtigere Ursachen.

Wenn die Dame mitbekommt, dass er beim Dinner gerne ein Glas Rotwein zu viel hebt, kann sie ihn mit einem Augenzwinkern fragen, ob er wirklich der Meinung ist, so viele Fremdkörper würden ihm für heute Abend noch guttun. Sollte er den Wink mit dem Zaunpfahl nicht verstehen, ist es auch möglich, ihn ganz konkret und auch bestimmt darauf hinzuweisen, dass zu viel Alkoholkonsum einfach nicht erwünscht ist. Punkt.

Um einiges schwieriger ist der Umgang mit Kunden, die versuchen, sich auf subtile Art und Weise über die Dame zu erhöhen, und durch verbale Respektlosigkeit glänzen. Abschätzigem Verhalten kann nur durch direkte Konfrontation begegnet werden. Beispielsweise könnte man ihn ruhig und selbstbewusst darauf ansprechen, warum er dieses und jenes von sich gibt, oder nachfragen, ob er seine Aussagen wertet, und falls ja, wie. Sollte er, womöglich auch noch mit entsprechendem Alkoholkonsum, sich nicht dazu bewegen lassen, die gute alte Schule wiederzuentdecken, und sich die Dame deshalb äußerst unwohl fühlen, wäre das ganz klar ein Grund, ihm höflich klarzumachen, dass es besser wäre, wenn jeder seinen Abend für sich verbringen würde.

Auch wären hygienische Mängel in den Räumlichkeiten bei einem Hausbesuch ganz klar Grund genug, das Treffen zu beenden.

Andere körperliche Mängel, die nicht abzuwenden sind, also ansteckende Krankheiten, wie Nagelpilz, Feigwarzen und Lippenherpes, sowie das Verlangen nach Geschlechtsverkehr ohne Kondom sind selbstverständlich jederzeit ein Abbruchkriterium.

Ich muss jedoch gestehen, dass ich während meiner gesamten Zeit im Escortservice noch keinen solchen Fall erlebte. Anfragen zu AO (= alles ohne Kondom) erhielt ich schon, die ich jedoch immer im Voraus ablehnte, so dass ein Treffen gar nicht erst zustande kam. Da ich bei jedem Kunden eine **Anzahlung** verlangte, wäre er auf den Kosten sitzengeblieben, hätte er mich vor Ort mit einer solchen Dummheit konfrontiert. Natürlich könnte dem Kunden während des Treffens auch das Benutzen von Kondomen nahegebracht werden. Die Gefahr jedoch, dass nicht alle Frauen in der Vergangenheit konsequent auf Kondome bestanden haben, ist gegeben.

Von anderen Damen ist mir außerdem bekannt, dass es Kunden gibt, die während des Geschlechtsverkehrs versuchen, das Kondom abzuziehen. Beispielsweise bei einem Stellungswechsel. Dies ist und bleibt zwar die Ausnahme und man kann sich zur Deeskalation der Situation ganz »katzenbergerlike« dumm stellen – »wie so etwas nur passieren konnte ...« – und ihm einfach ein Neues drüberziehen. Möglich wäre natürlich auch, das Date an dieser Stelle zu beenden. Ich würde dabei jedoch vorsichtig sein, um mich nicht selbst in Gefahr zu bringen. Wer weiß, wozu ein Mann, der zu so etwas in der Lage ist, noch fähig ist. Wichtig ist, wie ich bereits in Kapitel 14 (Buko) ausgeführt habe, dass immer genügend Kondome vorhanden sind. Diese dürfen nie ausgehen!

Mein Escort-Coaching-Tipp

Gründe für einen Dateabbruch kann es viele geben und liegt sicherlich an der Toleranzgrenze eines jeden Individuums. Dates können im Übrigen nicht nur von der Dame, sondern auch von dem Herren vorzeitig beendet werden. Fragen Sie beispielsweise auch bei Übernachtungen nach, ob der Kunde womöglich schnarcht. Eine Urlaubsbegleitung mit einem Schnarcher im Doppelzimmer kann so zum echten Horror werden.

Wenn Sie planen, ein Date abzubrechen, ist zu überlegen, ob eine Aussprache mit dem Kunden möglich ist oder nicht. Sie sollten darüber nachdenken, ob der Kunde an einem öffentlichen Ort, wie im Restaurant, darüber informiert werden sollte oder im Hotelzimmer.

Die Gefahr, dass es zur Eskalation kommt, ist in der Öffentlichkeit sicher geringer. Sollten Sie bei einer Agentur sein, ist diese in jedem Fall zu informieren, noch ehe Sie es dem Kunden mitteilen. Eventuell kann sich auch die Agentur nochmals vermittelnd einbringen, was ich jedoch bezweifle. Wenn beide schon einmal so weit sind, ist fraglich, ob dieses Rendezvous von beiden Seiten aus aufrechterhalten werden will.

Ein heimlicher Abgang macht in jedem Fall dann Sinn, wenn Gefahr in Verzug ist und Sie ernsthaft damit rechnen müssen, der Kunde könnte handgreiflich oder ausfallend werden. Auch hier ist die Agentur über die Vorgehensweise zu informieren.

15 Der Kunde –
Was will der Mann ...

Freud fragte sich zu seiner Zeit: »Was will das Weib?« um zu der Antwort zu kommen: »Ich weiß es nicht!« Bei Männern ist das hingegen relativ einfach zu beschreiben: Sie möchten ihr Leben in allen Facetten so genießen, wie es sich Frauen noch immer nicht trauen. Doch natürlich gibt es nicht *den* Mann. Und so suchen auch im Escortservice nicht *die* Männer etwas Bestimmtes, sondern jeder Mann sucht für sich jeweils etwas anderes. Das Gute hierbei ist, dass Sie über Ihr **Image** und Ihr **Marketing** genau die Männer anziehen können, die zu Ihnen passen. Insofern ist es nur logisch, dass auch ich Ihnen nur etwas aus »meiner Escortwelt« zeigen kann, denn Männer, die sich von meiner Darstellung im Internet nicht angesprochen fühlten, habe ich nie kennengelernt.

Wie unterschiedlich männliche Bedürfnisse sein können, zeige ich Ihnen anhand einiger Anfragen auf.

Es gab Herren, die wollten ...

... mich ein ganzes Wochenende in Cannes treffen, um mit
mir zu sprechen, mit mir spazieren zu gehen, mit mir Essen
zu gehen und ein Mal Sex für circa 20 Minuten zu haben
... mich für 30 Minuten zum Preis von vier Stunden
in ihrem Auto treffen
... mich für eine Nacht treffen,
inklusive circa zehn Minuten Sex
... nur mit einem Lederhandschuh befriedigt werden
... mich treffen, um sich selbst zu beweisen,
dass sie einer fremden Frau widerstehen können
... mich nachts im Keller ihres Hauses treffen,
während ihre Frau oben im Bett liegt und schläft

Doch wenngleich Kundenwünsche sehr unterschiedlicher Natur sein können, so ist das Bild einer Escortdame unter anderem auch durch die Medien stark geprägt. Escortservice wird weniger mit Prostitution als mehr mit *Luxus, Bildung, Abenteuer* und *gesellschaftlicher Beglei-tung* gleichgesetzt. Manche behaupten sogar, es gäbe Kunden, die so gar keinen Wert auf ein erotisches Beisammensein legen würden und nur reden wollten. Sie würden sich angeblich auch Escortdamen nur zum Essengehen buchen. Reine *Dinner Dates* finden in der Tat statt, doch diese sind wesentlich günstiger im Preis und werden auf Websites gesondert ausgeschrieben. Wenn der Mann während des Dates also nicht die Initiative zu »mehr« ergreift, heißt das nicht zwingend, dass er nicht »mehr« möchte. Womöglich ist er einfach nur schüchtern oder überlässt die Führung gerne der Frau. So habe ich zu meiner Zeit immer den Anfang gemacht, wenn von ihm kei-nerlei Reaktion kam. Abgelehnt hat das niemand.

Dem öffentlichen Bild der Escortdame ähneln jedoch auch einige Kundenerwartungen bezüglich einer Escortdienstleistung.

... im Escortservice?

Escortservice steht in den Köpfen vieler Menschen für hochklassigen Begleitservice zu gesellschaftlichen Anlässen, Luxus, Intelligenz, Bil-dung, Geld, Reichtum, Macht, die oberen 10.000. So werden Escort-damen folgende Eigenschaften zugeschrieben:

Die Escortlady ...
... trifft Kundschaft nur selektiv
... vereinbart wenige Treffen im Monat
... kommt keinesfalls gerade von einem anderen Kunden
... ist an diesem Tag exklusiv nur für ihn da
... geht einem Beruf nach
... hat meist studiert oder studiert noch
... ist gebildet
... sieht den erotischen Job lediglich als Hobby
... hat richtig viel Spaß daran (richtiges Luder)
... ist Single, jung und hat keine Kinder
... ist überdurchschnittlich attraktiv und charmant
... ist Lady in Gesellschaft und Luder im Bett
... beherrscht die Kunst der Verführung
... weiß sich optisch in Szene zu setzen

... lenkt fremde Blicke auf sich

... hat Charisma und Charme

... ist sich ihrer selbst bewusst

... ist glücklich und lebensfroh

Oft ist in Foren – gerade von Anfängern – zu lesen, sie sind auf der Suche nach einer Escortdame, die den Job wirklich nur nebenberuflich ausübt, da er möchte, dass es ihr auch Spaß macht. Er wird natürlich von Gutmenschen überrannt, die fragen, wie er denn in seine Aussage implizieren könne, hauptberufliche Escorts hätten keinen Spaß. Gäähn! Denn natürlich hat der Mann recht! Es ist ein Unterschied, ob man seinen Lebensunterhalt damit verdient, dass man beispielsweise einen Mann täglich trifft, oder *nebenberuflich* wenige Dates wahrnimmt. Selbstverständlich ist auch bei Letzterer nicht garantiert, dass sie zu 100 % hinter ihrem Tun steht und wirklich Freude hat, zumal es bei solchen Treffen auch gehörig menschelt (es kann nun mal nicht jeder mit jedem). Doch die Wahrscheinlichkeit ist einfach höher, dass es so ist. Sexualität ist ein Bedürfnis, das besonders intensiv werden kann, wenn es nicht oder nur selten befriedigt wird. Wenn eine Frau täglich Sex hat, darf man zu Recht davon ausgehen, dass sie naturgegeben irgendwann satt, wenn nicht sogar *übersättigt* ist.

Die *Mindestbuchungsdauer*, die sich durch das gesamte Buch zieht, ist auch hier wieder ein kleines Sicherheitskriterium für den Kunden, dass sie eben nicht schon von einem anderen kommt und womöglich vor ihm noch schnell unter die Dusche springt. Unter drei, vier Stunden jedoch verpufft diese Wirkung.

Die Escortlady ist in der Sparte der Erotikdienstleisterinnen diejenige, die Heilige und Hure wieder ein Stück miteinander in Verbindung bringt. Was Männer üblicherweise im Escortservice *nicht* möchten, sind professionelle Damen, die den Job hauptberuflich ausüben. Mit diesen Frauen bringen Männer oftmals finanzielle Abhängigkeit (vom Job), dadurch fehlende Freiwilligkeit und sexuelle Übersättigung in Verbindung. Männer schätzen an der Escortlady ihre promiskuitive, lustvolle Natur, die allerdings nach außen diskret ist und somit unsichtbar bleibt. Männer empfinden eine gewisse Erregung bei dem Gedanken der promiskuitiven Frau (ein richtiges Luder!), möchten jedoch an dem Tag/in der Woche nicht der zigste Mann sein.

Die Facetten von Heiliger und Hure lösen eine besondere Faszination beim Mann aus. Er ist nicht der einzige in ihrem Bett und trotzdem ist sie nicht für jeden verfügbar. Sehr deutlich sieht man den Reiz dieses Spannungsverhältnisses zwischen Luder und Lady auch an dem Bericht, den ich über mich in Kapitel 12 (Produkt) eingefügt habe.

Die Escortlady ist sozusagen die Heilige unter den Huren.

Für viele Escortbucher sind Escortdamen keine Prostituierten. Es fallen Sätze wie:»*Du bist doch nicht so eine. Du bist eben eine Frau, die Sex genießt und klug genug ist, dafür Geld zu nehmen, anstatt dir jedes Wochenende in der Disco einen anderen Kerl aufzureißen, mit dem du gratis in die Kiste springst.*« Dieser Vorgang zeigt meines Erachtens sehr gut auf, dass einige Männer eben nicht ausschließlich nach *der* Hure suchen, die gedanklich oft mit Unfreiwilligkeit einhergeht. Sie suchen das Bild der promiskuitiven, selbstbewussten Frau auf Augenhöhe und sind bereit dafür viel Geld zu investieren.

Wenn ein Mann sogar den stolzen Betrag von 2000 Euro für eine Nacht bezahlt, muss im Vorfeld so einiges für ihn stimmen. In erster Linie geht es um *Authentizität, Lust, Lebensfreude, Unverbindlichkeit* und *Genuss.*

... im Bett?

Na, was will er wohl? Der Beste sein, das ist doch klar! Und wie beweist mann, dass er der Beste ist? Natürlich, indem die Frau auf ihre Kosten kommt. Das ist doch gar nicht so schlecht, oder? Ich kann mich sogar an einen Kunden erinnern, der mir aufgab, ich müsse beim Cunnilingus mindestens einen **Orgasmus** haben, und sollte ich keinen haben, sollte ich so tun, als ob ich einen hätte. Vanessa – ganz authentisch, wie sie war – erklärte ihm in klaren Worten:»Ich habe sehr gerne einen Orgasmus, wenn du in der Lage bist, mich zum Orgasmus zu bringen. Ich werde dir hier nichts vormachen, denn das liegt mir nicht. Also streng dich an, dann wird das schon klappen.« Genau so und nicht anders! Und ich kam genau drei Mal auf meine Kosten – ohne Schauspielerei.

Zwar liest man oft in Foren, das wäre ihnen total egal, ob die Frau einen Orgasmus gehabt hätte, denn schließlich sei er der Dienstleistungsnehmer und hätte gefälligst bedient zu werden. Doch im anschließenden Internetbericht wird in ausführlichster Selbstlobmanier hinausposaunt, wie sehr es der Dame doch mit ihm gefallen hätte. Auch Männer, die sonst der Meinung sind, gute Escortdamen wären *Meisterinnen der Illusion,* sind bei sich selbst plötzlich davon überzeugt, alles wäre bestimmt echt gewesen. Das ist selektive Wahrnehmung in Reinkultur.

Abgesehen davon teile ich die Meinung, gute Escorts wären Meisterinnen der Illusion, in keinster Weise. Gute Escorts üben nach meinem Verständnis ihren Job gerne aus. Sie müssen dem Kunden nicht vorspielen, sie seien nett zu ihm, obwohl sie es eigentlich gar nicht sein wollten. Ich denke, Sie wissen, worauf ich hinausmöchte. Um eine erfolgreiche Escortdame zu sein, gehören zu all den Fähigkeiten vor allem zwei Dinge: *Überzeugung* und *Herz.*

Was die Erotik angeht, so wollen Männer alles Mögliche – auch im Escortservice. Ich meine, es mir verkneifen zu können, eine banale Auflistung von Sexpraktiken niederzutippen. Diese finden Sie zur Genüge im Internet.

Nichtsdestoweniger stellt sich natürlich die Frage: Wie findet man heraus, was genau diesen Mann erregt?

Nicht jeder ist an den gleichen Stellen empfindlich oder mag Berührungen dort. Der eine mag es stärker, der andere weniger stark. Während manche Männer an der Eichel völlig unempfindlich sind und schon gerne einmal mit den Fingernägeln hineingekniffen werden möchten, schreien andere fast auf, wenn man nur wenig den Druck erhöht. Genauso verhält es sich bei den Hoden. Manche Männer sind hypersensibel bis schmerzempfindlich oder mögen Berührungen an diesen gar nicht. Andere wiederum mögen bei der Oralstimulierung des Phallus einen satten Griff in die Kronjuwelen. Weitere mögliche erogene Zonen sind der Damm (die Verbindung zwischen Penis und Anus), der Anus, die Prostata (die über das Einführen des Fingers in den Anus stimuliert werden kann), der Po, die Brustwarzen, die Ohren, der Nacken, die Kniekehlen, der Mund etc.

Da hilft nur eines: Ausprobieren. Fragen. Zeigen lassen. Am besten stellen Sie sich den Körper des Mannes als ein großes Relief vor, das erforscht werden möchte. Mit unterschiedlichen Griffen und Techniken, mit Mund, Zunge und öligen Händen versuchen Sie herauszufinden, wo die geheimen Lustzentren ihres Gegenübers liegen. Es gibt Begegnungen, da klappt alles wie am Schnürchen, die Chemie stimmt, die Schwingungen toben und eine Konversation ist kaum nötig bzw. kann sogar hinderlich sein. Man fällt bereits im Aufzug übereinander her und wenn er gut duftend auch noch küssen kann, muss nicht mehr gesprochen werden. Man gibt sich der Situation hin und beide sind glücklich.

Noch viel wichtiger nämlich als das *Was* der Dienstleistung ist das *Wie*. Was angeboten wird, sollte mit *Leidenschaft* ausgeführt werden. Da kann bereits »nur« das Küssen zu einem Highlight des Treffens werden.

Männer genießen es, sich beim Sex fallen lassen zu können, ohne Iiihhs und Aaaahs und Pfuis. Deshalb fühlen sich viele bei einer Escortdame gut aufgehoben, da beide meist im Vorfeld ihre erotischen Vorlieben angesprochen haben. Wenn es dann so weit ist, kann sich der Mann auch ganz und gar auf die Frau konzentrieren und sich entspannen.

Interessanterweise sind einige Männer bei einer Escortdame wesentlich gelöster als bei der Partnerin, sprechen ihre Bedürfnisse und Wünsche offen aus. Das kann für mein Verständnis nur daran liegen, dass sie mit ihren Fantasien »zu Hause« nicht auf Ablehnung stoßen möchten. Denn sind sie einmal ausgesprochen, gibt es kein Zurück mehr. Insofern ist der Mann sogar ein echtes Sensibelchen und sucht sich daher oftmals lieber den Weg des geringsten Widerstandes, anstatt zu Hause gewisse Bedürfnisse »einzufordern« oder zumindest erst einmal anzusprechen. Die eheliche Pflicht wurde zum Glück abgeschafft und gerade deshalb ist es langsam, aber sicher an der Zeit, dass Paare ihre gemeinsame Erotik selbst finden müssen. Ohne Kommunikation läuft da gar nichts. Und gerade das macht den Escortservice für Männer so interessant:

Männer sprechen vorab mit einer Agenturleitung oder mit der Independent-Dame aus sicherer Entfernung. Per Telefon oder E-Mail ist es nochmals einfacher, seine eigenen Bedürfnisse zu artikulieren, als wenn die Frau schon unmittelbar vor ihm steht. Da die erotische Dienstleistung auch für Männer meist noch mit großen moralischen Bedenken einhergeht, fällt die Kommunikation unter dem Deckmantel der Anonymität per E-Mail oder Telefon leichter.

Viele Frauen fragen sich: Warum treffen sich Männer mit Escortdamen? Was machen die anders als »wir«? Haben die bestimmte Techniken parat? Können die im Handstand blasen oder was ist da los?

Manche können sicherlich auch im Handstand blasen und noch mehr, doch darum geht es nicht. Es kann nicht nur der Sex sein, den Männer im Escortservice suchen und für den sie viel Geld ausgeben, denn diesen können sie im Bordell weitaus günstiger bekommen. Es muss also noch viel mehr dahinterstecken. Im weitesten Sinne geht es um eine schöne Zeit, um Entspannung, Anerkennung, Abenteuer, kombiniert mit Unverbindlichkeit – kurzum:

Eine Bereicherung des Lebens ohne Verpflichtungen.

Der Mann will eine Frau im Bett glücklich machen. Er genießt es, zu spüren, wenn auch sie auf ihre Kosten kommt. Er mag Lust zelebrieren ohne schlechtes Gewissen, das mit diversen »frauenverachtenden« Praktiken einhergeht. (Viele Frauen empfinden bereits die Stellung »a tergo«, also »von hinten«, als respektlos). Der Mann will auch eine aktive, selbstbewusste Frau, die durch ihre Initiative im Bett zeigt, dass sie Sex wirklich mag, den Mann mag und dass auch er begehrenswert und sexy ist. Der Mann mag auch Frauen, die experimentierfreudig sind und neue Dinge ausprobieren – auch an ihm. Frauen, die überraschen, einfallsreich, sexy und sich ihrer Reize bewusst sind.

Und Männer mögen natürlich auch schöne Frauen. Wer mag sie nicht? Oder anders formuliert: Wer mag nicht schöne Menschen? Denn welche Frau mag nicht auch schöne Männer? Männer lassen sich zudem auch gerne mit flotten, eleganten Damen in der Öffentlichkeit bestaunen und bewundern. Geht man als Frau nicht auch gerne mit dem hübschen Kumpel aus, der von anderen Damen neidisch begutachtet wird? Männer mögen Lebensfreude, Freiheit und Genuss. Doch welcher Mensch mag das nicht? So könnte ich diese Aufzählung fortführen. Was ich damit zum Ausdruck bringen möchte: Ist es nicht völlig menschlich, diese Bedürfnisse zu haben?

Ist es nicht einfach, sich in diese Männer hineinzufühlen, wo ihre Wünsche und Bedürfnisse wirklich liegen? Empathiefähigkeit sollte jede Escortdame mitbringen.

16 Die Kundentypen –
Jede bekommt den, den sie verdient?

Ja, das ist so. Das »Verdienen« ist keineswegs gehässig gemeint, doch habe ich nun auf über 270 Seiten versucht, deutlich zu machen, dass Sie das, was Sie ausstrahlen und tun, empfangen werden. Wer wertschätzend ist, wird Wertschätzung erhalten. Wer respektlos ist, dem wird mit Respektlosigkeit begegnet. Ähnliches gilt im Übrigen auch für das Privatleben, weshalb sich der Untertitel dieses Kapitels auf den Titel eines guten Buches von Hermann Meyer bezieht: JEDER BEKOMMT DEN PARTNER, DEN ER VERDIENT. So ist es in der Tat auch im Escortservice möglich, ziemlich genau die Kunden zu finden, die man möchte. Ein Restrisiko bleibt natürlich immer.

Ich habe mir in diesem Kapitel den Spaß erlaubt, ausgesuchte **Kundentypen** illustrieren zu lassen. Denn nichts ist schöner, als beim oder über den Sex lachen zu können.

Doch ehe der lustige Teil kommt, möchte ich den Problemtypen noch voranstellen:

Der Problemtyp

Der Problemtyp liegt in vielerlei Ausführungen vor und ist meist auch nicht zu vermeiden. Irgendwann trifft's jede Mal und sei sie auch noch so selektiv. Er zeichnet sich meist durch Dummheit (Ohne-Kondom-Anfragen), Gestank (fehlende Hygiene), Wahnsinn (Drogen) oder antisoziales Verhalten (Respektlosigkeit) aus. Wie ist dagegen vorzugehen? Beim wahnsinnigen, dummen Asozialen hilft meist nur der Dateabbruch. Bei fehlender Hygiene hilft es auch oftmals, selbst Waschlappen, Wasser und Seife ins Spiel zu bringen. Sie können die Situation mit einem Problemtypen mit einer guten Portion Humor nehmen oder andernfalls das Treffen mit ihm abbrechen. Diese Entscheidung liegt ganz bei Ihnen.

Der Servicefanatiker

Der Sicherheitsfanatiker

Der Pascha

Der Pornoralle

Merkmale: • lernt aus Pornos,
• spielt diese am liebsten nach,
• hält Pornos für Realität inkl. der
  Verbalerotik, Stellungen etc.
• ist einfallslos

SK

Der Liebeskasper

Der Blaue

Der Mechaniker

17 Der kleine Kundenratgeber –
Das perfekte Date

Auf über 280 Seiten wurde nun die Thematik für Damen beleuchtet. Da zu einem gelungenen Date aber immer zwei gehören, möchte ich es nicht versäumen, auch Männern Hilfestellung zu geben, wie sie zu ihrem perfekten Date kommen. Eine 100 %ige Date-Zufriedenheitsgarantie kann es natürlich nicht geben. Sie können jedoch entsprechend viel dazu beitragen, sich der 100 zu nähern.

Manche Männer, aber auch Frauen, unterliegen der Annahme, Männer könnten sich mit Geld alles kaufen. Zugegeben, sie können sich vieles kaufen, auch eine erotische Dienstleistung. Um ein perfektes Date zu erleben, reicht es meiner Meinung nach aber nicht aus, lediglich eine Dienstleistung in Anspruch zu nehmen. Oder anders ausgedrückt: Eine reine Dienstleistung kann sicher im Sinne eines Dienstes abgeleistet werden. Ein perfektes Date jedoch entfacht Feuer und Leidenschaft. Im zweiten Fall erhält der Mann sicherlich mehr als nur einen Dienst nach Vorschrift.

Das Erotikgewerbe wird nicht ohne Grund auch als **Gunstgewerbe** bezeichnet. Der zugegeben etwas altmodische Begriff Gunst drückt die freundliche Gesinnung einem anderen Menschen gegenüber aus. Manchmal drückt es auch eine Bevorzugung aus. Diese Gunst lässt sich erwerben. In den seltensten Fällen jedoch ausschließlich mit Geld.

Sie müssen sich vorstellen, dass jeder Ihrer Geschlechtsgenossen, der sich zu einem Treffen mit einer bestimmten Dame entschlossen hat, in der Lage ist, das Honorar für die erotische Dienstleistung zu entrichten. Es ist also noch kein Kunststück zu sagen: »Ich habe schließlich dafür bezahlt.« Ein fataler Denkfehler. Denn bezahlen müssen sie alle. Das kann es also nicht sein, was Sie von anderen abhebt oder Sie für die Frau zu einer besonderen Begegnung werden lässt, um ihre echte Gunst zu erhalten.

Ob Ihr Date zu einem perfekten wird, hängt somit von verschiedenen Faktoren ab, wie beispielsweise die passende Escortdame zu finden. Auch spielt es eine wichtige Rolle, ob und auf welche Weise Sie eine Frau als Dame behandeln, sowie Ihre *erotischen Kompetenzen* als Mann.

Die passende Escortdame finden

Viele Männer suchen im Escortservice eine ganz konkrete (erotische) Dienstleistung. Sei es, dass die Dame entsprechend gekleidet ist, oder einen bestimmten Fetisch- und Erotikwunsch anbietet. Eine solche Suche kann sich unter Umständen kompliziert und langwierig gestalten, weshalb manche Männer bereits im Vorfeld die Geduld verlieren und falsche Kompromisse eingehen. Einige hoffen, durch Geld könnten sie Differenzen überbrücken, ganz nach dem Motto *Was nicht passt, wird passend gemacht.*

Ehe Sie sich also auf die Suche nach Ihrer Escortdame begeben, sollten Sie sich über Ihre eigenen Rahmenbedingungen im Klaren sein. Das heißt konkret: Was exakt erwarten Sie von Ihrem Date und damit auch von Ihrer Begleitung? Welche Garderobe sollte sie besitzen? Welche Sprachen sollte sie sprechen? Wie sollte sie aussehen und wie alt sollte sie möglicherweise sein? Möchten Sie vorab Gesichtsfotos der Dame sehen oder spielt das für Sie eine untergeordnete Rolle? Wie lange möchten Sie die Dame treffen und für welchen Anlass genau? Haben Sie vielleicht sogar genaue Vorstellungen von ihrer erotischen Performance?

Weiter sollten Sie überlegen, ob Ihnen der persönliche Kontakt zur Dame vorab wichtig ist. Wenn Sie Wert auf diesen legen, kontaktieren Sie am besten eine Independent-Escortdame. Bei Escortagenturen ist es in der Regel nicht möglich oder gar erwünscht, Privatdaten, zu denen auch die Telefonnummer gehört, auszutauschen. Eine Independent-Escortdame bietet den Vorteil, direkt mit ihr in Kontakt treten zu können. So ist es möglich, bereits am Telefon festzustellen, ob die berühmte Chemie stimmt. Auch Wünsche und Vorstellungen lassen sich im persönlichen Gespräch mit ihr abgleichen. Sollten Sie keinen Wert auf persönlichen Kontakt vorab legen oder ist er ihnen sogar eher peinlich, wenden Sie sich am besten an eine Escortagentur. Qualitätsmaßstäbe, die Escortladys an Agenturen anlegen, gelten auch für Sie als Kunden. Sie können diese in Kapitel 13 nachlesen.

Sie sollten sowohl mit der Independent-Escortdame wie auch mit der Agenturtelefonistin Rahmenbedingungen, die Ihnen wichtig sind und mit denen das Date steht oder fällt, offen klären. Doch Vorsicht an dieser Stelle! Wer zu viel klärt, fixiert und bespricht, läuft Gefahr, ein Treffen nicht mehr auf sich zukommen lassen zu können, sondern zu verkrampfen und sich darauf zu versteifen, alle abgesprochenen Punkte einlösen zu wollen. Wenn Menschen sich begegnen, sollten Inspiration, Lockerheit und Flexibilität in der Luft liegen. Sich aufeinander einstimmen, einlassen und mit der Situation spielen macht ein Date zu einem individuellen Erlebnis.

Denn trotz aller Vorbereitung, Maßnahmen und Tüfteleien: Erst wenn sich die beiden Personen gegenüberstehen, sich zum ersten Mal in die Augen blicken, sich berühren und sich küssen, erst dann wissen beide, ob sich die Chemie zu einem sprühenden Feuerwerk verwandeln kann.

Wem dieses Risiko zu groß ist, da er vielleicht über Wochen oder Monate auf das Date gespart hat, der sollte die Möglichkeit eines Dinner Dates ins Auge fassen. Ein Dinner Date ist ein rein platonisches Treffen von meist circa zwei Stunden, das im Preis erheblich niedriger liegt. Man könnte sich beispielsweise die Option auf ein »Mehr« mit der Dame offenhalten und bekommt so die Chance, sich mit verhältnismäßig geringer Investition beschnuppern zu können.

Sollte dennoch, aus welchen Gründen auch immer, der Worst Case eintreten und Sie sind vor Ort der festen Überzeugung: Das wird nichts mit der Dame, dann sollten Sie nicht davor zurückschrecken, das Date notfalls abzubrechen. Der Worst Case wäre nämlich erst, viel Geld für ein schlechtes Erlebnis auszugeben. Sie haben es in der Hand.

Können Sie Gentleman?

Oder noch besser: Sind Sie sogar einer?
» Sie holen die Dame am Bahngleis ab oder
» Sie nehmen die Dame vor dem Hotel in Empfang
  (nicht auf dem Zimmer).
» Sie bringen ihr eine kleine Aufmerksamkeit
  (Blumen, Pralinen, Parfum) mit.
» Sie nehmen ihr den Koffer ab.
» Sie fragen nach ihrer Anreise.
» Sie helfen ihr aus dem Mantel.
» Sie bieten ihr ein Getränk an.
» Überhaupt sind Sie während der gesamten Zeit um
  das Wohlergehen Ihrer Herzensdame bemüht.

All das haben Sie selbstverständlich in Ihrem Repertoire. Natürlich vergessen Sie auch den obligatorischen Umschlag nicht und bitten die Dame bei Übergabe, nachzuzählen. Obendrein sind Sie, ebenso wie die Dame, gut vorbereitet, frisch geduscht, gepflegt und legen Wert auf einen respektvollen, höflichen Umgang.

Waschanleitung

Hygiene ist das A und O für ein gelungenes Date. Leider habe ich feststellen müssen, nur weil Männer sich waschen und duschen, es noch lange nicht heißt, dass sie auch sauber sind. Den ein oder anderen musste ich zu meiner aktiven Zeit noch einmal unters Wasser jagen. Damit Ihnen das nicht passiert, hier meine eigens entwickelte Waschanleitung für Männer.

1   Mechanische Grundreinigung

Grobe Verschmutzungen unter Wasser mit einer Bürste lösen und entfernen.

2 Reinigung

Empfehlenswert ist die Verwendung eines speziellen Waschmittels, welches sich rückstandsfrei abwaschen lässt, zum Beispiel Duschdas for Men oder Dove.

Dabei gilt: Besser oft mit wenig als selten mit viel Waschmittel waschen. Die vorherige Handwäsche wird empfohlen. Alle Körperöffnungen schließen und die Einseifung beginnen.

2.1 Vorwäsche bei hartnäckigen Verunreinigungen

Verwenden Sie in hartnäckig verunreinigten Bereichen, beispielsweise an den Händen, Handwaschpaste und eine Handwaschbürste. Achten Sie hierbei vor allem auch auf – bzw. unter – die tückischen Fingernägel und das Nagelbett. Ein vorheriges zehnminütiges Einweichen der betroffenen Regionen, zum Beispiel in der Badewanne, empfiehlt sich.

2.2 Besondere Verunreinigungen

2.2.1 Achseln

Heben Sie erst einen Arm und waschen Sie mithilfe eines Waschlappens, einer Waschbürste oder falls nicht vorhanden einfach mit der Hand und einem milden Waschmittel. Hierbei kreisen Sie großflächig und mindestens 10 Sekunden unter jeder Achsel.

2.2.2 Fußnägel

Sie können die zeitaufwendigere Pflege Ihrer Füße auch in eine professionelle Reinigung geben. Diese Pediküre sollte alle vier bis sechs Wochen stattfinden. Sie können zwischen den Terminen Ihre Fußnägel selbst abzwicken, die Hornhaut entfernen, die Nagelhaut zurückschieben und unter den Zehennägeln reinigen. Hierfür empfiehlt sich ein entsprechendes Pediküreset. Bei der täglichen Reinigung sollten Sie auf die tückischen Zehenzwischenräume achten. Bei Nagelpilz ist umgehend ein Arzt aufzusuchen und die Mission Date abzusagen!

2.2.3 Penis

Dem Penis, auch das beste Stück des Mannes genannt, will bei der Reinigung besondere Beachtung geschenkt werden. Viele Männer scheuen die ganzheitliche Reinigung, wohl aus Angst, bei Wassereintritt könnte die Funktionsfähigkeit eingeschränkt werden. Dem ist mitnichten so! Seifen Sie zuerst den Penis und den umliegenden Genitalbereich inklusive Schamhaare mit einer speziellen Intimwaschlotion gut ein. Sollten Sie diese Spezialpflege nicht zur Hand haben, genügt für die unmittelbaren Hautregionen klares Wasser. Nun ziehen Sie mit der linken Hand (als Rechtshänder) die Vorhaut Ihres Penis zurück und waschen Sie ihn dort, also an und um die Eichel herum. Beachten Sie hierbei besonders mögliche Hautfalten. Ziehen Sie diese auseinander und entfernen Sie vorhandene Verschmutzungen.

2.2.4 Anus/Pofalte

Ähnlich wie bereits in Punkt 2.2.3 beschrieben, verhält es sich mit der Region um den Anus und die Pofalte. Ziehen Sie hier zum Reinigen die Pofalte auseinander und waschen Sie den Anus und die Pofalteninnenseite sanft, aber gründlich mit der Hand. Beachten Sie, dass sich Verunreinigungen an starker Behaarung hartnäckiger entfernen lassen. Anschließend spülen Sie diese Region gut mit einem Brausestrahl.

2.3 Leichte Verunreinigungen

Die Feinwäsche empfiehlt sich bei leichten Verunreinigungen an diversen Körperöffnungen, die oft in Vergessenheit geraten: Nasenlöcher, Gehörgang und die Mundhöhle sind bei der Reinigung ebenfalls zu beachten.

3 Spülen

Abschließend sollte der Mann nochmals gründlich abgespült werden.

Wichtig: Auf keinen Fall Weichspüler verwenden. Vorsicht! Manche Flüssigwaschmittel enthalten Weichspüler. Im Anschluss empfiehlt sich eine aufeinander abgestimmte Körperpflege mit Bodylotion, Deodorant, After Shave und/oder Parfüm.

Achtung: Sollte es trotz ordentlicher Hygienemaßnahmen an oben benannten Regionen zu dauerhaften Verschmutzungen in Kombination mit Unwohlsein und üblen Gerüchen kommen, suchen Sie bitte umgehend Ihren Arzt auf.

Weitere Anmerkungen: Auch wenn Sie beim Lesen schmunzeln mussten – bitte nehmen Sie diese Waschanleitung ernst. Für ein gelingendes Date mit der Dame Ihrer Wahl ist eine gründliche Reinigung vorab unabdingbar! Für ein Nichtgelingen des Dates trotz Ausführung der Waschanleitung wird nicht gehaftet.

Frauanleitung

Manche Männer, so leid es mir tut, das zu erwähnen, haben sich in Sachen Erotik einen Bären aufbinden lassen: Sie halten **Pornofilme** für die Realität. Normalerweise müsste jeder Pornofilm oder anders ausgedrückt jedes Männermärchen beginnen mit:
> Es war einmal ...
> ... eine Nymphomanin
> (Ausnahmen bestätigen die Regel, nicht umgekehrt!)
> ... eine Frau, die gerne Ladungen von Sperma schluckt
> (erst selbst kosten, dann anbieten!)
> ... eine Frau, die es genießt, ihre Klitoris wie Schweizer Käse
> am Reibeisen behandeln zu lassen (bitte rasieren!)
> ... eine Frau, die nur eine erogene Zone hat
> (der Kolle bekommt 'nen Koller!)
> ... eine Frau, die es liebt, ihre Brustwarzen
> zusammenquetschen oder fast abbeißen zu lassen
> (diesen Männern sollte man auch mal
> etwas quetschen oder abbeißen!)
> ... ein Mann, der fünf Stunden ohne Unterbrechung kann
> (Sie sind doch keine 20 mehr! Seien Sie ehrlich!)
> ... eine bakterienfreie Frau, die problemlos sämtliche ... in alle
> Öffnungen ... (O. k., lassen wir das! Das führt jetzt zu weit.)

So manches Mal, als mir enttäuscht von Männerseite berichtet wurde, die Ehefrau würde schon so und so lange nicht mehr mit ihnen schlafen, konnte ich sie verstehen. Also die Ehefrauen, nicht die Männer. Ich konnte leider nicht gänzlich herausfinden, wo das Problem im Einzelnen lag. War es schlichtweg fehlende Kenntnis über die weibliche Anatomie? Porno hin oder her. Spätestens seit Oswald Kolle ist der Unterschied zwischen männlicher und weiblicher Anatomie wirklich kein Geheimnis mehr. Bis heute gibt es Sexualbücher en masse, aber vielleicht muss ich auch selbst noch eines schreiben, um dieses Unwissen auszumerzen. Oder sind manche einfach in ihrer Grob – wie auch Feinmotorik unterentwickelt?

Vielleicht waren die verflossenen Liebschaften aber auch versierte Schauspielerinnen und ihr Vortäuschen von Orgasmen war so echt, dass der Mann nie eine wirkliche Chance bekam, sein latentes Talent weiterzuentwickeln. Diese Kombination gepaart mit einem selbstverliebten Charakter lässt ihn schnell glauben, er sei der Beste. Und wer annimmt, am Höhepunkt seiner Schaffenskraft angekommen zu sein, verändert sich und sein Verhalten nicht mehr. Wenn sich dann jedoch das Ziel »G-Punkt«, der eigentlich zum Höhepunkt führen soll, nur als kleiner Hügel herausstellt, nämlich als Venushügel, spätestens dann sollte klar sein, dass sich auch eine Vanessa Eden das Lachen nicht mehr verkneifen kann.

Für gute Liebhaber gilt im Grunde das Gleiche wie für gute Liebhaberinnen. Einfühlungsvermögen, eine gewisse Sicherheit im Umgang mit Menschen (Frauen) und Interesse an der anderen Person sind unabdingbar, wenn es für beide schön werden soll. Denn wenn die Dame beim Cunnilingus ihr Becken bereits wieder zurückzieht, dazu noch seinen Kopf mit ausgestrecktem Arm und voller Kraft von sich wegdrückt, heißt das nicht: »Au ja Baby, mach's mir bitte noch ein bisschen fester.« Und sollte die Dame Ihnen direkt etwas zuflüstern wie: »Bitte ein bisschen sanfter«, dann nehmen Sie doch einfach die Gelegenheit wahr und *tun, worum Sie sie bittet.* Einfacher geht es eigentlich nicht mehr. Lauschen, spüren, forschen und sich einfach gemeinsam treiben lassen.

18 Ethik im Escortservice

18 Ethik im Escortservice

Immer wieder tauchen ethische Fragen auf, also **Gewissensfragen,** wenn man im Escortservice arbeitet/arbeiten möchte oder wenn man, wie ich, als Escort-Coach tätig ist. Auch ich finde auf viele Fragen nicht immer eine Antwort, doch das ist auch nicht zwingend das Ziel. Vielmehr möchte ich mit diesem Kapitel Diskussionsansätze und Überlegungen aufzeigen.

Als ich 2008 Escort-Coaching ins Leben rief, wurde mir vorgeworfen, ich würde Frauen beim Einstieg in die Prostitution behilflich sein. Dieser Vorwurf beruht ganz eindeutig auf dem negativen Berufsbild der Prostituierten, das die Frauen als Opfer sieht: »Es kann keine freiwillige Prostitution geben. Sie ist immer durch finanzielle Nöte motiviert.«

Zusätzlich erreichte mich Kritik aus den eigenen Reihen, wie ich denn aus der Notlage von Frauen Profit ziehen könne. Auch diese szeneninterne Kritik betrachtet die Damen grundsätzlich als Opfer und nicht als selbstbestimmte Frauen, die sich freiwillig zu dieser Tätigkeit entschlossen haben. Diese Auffassung wunderte mich besonders, da die logische Konsequenz dieser Aussagen ein Prostitutionsverbot nach sich ziehen müsste. Das jedoch wird von Branchenvertretern vehement abgelehnt.

Was war es also, das diese Leute zu ihrer Meinung antrieb? War es schlichtweg Einfallslosigkeit und Neid? Oder war es ihre selektive Wahrnehmung, da sie in der Tat meist mit der Opferrolle der Prostituierten, die es zweifelsohne gibt, konfrontiert werden? Ich vermute das Letztere.

Doch in der Tat steckte ich in einem Dilemma. Mein persönliches Escort-Coaching leisteten sich nur Damen, die mit beiden Beinen fest im Leben stehen. Ich staunte nicht schlecht, als mich Personalleiterinnen in repräsentativer Funktion, Doktorandinnen und Rechtsanwältinnen kontaktierten, da die Branche sie reizte. Doch was war mit den anderen Frauen, die sich mein Coaching in der Tat nicht leisten konnten, sich aber trotzdem informieren wollten? Für diese richtete ich die Gratis-Plattform escort-coach.de/ratgeber/ ein.

Ich hoffte, über diesen Weg positiv Einfluss nehmen, aber auch warnen zu können.

Doch nicht jede Frau, die ich telefonisch oder persönlich beraten hatte, stieg am Ende in den Escortservice ein. Viele wollten sich einfach nur ein Bild von der Branche verschaffen und von meinen Kompetenzen als Erotic Coach und Stylistin persönlich profitieren. Einige wenige fanden indes durch das Coaching heraus, Escortservice ist in Realität doch nicht das, was sie sich vorgestellt hatten. Auch lehnte ich bereits beim Vorgespräch die ein oder andere Escortinteressentin ab, wenn ich der Meinung war, sie ist nicht für diesen Beruf geeignet.

Mein persönliches Coaching richtete sich eindeutig an die selbstbestimmte Frau, die sich freiwillig und ohne finanzielle Nöte bewusst zu dieser Tätigkeit entschlossen hatte. Ich sehe die Frauen nicht als Opfer ihrer sozialen Rolle, sondern als intelligente Wesen, die sich ihrer Reize bewusst sind und ihr erotisches Kapital zum Einsatz bringen können, sofern sie dies möchten.

Grundsätzlich rate ich von einem Einstieg aus rein finanzieller Motivation ab. Wenn sich die Dame dennoch aus diesem Grund für diese Tätigkeit entscheidet, wäre es dann wirklich meine Aufgabe, belehrend über sie zu richten, sie zurechtzuweisen und sie daraufhin im Stich zu lassen? Ist es nicht viel konstruktiver, sie als selbstbestimmte und selbstverantwortliche Person wahrzunehmen und bestmöglich auf Risiken, Gefahren und Besonderheiten hinzuweisen, die dieser Job mit sich bringen kann? Meine Intention ist es, die Entscheidungsfähigkeit jeder einzelnen Frau zu fördern. Denn meine Erfahrung hat gezeigt, dass das Unwissen und die Naivität über die Branche grenzenlos sind. Es wäre geradezu *verantwortungslos*, interessierte Frauen mit ihren vielen Fragen im Regen stehen zu lassen.

Gerne vergleiche ich mein Escort-Coaching auch mit der Aufklärung von Jugendlichen über ihr erstes Mal. Manche Eltern sind davon überzeugt, dass »es« für ihr Kind noch viel zu früh wäre, und versagen ihm deshalb die so wichtige Sexualaufklärung. Der/die Jugendliche wird sich somit im besten Fall seinen Wissensdurst über Freunde oder das Internet stillen. Im schlechtesten Fall passiert das erste Mal ohne jegliche Aufklärung und womöglich noch mit weitreichenden negativen Konsequenzen.

Ab einem gewissen Alter treffen Menschen Entscheidungen für ihr Leben selbst. Man kann ihnen daraufhin jegliche Hilfestellung versagen oder ihnen eine Stütze sein.

Darf Escort-Coaching den Job »schmackhaft« machen?

Die Frage an sich ist sehr moralisch, wenn man bedenkt, dass sie in anderen Berufszweigen wohl so nicht gestellt würde. Gleichzeitig impliziert sie, Escortservice ist grundsätzlich etwas Negatives. Sie würde auch nicht gestellt, wenn es sich um Escortherren handeln würde, oder? Würde man bei Männern nicht automatisch davon ausgehen, dass sie selbstbestimmt und aus Spaß dieser Tätigkeit nachgehen? Bei Frauen hingegen implizieren Prostitutionskritiker automatisch eine **Opferrolle.** Und in der Tat birgt auch der Escortservice Gefahren und Risiken für jede Dame, wie Sie bereits ausführlich in Kapitel 10 nachlesen konnten. Doch wäre es nicht gerade dann sinnvoll eigenverantwortliche Frauen aufzuklären, um sie genau vor dieser Opferrolle zu bewahren?

Moralisch verwerflich kann Escort-Coaching nur dann sein, wenn Escortservice an sich moralisch nicht vertretbar wäre. Was in nächster Instanz eine moralische Diskussion nach sich ziehen würde. Der Philosoph Norbert Campagna widmete sich dieser Frage in seinem Buch PROSTITUTION. EINE PHILOSOPHISCHE UNTERSUCHUNG. Er kommt auf über 300 Seiten zu dem Ergebnis, dass es keinen begründbaren Verstoß gegen die Moral gibt. Und auch ich komme in Kapitel 4 (Prostitution) zu dem Schluss, dass die sexuelle Dienstleistung per se nicht nur ein Grundbedürfnis stillt, sondern sogar noch zur Zufriedenheit und **Lebensqualität** vieler Menschen beiträgt. Schlussendlich hat auch das Bundesverfassungsgericht als oberste Instanz im Jahr 2002 mit dem Prostitutionsgesetz formaljuristisch die Sittenkonformität festgestellt.

Deshalb mache ich den Job nicht schmackhaft, doch ich verdamme ihn auch nicht. Er hat sowohl seine Licht – als auch seine Schattenseiten, über die ich neutral berichte.

Doch in der Tat bieten seit meinem Start als Escort Coach immer mehr Escortagenturen auch Escort-Coachings für ihre Damen an. Man darf zu Recht mit einem kritischen Auge diese Entwicklung betrachten. Kann eine Agentur, die auf der Suche nach Damen ist, wirklich neutral und ehrlich über die Branche beraten? Ich vermute, dass die Agentur-Coachings oftmals weniger eine ehrliche Beratung umfassen, denn mehr eine Rekrutierung neuer Damen zum Ziel haben. Deshalb bieten manche Agenturen ihre Coachings deutschlandweit sogar gratis an. Auch hier gilt wieder: Lassen Sie sich nicht von Begrifflichkeiten blenden, sondern seien Sie aufmerksam und schauen Sie kritisch, was hinter der Fassade steckt.

Darf man Männern das Fremdgehen erleichtern?

Dieser Vorwurf kommt oft aus der Ecke der Partnerinnen, weshalb ich diese Fragestellung im Bekanntenkreis diskutierte – allerdings nur sehr kurz. Die logische Rückfrage war nämlich: »Wie viel müssen Frauen eigentlich bezahlen, wenn sie außerpartnerschaftlichen Sex möchten?« Und die Antwort war: »Gar nichts, denn ich kenne keine Frau, für die es schwierig wäre, an einem Abend einen Mann für einen One-Night-Stand zu finden.« Interessant. Weshalb wird nun das Bezahlenmüssen für eine erotische Dienstleistung als niedrigere Hemmschwelle angesehen als die freie Verfügbarkeit ohne Geld? Oder ist diese Fragestellung in Wirklichkeit wieder eine versteckte Mann-Frau-Gleichberechtigungs-Diskussion? Und wenn es so ist: Wer ist an dieser Stelle wirklich benachteiligt?

Darf man Sex im Ehebett des Kunden haben?

Diese Frage richtet sich auch an den Kunden selbst. Es gibt nicht wenige Escortdamen, die ein Störgefühl dabei empfinden, wenn sie vom Kunden in sein intimes Ehebett eingeladen werden. Weshalb sich Kunden für diesen Ort der Begegnung entscheiden, hat verschiedene Gründe. Für manche Männer mag das ein Kick sein, für andere ist es schlichtweg Bequemlichkeit und Sparsamkeit, da er kein Hotelzimmer buchen muss. Und so gehen auch die Begründungen der Escortdamen auseinander. Während manche Damen der

Meinung sind, es ginge sie gar nichts an, wo der Kunde sie gerne treffen möchte, denn wer bezahlt, bestimme nun einmal die Musik, lehnen andere Treffen im gemeinsamen Haus des Kunden strikt ab.

Gerade zu Beginn ihrer Escorttätigkeit sind viele Frauen noch zu unsicher, eigene Bedingungen für Treffen aufzustellen, und machen schon mal Dinge mit, die ihnen nicht behagen. Und sei es nur, um herauszufinden, wo ihre eigenen Grenzen liegen. Viele Escortdamen denken auch, solche Abläufe seien normal in ihrer Position, und sehen es als ihre Aufgabe an, genau hier keine moralischen Fragen zu stellen. Doch manchmal hilft es, sich diese Fragen zu beantworten, und zwar indem man sich über seine eigenen Wünsche und Bedürfnisse klar wird. Wie würde man sich selbst fühlen, wenn eine fremde Person die eigenen Räumlichkeiten betritt, die intimsten wohlgemerkt, um dort mit dem eigenen Partner zu schlafen?

Das Thema Sex im Ehebett beinhaltet jedoch nicht nur einen moralischen Ansatz, sondern vielmehr auch einen juristischen. Ist die Unverletzlichkeit der Wohnung nicht sogar in Art. 13 im Grundgesetz verankert? Wenngleich dieses Gesetz vor allem die Unverletzlichkeit gegenüber staatlichen Behörden vorsieht, so geht daraus auch das Gesetz des Hausfriedensbruchs hervor. Somit betrifft es die geschützte Privatsphäre einer Person, nämlich die der Ehefrau/Partnerin, die meist nichts davon weiß, dass eine andere, ihr fremde Person ihren schützenswerten, intimen Rückzugsort betritt.

Bei diesem heiklen Thema ist meiner Meinung nach in erster Linie das Verantwortungsbewusstsein des Kunden gefragt. Sie als Escortdame dürfen Ihrem Störgefühl nachgeben – *egal welche ethischen Fragen sich Ihnen stellen* – und müssen nicht Ihre eigenen Grenzen überschreiten. Es zeugt auch von Rückgrat, Treffen, die nicht mit dem eigenen Wertesystem übereinstimmen, abzulehnen, denn am Ende müssen Sie sich am nächsten Morgen im Spiegel betrachten können und wollen.

Darf sich eine Escortdame in einen Kunden verlieben?

Manch übermütige Zungen behaupten, der Kunde bezahle die Dame nicht fürs Kommen, sondern fürs Wieder-Gehen. Das könnte auf die Art von Männern zutreffen, in die man sich auf den ersten Blick verlieben könnte. Doch weniger ist die Frage, ob sich eine Escortdame in einen Kunden verlieben darf, viel wichtiger ist: Wie geht sie damit um, wenn es passiert ist?

Ich habe mich für ein »Mehr« auch im Escortservice nie verschlossen, da ich grundsätzlich offen sein möchte für das Leben. Und wenn ich meinen Traummann im Escortservice kennenlerne, so what? Ganz im Gegenteil sogar. Man begegnet sich bereits auf Augenhöhe, was das spätere Miteinander einfacher gestalten kann. Dachte ich. Nichtsdestoweniger ist Escortservice keine Partnerbörse. Das wird sowohl von manchen Männern als auch von einigen Frauen missverstanden. Wer mit der erwartungsvollen Hoffnung der Partnerfindung in Dates geht, kann unterm Strich nur enttäuscht werden. Denn das, wonach beide primär auf der Suche sind, sind unverbindliche Abenteuer, wobei die Dame hierfür noch vergütet wird.

Doch wie verhält man sich am besten, wenn man sich trotzdem verliebt hat? Als Anbieterin hat man keinerlei Ansprüche auf ein »Mehr« und sollte sich deshalb mit Avancen zurückhalten. Dies gilt natürlich vor allem, wenn der Kunde verheiratet ist, aber auch, wenn er Single ist. Vielleicht ist das Verlieben ein weiteres kleines Risiko, das der Job mit sich bringt, das man allerdings mit sich alleine ausmachen muss.

Nochmals anders gestaltet sich die ganze Situation, wenn er derjenige ist, der sich verliebt hat. Eine Situation, die unter Umständen zu Problemen führen kann. Es sollte dringend vermieden werden, diese schwache Position des Kunden für monetäre Zwecke auszunutzen. Wer feststellt, dass sich ein Kunde, aus welchen Gründen auch immer, festgebissen hat und gerade dabei ist, sich finanziell zu verausgaben, kann selbst die Reißleine ziehen und Dates, notfalls unter einem Vorwand, verweigern.

Doch es gibt auch im Escortservice Männer, die nicht davor zurückschrecken, der Dame Gefühle vorzugaukeln, um schlichtweg gratis an ihren Service zu kommen. Eben so, wie es Wochenende für Wochenende in zig Bars und Diskotheken passiert. Auch ich bin davor leider nicht verschont geblieben, und es entwickelte sich daraus eine zweijährige Affäre, die ich in folgendem Artikel zusammenfasste:

Beim Kennenlernen hatte er mir erzählt, er sei alleinerziehender Vater. Nein, ich muss anders beginnen:

Es war einmal ein alleinerziehender Vater. Der Grund, warum die Frau bei ihm ans Festnetztelefon geht, war der, dass sie wohl gerade das gemeinsame Kind besuchen würde. Ja, sie komme des Öfteren vorbei, habe auch einen Schlüssel, so dass sie das Kind immer sehen könne, wann sie es wolle. Wie das zustande kam? Na, da er als viel beschäftigter Geschäftsmann oft unterwegs war, sei er eines Tages nach Hause gekommen und habe sie im Bett mit einem anderen vorgefunden. Deshalb sei auch das Kind bei ihm geblieben. Dass ich sonntags abends auf dem privaten Festnetz anrief, mich mit Vornamen vorstellte und ihn verlangte, fand er auch unmöglich. Aber er könne schließlich nichts dafür. Also mutierte ich von der Geliebten zu einer Bewerberin der Firma, die den Job eben unbedingt haben wollte ...

Dennoch ging die Affäre nach kurzer Zeit weiter. Wir konnten die Finger nicht voneinander lassen – es war schlimm und zugleich das Schönste, was ich bis dato je erlebt hatte. Die zwei Jahre waren in erster Linie geprägt von harmonischem Zusammensein, inniger Zweisamkeit, vertrautem, hingebungsvollem Sex, Leidenschaft, Eifersucht, Liebe, Schmerz und Stimmungsschwankungen.

Unmittelbar nach jedem Wiedersehen waren meine leeren Batterien aufgeladen. Ich fühlte mich bis zu 24 Stunden zum Bäumeausreißen – dann kam die Leere – die große, weite, gähnende Leere, die mich dazu drängte, auf das nächste Wiedersehen zu bestehen. Ich litt in dieser Zeit so sehr, dass ich diesen Schmerz endlich weghaben wollte. Das ging in diesem Moment nur durch ihn. Nur er schaffte es, mir diesen Schmerz zu nehmen und mich wieder Mensch sein zu lassen.

Ich war süchtig, abhängig von diesem Stoff, der mir emotionale Höhenflüge bescherte, der das Leben so bunt werden ließ, der mich so unendlich glücklich machte, dass ich meinte, mir könne keiner mehr was. Der Entzug war grauenhaft, leer, grau, traurig, beängstigend, nicht in meiner Macht stehend, ich war willenlos und manchmal auch aggressiv und wütend. Ja, es ist eine Sucht, einem Menschen zu verfallen – jede Sucht wird durch den Entzug gebrochen. Der Entzug schmerzt!

Das Kuriose an dieser gesamten Affäre war schon der Beginn. Ich lernte ihn als Kunden über die Tätigkeit als Escortdame kennen. Er kündigte bereits während des sympathischen Telefonats an, mich für vier Stunden treffen zu wollen. So herzlich und sympathisch wie das Telefongespräch war, so warmherzig war die Begrüßung im Anschluss. Obwohl sich zwei wildfremde Menschen gegenüberstehen, von denen beide wissen, was passieren wird, war diese Begegnung äußerst spannend. Während ich mit ihm schlief, geschah mit mir etwas, das ich bei noch keinem Kunden zuvor hatte und was mich in diesem Moment erstaunte – möglicherweise auch ein wenig erschreckte. Mir flogen die Schmetterlinge durch den Bauch, wie ich das zuvor nur von Verliebtheitsgefühlen mit meinen Partnern kannte. Dazu muss erwähnt werden, dass es nicht am Sex lag – nichtsdestoweniger zog uns etwas magisch an.

Es ist schwierig, im Nachhinein diese Affäre zu beschreiben. Ich kann mich an enorme Gefühlsausbrüche erinnern, an den häufigen Versuch der Trennung. Wobei er nie insistierte, wenn ich eine Entscheidung traf. Ich scheiterte an mir selbst. An den Wochenenden war ich alleine – er: in seiner heilen Welt. An Feiertagen war ich alleine – er: in seiner heilen Welt. Zu Ostern, Weihnachten und an meinem Geburtstag war ich alleine – er: in seiner heilen Welt. Und dabei war es genau das, was ich mir mit ihm wünschte, und mich überkamen Wut, Eifersucht und Neid!

Wütend war ich, dass er mich immer wieder hingehalten, mir immer wieder Hoffnungen gemacht hatte, mir immer wieder, nachdem ich daran geglaubt hatte, diese Illusion nahm, denn er könne weder seine Frau noch sein Kind verlassen. Es würden drei Welten zusammenbrechen – das müsse man bedenken.

Eifersüchtig war ich, da ich nie wusste, ob er wirklich noch mit seiner Frau schläft. Er erzählte mir zwar immer, dass das nicht der Fall wäre, da er ja genau aus diesem Grund anfing fremdzugehen, doch wie heißt es so schön: »Wer einmal lügt, dem glaubt man nicht ...« Und lügen tat er zur Genüge.

Neidisch war ich wohl auf alles, worauf man in einer solchen Situation neidisch sein könnte. Auf die schöne heile Welt, nach der ich mich doch auch ein wenig sehnte. Ja doch, ich sehnte mich danach und mit ihm an der Seite noch mehr. Ich war neidisch auf das traute Heim, auf die Sicherheit, die er seiner Frau bot, auf die Liebe, auf die Wärme, auf das, was ich meinte, es würde mir zustehen. Ich war der Meinung, ich würde ihm viel mehr Liebe geben als sie, ich würde ihm viel mehr Wärme und Zärtlichkeit geben, warum durfte dann sie mit ihm zusammen sein?

Irgendwann las ich diesen Satz und mir fiel es wie Schuppen von den Augen:

»Da, wo sein Leiden beendet ist, beginnt das der Geliebten.«

Ja klar, das war so logisch. In dem Moment, in dem er Linderung erfährt, da er endlich eine Kompensierung seines »Problems« gefunden hat, nämlich die Geliebte, kommt er gar nicht mehr auf die Idee, sich von seiner Frau zu trennen. In dem Moment, wo sie ihm Linderung verschafft, führt er ein Leben im Schlaraffenland. Er schlägt zwei Fliegen mit einer Klappe. Er behält Haus und Hof, die heile Welt nach außen und seine eigene Sicherheit, sollte es mit der Geliebten irgendwann einmal nicht mehr so funktionieren – dann ist er wenigstens im Anschluss nicht alleine, zudem hat er grandiosen Sex und ein bisschen was fürs Ego in der Midlife-Crisis.

Es ist auch hier wieder eine große Parallele zu anderen Suchtverhaltensweisen zu ziehen. In dem Moment, in dem der Süchtige eine Linderung seines Problems erfährt, da ihm die Person an seiner Seite hilft, sein Problem zu vertuschen, wird er nicht aufhören, seine Sucht zu beenden. Wobei ich damit nicht sagen will, dass er der eigentlich Süchtige ist. Ich war die Co-Abhängige, die sich ihn als »Täter« gesucht hat, um »Opfer« sein zu können. Die Co-Abhängige, die immer nur darauf gewartet hat, einen Menschen zu finden, für den sie tätig sein kann, dem sie helfen kann.

Und ich hätte ihm doch soooo gerne geholfen. Ich hätte mich für ihn aufgeopfert, für diesen armen Mann, der von seiner bösen Frau so verkannt wird – die wohl eine hervorragende Mutter ist (weswegen er sie auch nie verlassen könne), die aber ihn völlig im

Regen stehen und am ausgestreckten Arm verhungern lässt. Jawohl und dann kam die Supervanessa und wollte ihn retten – den armen Mann! Völlig erstaunt war sie dann, als sie feststellte, dass er sich gar nicht retten lassen wollte! Er wollte lieber in seiner »tragischen« Situation verharren, weiter jammern und leiden und sich bei Supervanessa Linderung holen.

Das ist genau der Punkt, dem viele Frauen verfallen: Er jammert, wie schlecht es ihm doch geht und dass es ihm nicht möglich sei, sich zu trennen, weshalb es ihm dann noch schlechter geht (ein Wunder, dass er das überhaupt überlebt), und die Geliebte fühlt sich als große Retterin und kann endlich ihrer Bestimmung nachkommen und helfen!

Während man sich in dieser Situation befindet, sieht man das selbstverständlich nicht. Denn das gesamte Konstrukt ist überdeckt von Gefühlen, und die Situation an sich überfordert die Geliebte meist zu sehr, als dass sie klar denken könnte.

Auch ich wollte ihn unbedingt für mich haben, diesen Mann, der mich so faszinierte … und doch, wenn sogar von ihm die Initiative kam: »Woll'n mers rundmachen?« (ein fränkisches Original), reagierte ich zurückhaltend. Ich freute mich zwar innerlich und hatte Hoffnung, dass ich diejenige sein könnte, die eines Tages neben ihm aufwacht, und gleichzeitig hatte ich Angst, mich auf etwas wirklich zu freuen, was vielleicht nie eintritt. Zudem sahen wir uns zwar an vielen Tagen, doch eine Affäre haben und eine Beziehung zu führen ist nicht dasselbe. Das war mir auch zu diesem Zeitpunkt bewusst. Unterschwellig kam von ihm natürlich, dass er dann »wegen mir« seine Familie verlassen würde. Auch diesen Schuh wollte ich mir nicht anziehen. Eine Beziehung, die unter diesem Aspekt zustande käme, wäre von Schuld und Druck kaum zu befreien. Eine solche Beziehung wollte ich auch nicht führen. Es wäre nicht frei genug, nicht locker, nicht von selbst. Dazu kam, dass er mich in dieser kurzen Zeit sooo oft belogen hatte, dass ich mich – dann doch wieder klar im Kopf – ehrlich fragen musste: »Willst du diesen Mann wirklich? Das alles, was er jetzt hinter dem Rücken seiner Frau macht, macht er womöglich dann mit dir.«

Liebe muss frei sein, um sich entwickeln und wachsen zu können. Sie darf nicht durch Schuldgefühle welcher Art auch immer gedrückt

werden oder anders unter Druck stehen. Das alles wäre kontraproduktiv. Und ich als freiheitsliebender Mensch wäre mit Druck dieser Art nicht zurechtgekommen. Auch heute bin ich noch der Meinung, dass man sich nicht trennt auf Grund eines neuen Partners.
Der wahre Grund der Trennung liegt in Wirklichkeit doch ganz
woanders. Wenn ein Paar inniglich miteinander verbunden ist, sollte
es keinen anderen Menschen geben, der in diesen Verbund eingreifen kann. Dieses Eingreifen gelingt meines Erachtens nur, wenn die
Schutzhülle der Beziehung – die Liebe – bereits Schaden erlitten und
dadurch ein Leck hat.

Ich konnte mich nach einer »Kurzschlussreaktion« meinerseits
aus dieser destruktiven Beziehung lösen. Es war zu einer Zeit, als
ich von ihm wissen wollte, was ich für ihn bin. Mittlerweile waren
zwei Jahre vergangen, ich redete mit ich weiß nicht wie vielen Männern über ihn und bekam wirklich von jedem eine andere Antwort.
Das machte mich verrückt! Mir ging es nur noch darum, meine
»Rolle« einordnen zu können. Ich war zu dieser Zeit schon davon
weggekommen, ihn unbedingt haben zu wollen, doch ich wollte
wenigstens wissen, wie ich ihn in mein Leben einordnen kann, um
selbst wieder ein normales Leben führen zu können und vielleicht
den Mut und die Lust wiederzufinden, auf Partnerschau zu gehen.
Diese Frage wollte er mir nicht beantworten. Auch hier wurde ich
nur wieder abgespeist mit den Worten: »Du hast ja Recht, ich weiß.
Ich muss mich jetzt endlich entscheiden.« Und dabei wollte ich gar
keine Entscheidung! Ich wollte nur wissen, was ich für ihn bin. Er
hätte zum ersten Mal Farbe bekennen müssen, er hätte dann wohl
sagen müssen: Du warst für mich nicht mehr als ein nettes Abenteuer – für mehr hat es nicht gereicht. Aber auch das wäre für mich
in diesem Moment in Ordnung gewesen, denn immerhin hatte auch
ich eine wunderschöne Zeit mit ihm verbracht. Nur wollte ich für
mein Leben in Zukunft entscheiden können, ob ich diese Rolle weiterhin haben möchte, dann aber voller Bewusstsein und gerne –
ohne Opferrolle!

Die Ausflüchte von ihm machten mich wütend und ich hörte
den Satz »Ja, ich muss mich entscheiden« sicher drei, vier Mal. Er
wollte mir in einer Woche Bescheid geben. Diese Entscheidung
wollte ich ihm abnehmen, denn das war zu viel der Demütigung

nach dieser langen Zeit. Ich wusste ja, was gekommen wäre, und so bin ich, nachdem ich ihn versucht hatte telefonisch auf dem Handy zu erreichen, auf dem Festnetztelefon zu erreichen und er so tat, als würde er mich nicht hören, kurzerhand zu ihm gefahren und habe – ein zweites und letztes Mal – geklingelt.

So böse es klingen mag, ich habe das bis heute nicht bereut. Ein kleines bisschen Rache ist süß und es war ein wenig Genugtuung für die Lügen, die Hinhaltetaktik, den Vertrauensverlust und die seelische Demütigung, die ich durch ihn erfahren habe – damals. In meiner damaligen schwachen Situation auf der heimlichen Suche nach dem Traummann war ich ein gefundenes Fressen.

Heute würde ich es anders sehen. Heute würde ich mich auf ein solches Spiel gar nicht mehr einlassen. Heute würde ich mich zuerst selbst an die Nase fassen und meine Situation verändern, als ein solches Spiel mitzuspielen. Ich möchte nicht für alle Zukunft sprechen, man weiß wirklich nie, was noch alles passiert und in welche Situationen einen das Schicksal manchmal bringt. In diesem Falle bin ich nach langem Leiden gestärkt aus der Sache hervorgegangen. Ich hatte auch nach ihm wieder mit verheirateten Männern angebandelt (das lässt sich nicht vermeiden), habe aber eine Entwicklung nie forciert, im Gegenteil. Ich habe klar mit offenen Karten gespielt, die da waren: Entweder eine angemessene Wertschätzung meiner Person durch die Trennung von der Partnerin und dadurch dem Bekenntnis zu mir oder keine Trennung, wohl aber einen Ausgleich in Form anderer Unterstützung in meinem Leben, meist finanzieller Art – Schweigegeld eben.

Da Männer in dieser Situation besonders gerne zum Lügen neigen, erzählte ich als Abschreckung und Vorwarnung von meiner Fähigkeit, nachts am trauten Heim zu klingeln. Wenn ich eines verdammt nicht leiden kann, dann sind es Lügen und das bewusste Spielen mit Gefühlen, um sich einen Vorteil zu verschaffen und dadurch eine gewisse Macht ausüben zu können. Interessanterweise wurde dieser »Warnschuss« immer ernst genommen. Entweder fand man dann zueinander oder man ließ es eben bleiben.

Natürlich bedeutet dieser Kompromiss nicht mehr dasselbe wie im obigen Beispiel. Es ist nicht die Liebe (war das wirklich Liebe?) und die Leidenschaft, es ist ein lockeres Verhältnis, bei dem beide wissen, woran sie sind. Es ist nicht weniger warm und herzlich, aber ehrlich und dadurch vielleicht ein bisschen nüchterner. Es ist kein Höhenflug, dafür bleibt der vorherzusehende Absturz aber auch aus. Es ist harmonischer, vertrauter, ehrlicher und in jedem Fall beständiger. Dadurch macht es glücklicher. Und mit ein wenig Fantasie und spielerischer Leichtigkeit ist auch der Sex nicht weniger interessant, sondern ausbaufähiger und inniger. Ich möchte diese unausgeglichene Rolle der Geliebten nie wieder in der oben beschriebenen Form erleben.

Ich habe versucht, diesen Mann zu verstehen, was mir nur teilweise gelungen ist. In jedem Fall aber habe ich ihm verziehen. Zu einer solchen Konstellation gehören immer zwei und egal in welcher Lebenslage man sich gerade selbst befindet – eigenverantwortliches Handeln hört niemals auf! Man darf auch in schwierigen Lagen die Verantwortung für sein Leben nicht abgeben, nur um im Anschluss einen Sündenbock zu haben und sich selbst in Unschuld waschen zu können. Ich bin heute noch davon überzeugt, dass er tief in seinem Herzen ein liebenswürdiger Mensch ist und das Passierte nicht mit böser Absicht forciert hat. Wenn das Leben einfach anfängt zu leben, nimmt es einen ohne zu fragen mit und man merkt erst viel später, wo man eigentlich gelandet ist. Es ist immer wieder eine spannende Reise, denn schon Goethe sagte:

> Die Reise gleicht einem Spiel;
> es ist immer Gewinn und Verlust dabei,
> und meist von der unerwarteten Seite;
> man empfängt mehr oder weniger,
> als man hofft.
> Für Naturen wie die meine [...] ist eine Reise unschätzbar:
> sie belebt, berichtigt, belehrt und bildet

Die Affäre endete Anfang 2008. Diesen Artikel schrieb ich erst zwei Jahre später in meinem Blog und es erreichten mich in der Kommentarfunktion viele weitere Leidensgeschichten von Frauen in der Geliebtenrolle. Bis heute war das meine letzte Erfahrung dieser Art.

Doch um beim Thema Escortservice zu bleiben: Zu guter Letzt gibt es noch den Fall der beiderseitigen Verliebtheit und der ehrlichen Entscheidung, es mit einer gemeinsamen Zukunft zu versuchen. So harmonisch, wie der Versuch sein kann, da beide wissen, woher sie sich kennen, und Rechenschaften deshalb keine abzulegen sind, birgt er doch jede Menge **Konfliktpotential.** Da ist zum einen die Fragestellung: Hört sie im Escortservice auf oder macht sie weiter? Meist wird Ersteres der Fall sein, doch nicht nur, weil er das von ihr verlangt, sondern weil auch sie das möchte. Schlussfolgernd ergibt sich die Frage nach den monetären Angelegenheiten. Hat sie einen Hauptberuf, der sie versorgt, oder ist sie von nun an auf sein Geld angewiesen? Falls Letzteres eintritt, kann die Situation der finanziellen Abhängigkeit zu einem echten Minenfeld werden, auf dem sich beide mit Vorsicht bewegen müssen. Sie kann sich schnell unfähig und unterlegen fühlen, was nicht förderlich für das eigene Selbstwertgefühl ist. Vice versa kann er schnell in die Position des Überlegenen kommen und Machtspiele stehen auf der Tagesordnung.

Last, but not least wird das Thema Sex womöglich in einer solchen Beziehung völlig neu bewertet. Ist er wirklich in sie verliebt und vor allem: Ist er ihr jetzt treu? Wenn er selbst aus einer Beziehung heraus Escortservice in Anspruch genommen hat, stellt sich diese Frage zwangsläufig. Und genau aus diesem Grund lehnen manche Escortdamen ihre Kunden von vornherein als zukünftige Partner ab: Sie möchten schließlich später nicht diejenigen sein, die betrogen werden.

Eine Partnerschaft mit einem ehemaligen Kunden zu führen, braucht in jedem Fall viel Geduld, Einfühlungsvermögen und Ehrlichkeit auf beiden Seiten.

Darf eine Mutter/Tochter das ihrer Familie antun?

Wie bereits in Kapitel 10 (Escortservice und die Gesellschaft) beschrieben wurde, sendete das Format »37 Grad« im ZDF am 27. November 2012 eine Reportage mit dem Titel MEIN JOB IST SEX. FAMILIENGEHEIMNIS PROSTITUTION, in der ich mit meiner Mutter zu sehen war.

Die Redakteure versuchten die Problematik zu beleuchten, die nach wie vor Familien betrifft, deren Tochter diesem außergewöhnlichen Beruf nachgeht. Ursprünglich wollte man in der Reportage jedoch Mütter zeigen, die als Erotikdienstleisterinnen tätig sind. Da jedoch keine Mutter gefunden wurde, deren Kinder über die Tätigkeit bereits informiert sind, wurde umdisponiert. Alleine diese Situation zeigt sehr deutlich, dass gerade Mütter diesen Job verheimlichen. Zu häufig würde ihnen wohl der Titel einer Rabenmutter verliehen und als alleinerziehender Elternteil müssten sie womöglich noch mit Besuch des Jugendamtes rechnen. Erstaunlicherweise ist es für Väter kein Problem, die erotische Dienstleistung für sich in Anspruch zu nehmen, während das Anbieten der Dienstleistung von Müttern geächtet wird. Noch mehr vielleicht als wenn sich die Tochter, die selbst noch keine Kinder hat und Single ist, für diesen Job entscheidet.

Die Frage nach bedingungsloser Liebe und der, ob eine Mutter/ Tochter das ihrer Familie »antun« kann, ist jedoch keine prostitutionsspezifische. Viele Eltern geben ihren Kindern den Lebensweg und auch die sexuelle Moral vor und sind entsprechend enttäuscht oder gar entsetzt, wenn sich das Kind für einen anderen Weg entscheidet. Sei es, weil nicht der erwünschte Studiengang gewählt, der ausgesuchte Partner geheiratet wurde oder die sexuelle Orientierung in eine andere Richtung läuft.

Doch was genau tut die Mutter/Tochter eigentlich ihrer Familie an, wenn sie sich selbstbestimmt für diesen Lebensabschnitt entscheidet?

Die Familie unterliegt, wie im gesamten Kapitel 3 immer wieder aufgezeigt, den gleichen Vorurteilen wie die Dame, die der Tätigkeit nachgeht. **Eltern** treffen oft **Schuldgefühle** (Was haben wir nur falsch gemacht?) und gleichzeitig werden sie aus dem Umfeld mit Vorwürfen konfrontiert (Ihr habt in eurer Erziehung wohl was falsch gemacht.). Kommen dann noch offensichtliche familiäre Probleme wie Scheidung, Alkoholismus, Gewalt etc. hinzu, bestätigt das die Kritiker obendrein.

Liebe und **Anerkennung** sind **Grundbedürfnisse** eines jeden Menschen und das ist auch der Grund, weshalb ein Verstoß aus der Familie tief trifft. Es ist kein Verstoß, weil man sich gestritten hat oder etwas strafrechtlich Relevantes verbrochen hat. Der Verstoß gründet auf einer Moralvorstellung, die auch die Familie unter Druck setzt. Viele Familien sind schlichtweg zu schwach, sich gegen die gängige Moral und auf die Seite des Familienmitgliedes zu schlagen. Selbst wenn die Escortdame glücklich mit ihrer Entscheidung ist, wird oft von ihr erwartet, den Normen zu entsprechen und die Tätigkeit zu beenden.

Somit kann die Ursprungsfrage einmal mehr von jeder Escortdame ausschließlich selbst beantwortet werden. Es ist am Ende nicht nur eine Charakter-, sondern vielmehr auch eine Grundsatzfrage: Wie möchte ich leben? Wie möchte ich akzeptiert werden und stehe ich für meine Bedürfnisse ein? Nicht jede Frau ist in ihrem Leben so frei und unabhängig, dass sie diese Frage mit aller Konsequenz beantworten und leben kann. Für andere Frauen ist der Ausflug in die Erotikbranche aber auch so marginal, dass sie sich für die kurzen Abenteuer nicht ein Leben lang »anschauen« lassen möchten und somit für diesen Zeitraum lieber ein Doppelleben bevorzugen.

Ich habe mich 2008 für den Weg der Selbstakzeptanz entschieden. Dazu gehörte die selbstverständliche Teilnahme an der RTL-Reportage DEUTSCHLAND, DEINE ESCORT-LADIES. Zu diesem Zeitpunkt hatte ich bereits vergessen, weshalb sich Frauen überhaupt für diesen Beruf verstecken müssen. Vor Menschen, mit denen man unter Umständen gar nichts zu tun hat, die man noch nicht einmal persönlich kennt. Vor diesen Menschen sollte ich mich verstecken? Warum? Ich tue doch nichts Böses. Mein Selbstverständnis für diese Tätigkeit war eine andere geworden. Versteckt hatte ich mich ganz zu Beginn, weil alle das so machten. Jede hatte ihr Gesicht im Internet unkenntlich gemacht – ich irgendwann nicht mehr. Mir war wichtig, dass sich mein Umfeld bereits im Voraus entscheiden konnte, meine Tätigkeit und damit auch mich zu akzeptieren oder abzulehnen.

Für mich gehört der freie Umgang mit diesem Lebensabschnitt zur vollkommenen **Selbstakzeptanz** und **Selbstliebe,** denn wahre Liebe, auch sich selbst gegenüber, ist bedingungslos.

Darf eine Escortdame an Gott glauben?

Eine freie Sexualität und gleichzeitig den christlichen **Glauben** leben: Geht das? Selbstverständlich gibt es mehr Glaubensrichtungen als die christliche, doch ich möchte mich an dieser Stelle gerne darauf beschränken. Der Glaube an Gott wird häufig unmittelbar mit der Institution Kirche und somit auch mit der erzieherischen Auslegung des Glaubens verbunden. Was darf man? Was darf man nicht? Was ist anständig? Was ist unanständig? Was gehört sich? Was gehört sich nicht? Was sagt der Pfarrer und was sagen die Nachbarn?

Glaube und Sex stehen in unmittelbarem Zusammenhang mit Kirche und Sex, mit Kirchengemeinde und Sex. Darf »so eine« überhaupt glauben oder gar noch in die Kirche gehen?

Ich stellte mir diese Fragen. Immerhin bin ich katholisch erzogene Christin, die in ihrer Kindheit sogar Ministrantin war, die an Heiligabend in der Dorfkirche singend die Maria spielte und so zum ganzen Stolz der Großeltern wurde.

Nun war ich 24 Jahre alt, gerade ein paar Wochen Callgirl und fiel aus allen Wolken, als mir meine damalige Escortkollegin Ina erzählte, sie ginge in Polen immer in die Kirche: »Ach, du glaubst an **Gott?** Du bist Christin?« Und sie erwiderte: »Selbstverständlich. Warum denn nicht?« Ich schluckte und verstummte. Meine Antwort wäre mir peinlich gewesen. Sie hätte mich entlarvt. Denn für mich war ihr Verhalten zu dieser Zeit noch ein Widerspruch. Wie konnte sich ein Callgirl mitten unter die »anständigen« Leute mischen und beten? Wie kann sich jemand, der ein solch »unanständiges« Leben führt, allen Ernstes in einer Kirche wohlfühlen? Müsste diese Person nicht permanent ein schlechtes Gewissen haben? Ina hatte keines. Aber ich hatte eines. Deshalb übertrug ich meine Vorstellung von Glaube und Prostitution kurzerhand auf sie. Unbewusst natürlich.

Es sollten Jahre vergehen, ehe ich mich in meinem Leben erneut mit dem Thema Glaube auseinandersetzte. Bis zu diesem Zeitpunkt war für mich klar, dass mir das sexual- und frauenfeindliche Christentum nicht die Erfüllung bieten kann, die ich im Glauben suchte: Eva und der Sündenfall. Die Frau, die Verführerin. Und ewig lockt das Weib. Auch fühlte ich mich in den Händen eines strafenden Gottes nicht wohl. Ein Gott, der alles sieht. Der immer und überall seine

Augen hat. Vor dem man nichts verstecken kann und der einen in der Hölle schmoren lässt, wenn man böse und unartig ist. Dieser Gott kann zwar auch verzeihen, aber das tut er nur dann, wenn man Reue für sein schlechtes Verhalten zeigt und beichtet. War mein Verhalten nun schlecht? Nach den Maßstäben, nach denen ich erzogen wurde, ja. Doch auch das Beichtprozedere stieß mir bereits in der Kindheit auf. Man bekam als Strafe für Radiergummi klauen, Bruder hauen, Mama anlügen und den Lehrer um Hausaufgaben betrügen zehn Vaterunser und noch mal fünf Ave Maria auf. Aber Beten hieß doch mit Gott reden. So jedenfalls hatte das unsere Großmutter immer gesagt. Und nun wurde Beten plötzlich zur Strafe? Das war definitiv nicht die Kommunikation, die ich mit Gott suchte. Und es war auch nicht das Verständnis vom Umgang mit ungewöhnlichen Lebensentwürfen, das ich suchte. So gab es für mich keinen Ausweg und göttliche Liebe blieb mir versagt – dachte ich.

Ich suchte nach einer Kraft, die mich trägt, auch in schweren Zeiten. Ich suchte nach etwas, das mir Zuversicht und Hoffnung gibt. Ich suchte nach innerer Stärke, die zur Ausgeglichenheit beiträgt. Kurzum: Ich suchte nach Liebe. Bedingungsloser Liebe.

Den Weg dorthin bereitete mir ein Kunde. Er selbst war im Dilemma der rigiden **Sexualmoral** seines Glaubens gefangen und unsere Treffen wurden lange Zeit durch sein schlechtes Gewissen überschattet. Er wollte doch so gerne ein guter Mensch sein. Er behandelte alle Menschen, inklusive meiner, äußerst respektvoll. Und doch war da diese von ihm als dunkel empfundene Seite. Das Schlechte. Das Böse. Der Sex. Bei unseren Treffen meditierte er viel und so kam ich zur Meditation des inneren Kindes. Dem Beginn einer Reise. Nach etlichen Ratschlägen und Anweisungen für das Leben, die ich blockierte, denn Anweisungen gab es im Christentum zur Genüge, stieß ich auf die für mich entscheidende Botschaft:

»Du bist wertvoll, einfach nur, weil du bist. Du musst nichts beweisen, nichts erfüllen und auch nichts erreichen. Alleine dein Dasein genügt, um geliebt zu werden.«

Ich meditierte diese Botschaft, oft in Verbindung mit Yoga, um mich noch besser dabei spüren zu können. Ich begriff sehr schnell, dass die Kraft, die sich entwickelte und die in mir spürbar wurde, aus mir selbst heraus kam. Ich begann, mich anzunehmen und mich zu lieben – bedingungslos. Ich spürte plötzlich diese Kraft in mir, die mir half, mich selbst zu tragen. Und ich erinnerte mich an dieses Gefühl: Damals als Kind ging es mir ähnlich. Wenn ich richtig tief und fest glaubte, fühlte ich mich getragen. Interessant, was durch die Meditation passiert ist. Ist dieses Gefühl nicht genau das, was einem das Christentum geben soll?

Anders als damals in meiner Kindheit fühle ich heute jedoch keinerlei Druck und muss auch keine Anweisungen befolgen, um dieses Gefühl erleben zu dürfen. Um Liebe spüren zu dürfen. Das heutige Gefühl kommt von innen heraus und wird nicht mehr von außen bestimmt.

Der christliche Glaube vergisst die Abenteuerlust des Menschen. Ich möchte meine eigenen Erfahrungen machen und selbst erkennen, wie mein Leben richtig ist, ohne mich dabei auf Grund der Sexualmoral schlecht, unrein oder ungeliebt fühlen zu müssen. Ratschläge für das Leben höre ich sehr gerne. Vor allem dann, wenn sie von erfahrenen und belesenen Leuten kommen, die sich selbstreflektiert mit den großen Fragen der Menschheit auseinandersetzen. Doch mit Ge- oder Verboten kann ich nichts anfangen. Liebe ist frei, sie schreibt nicht vor. Sie nimmt an und fängt auf – bedingungslos.

Jesus liebt alle Menschen. Er wurde damals missverstanden und wird es heute noch. Ich persönlich trenne heute zwischen Glaube und der Institution Kirche mit ihren Auslegungen samt ihren Vertretern. Ich habe meine Antwort auf die Frage, ob eine Escortdame glauben darf, gefunden. Vielleicht finden Sie anhand meines damaligen Gefühlschaos, an dem ich sie gerne habe teilnehmen lassen, Ihre Fragen und Ihre eigenen, persönlichen, individuellen Antworten, die sie weiterbringen. Ich würde mich freuen.

Abschließende Gedanken

Abschließende Gedanken

*Manchmal müssen sich erst
Türen schließen, damit
Tore sich öffnen.*

Escortdame zu sein, bedeutete für mich durch den Kontakt mit gebildeten, weltoffenen und positiven Männern, meinen Horizont zu erweitern und meinen eigenen Werdegang – auch durch die finanziellen Möglichkeiten – eigenverantwortlich in die Hand zu nehmen.

Mit diesem Buch schließe ich dieses spannende Kapitel meines Lebens und freue mich darauf, mit dem Abitur im Rücken, neue Wege zu gehen. Ich danke allen Menschen, die mich auf diesem Lebensabschnitt begleitet haben, die mir mit Respekt, Anerkennung und Wertschätzung begegnet sind, die mir Mut gemacht, an mich geglaubt und mich unterstützt haben.

Nützliche Adressen und Links

Nützliche Adressen und Links

Weiterführende Literatur

ALLPORT, G. W., *The nature of prejudice*, New York 1958

BOURDIEU, P., *Die feinen Unterschiede*, Frankfurt/M. 1982

BOWALD, B., *Prostitution. Überlegungen aus ethischer Perspektive zu Praxis, Wertung und Politik*, Berlin 2010

EBNER, M., *Berufsratgeber für Huren*, Norderstedt, 2007

FOUCAULT, M., *Der Wille zum Wissen. Sexualität und Wahrheit*, Frankfurt/M. 1977

GERLITZ, P., *Religion und Matriarchat*, Wiesbaden 1984

GRENZ, S., *(Un)heimliche Lust, 2. Auflage*, Wiesbaden 2007

HAAS, E. TH., *Das Rätsel des Sündenbocks*, Gießen 2009

HARTMANN, E., *Heirat, Hetärentum und Konkubinat im klassischen Athen*, Frankfurt/M. 2002

KNOLL, L./JAECKEL, G., *Lexikon der Erotik*, Gütersloh 1976

MEY, D., *Die Liebe und das Geld*, Weinheim 1987

MORTON C., *Wie Sie in High Heels unfallfrei eine Glühbirne auswechseln. Die ultimative Style-Bibel*, München 2006

NAGILLER, B., *Knigge, Kleider und Karriere, 3. Auflage*, München 2004

ROTH, E., *Die Frau in der Weltgeschichte*, München 2006

SCHÜCH-SCHAMBUREK, I., *dresscode woman*, Wien 2010

SENTKER, A./WIGGER, F. (HG.), *Rätsel Ich. Gehirn, Gefühl, Bewusstsein*, Heidelberg, Berlin 2009

SENTKER, A./WIGGER, F. (HG.), *Schaltstelle Gehirn. Denken, Erkennen, Handeln*, Heidelberg, Berlin 2009

SIGUSCH, V., *Neosexualitäten*, Frankfurt/M. 2005

SPÄTH, T./WAGNER-HASEL, B., (HG.), *Frauenwelten in der Antike*, Stuttgart 2006

STARK, C., *»Kultprostitution« im Alten Testament?*, Göttingen 2006

Tipps und Links

DER ESCORT COACH, *Gratis Ratgeber mit Links und Tipps,*
    http://www.escort-coach.de/ratgeber/
FOTOGRAFIE BÜCHNER, GERHARD,
    http://www.buechner-fotografie.de/
FOTOGRAFIE GEHRKE, MANFRED,
    http://www.divaphoto.de/
FOTOGRAFIE MÜHLFRIED, OLIVER,
    http://www.olivermuehlfried.blogspot.de/
HYGIENEVERORDNUNG, §6,
    http://www.gesundheitsamt.de/alle/gesetz/seuche/hyv/dv.htm
INDEPENDENT OFFICE, *Das Büro für Independent Escortladys,*
    http://www.independent-office.de/
MÜNCHENER PROSTITUTIONSBROSCHÜRE,
    http://www.muenchen.de/rathaus/Stadtverwaltung/
    Kreisverwaltungsreferat/Sicherheit/Prostitution.html
SPERRGEBIETSVERORDNUNG, *Ermächtigungsgrundlage zur,*
    EGStGB, Art. 297,
    http://www.gesetze-im-internet.de/stgbeg/art_297.html

Vereine und Organisationen

BUFAS E. V., *Bündnis der Fachberatungsstellen für*
    Sexarbeiterinnen und Sexarbeiter, http://www.bufas.net/
DONA CARMEN E. V., *Verein für soziale und politische Rechte*
    von Prostituierten, http://www.donacarmen.de/
ISBB, *Institut zur Selbst-Bestimmung Behinderter,*
    http://www.isbbtrebel.de/
PRO FAMILIA, www.profamilia.de
SEXYBILITIES, *Arbeitsgemeinschaft für selbstbestimmtes Leben*
    schwerstbehinderter Menschen e. V., http://www.asl-berlin.de/
SPASTIKERHILFE BERLIN, http://www.spastikerhilfe.de/

Quellen

Kapitel 1

AQUIN VON, T., IN: RINGDAL, N. J.,
Die neue Weltgeschichte der Prostitution, München 2006
Auswirkungen des Prostitutionsgesetzes Abschlussbericht, Freiburg,
Berlin 2005, in: http://www.bmfsfj.de/doku/Publikationen/
prostitutionsgesetz/index.html , Stand November 2012
BEAUVOIR DE, S., Das andere Geschlecht, Hamburg 1951
RINGDAL, N. J., Die neue Weltgeschichte der Prostitution,
München 2006
SCHUBART, W., Religion und Eros, München 1978
SCHULLER, W., Die Welt der Hetären, Stuttgart 2008
STEINBACHER, S., Wie der Sex nach Deutschland kam,
München 2011

Kapitel 2–4

AKERT, R. M./ARONSON, E./WILSON, T. D.,
Sozialpsychologie, 6. Auflage, München 2008
BACHOFEN, J. J., Das Mutterrecht, Berlin 1975
BEIER, K. M./BOSINSKI, H. A. G./HARTMANN, U./LOEWIT, K.,
Sexualmedizin, München 2001
BIRBAUMER, N./SCHMIDT, R. F., Biologische Psychologie, 7. Auflage,
Heidelberg 2010
BLASCHKO, A./SCHNEIDER, K. C., Die Prostituierte und die
Gesellschaft. Eine Soziologisch-Ethische Studie, Leipzig 1908
BRUHNS, A./WENSIERSKI, P., Gottes heimliche Kinder,
in: Der Spiegel 52/2002
COMMENGE, O., La Prostitution clandestine, in: BLASCHKO, A., 1908

DENZLER, G., *Die verbotene Lust*, München 1991,
in: BEIER, K. M./BOSINSKI, H. A. G./HARTMANN, U./
LOEWIT, K., *Sexualmedizin*, München 2001

GERRIG, R. J./ZIMBARDO, P. G., *Psychologie, 18. Auflage,*
München 2008

GIESE, H./WILLY, A. (HG.), *Mensch. Geschlecht. Gesellschaft*,
Frankfurt/M. 1954

HAEBERLE, E. J., *Die Sexualität des Menschen, 2. Auflage,*
Hamburg 1985

HEWSTONE, M./JONAS, K./STROEBE, W., (HG.),
Sozialpsychologie, 5. Auflage, Heidelberg 2007

HIRSCHHAUSEN VON, E., *Themenabend: Aktiv
gesund*, ARTE, 22.11.2011

LEYENDECKER, H./WIEGAND, R., *Bettina Wulff wehrt sich gegen
Verleumdungen*, am 8. September 2012,
in: http://www.sueddeutsche.de/politik/klage-gegen-
google-und-jauch-bettina-wulff-wehrt-sich-gegen-
verleumdungen-1.1462439, Stand November 2012

MYERS, D. G., *Psychologie, 2. Auflage,* Heidelberg 2008

PETERSEN, L. E./SIX, B. (HG.), *Stereotype, Vorurteile
und soziale Diskriminierung,* Weinheim 2008

PINEL, P./PAULI, P. (HG.), *Biopsychologie, 6. Auflage,*
München 2007

RÖSSLER, W., *Aus dem Bordell zum Psychologen*, am 17. Mai 2010,
in: http://www.sueddeutsche.de/karriere/
psychische-belastung-im-job-aus-dem-bordell-zum-
psychologen-1.53911, Stand November 2012

SCHUBART, W., *Religion und Eros,* München 1978, in:
DENZLER, G., *Die verbotene Lust,* München 1991

SIGUSCH, V., *Geschichte der Sexualwissenschaft,* Frankfurt/M. 2008

ZEIT ONLINE, *Jauch beugt sich Bettina Wulff, Google nicht,*
am 08. September 2012, in: http://www.zeit.de/gesellschaft/
zeitgeschehen/2012-09/bettina-wulff-klage,
Stand November 2012

Kapitel 5–9

ANDERS, G., *Lieben gestern. Notizen zur Geschichte des Fühlens*,
München 1997

BOURDIEU, P./JURT, J. (HG.), *Absolute Pierre Bourdieu*,
Freiburg 2007

FULDA LUDWIG, *Sinngedichte*, in: Das Magazin
für Litteratur, Heft 15, 14. April 1894

HAKIM, C., *Erotisches Kapital*, Frankfurt/M. 2011

WIKIPEDIA, *Kamasutra*,
http://de.wikipedia.org/wiki/Kamasutra, Stand November 2012

Kapitel 10–18

CAMPAGNA, N., *Prostitution. Eine philosophische Untersuchung*,
Graal-Müritz 2005

Impressumspflicht, Leitfaden zur, http://www.bmj.de/DE/Service/
StatistikenFachinformationenPublikationen/Fachinformationen/
LeitfadenzurImpressumspflicht/_node.html,
Stand November 2012

MEYER H., *Jeder bekommt den Partner, den er verdient –
ob er will oder nicht*, Bergholz-Rehbrücke 1997

PRECHT, R. D., *Warum gibt es alles und nicht nichts? –
Ein Ausflug in die Philosophie*, München 2011

SCHRADER, K., *Ein Plädoyer für die Achtung von Alterität und
Destigmatisierung in der Sexarbeit*,
Feministisches Institut Hamburg, am 04. April 2007,
in: http://www.feministisches-institut.de/sexarbeit/,
Stand November 2012

UTLER, S., *Morphium Mord, Narkoseärztin muss lebenslang
in Haft*, am ..., in: http://www.spiegel.de/panorama/
justiz/narkoseaerztin-aus-aachen-muss-wegen-mordes-
lebenslang-in-haft-a-843580.html, Stand November 2012

WELT.DE, *Was ist ein Opfertyp*, am 27. Januar 2008,
in: http://www.welt.de/wams_print/article1600551/
Was-ist-ein-Opfertyp.html, Stand November 2012

Anhang

Anhang

Muster-Vereinbarung

§ 1 — Zweck der Vereinbarung

(1) Die selbstständige Begleitdame beauftragt die Agentur mit der Vermittlung von Begleitanfragen an sie.

(2) Die Agentur nimmt Buchungsanfragen über Begleitaufträge von potentiellen Kunden entgegen. Die Agentur teilt diese Informationen der betreffenden Begleitdame mit und fragt an, ob Zeit und Interesse besteht, den Auftrag des Kunden anzunehmen. Bei Zustimmung arrangiert die Agentur die Einzelheiten des Treffens mit dem Kunden. Die Verantwortung der Abwicklung des tatsächlichen Treffens liegt allerdings bei der Begleitdame. Die Agentur wirkt gerne, auf Anfrage des Kunden oder der Begleitdame, bei der Lösung eventueller Probleme mit.

§ 2 — Vertraulichkeit

(1) Die Begleitdame verpflichtet sich zu Diskretion und Stillschweigen über Daten und Informationen der vermittelten Kunden, die sie von der Agentur im Rahmen der Vermittlung oder vom Kunden während der Auftragsabwicklung erhalten hat. Gleiches gilt für der Begleitdame bekannt werdende Kenntnisse über interne organisatorische und finanzielle Vorgänge der Agentur sowie Inhalte der vorliegenden Vereinbarung und eventueller Zusatzvereinbarungen. Des Weiteren verpflichtet sich die Begleitdame, ihre realen persönlichen Daten oder die von

anderen bekannten Begleitdamen aus Sicherheitsgründen nicht an Kunden oder andere Begleitdamen weiterzugeben.

(2) Für Schäden, die durch Indiskretion entstehen, haften die Verursacher vollumfänglich.

(3) Das Gleiche gilt, wenn die Dame durch Indiskretion der Agentur Schaden erleidet.

(4) Diese Vertraulichkeitsregelungen treten außer Kraft im Falle von gesetzlichen Offenlegungspflichten gegenüber Behörden oder Gerichten und im Falle einer akuten Gefahr für Leib und Leben.

§ 3 — Honorarabrechnung gegenüber dem Kunden

(1) Die Begleitdame ist für die Abrechnung mit dem Kunden selbst verantwortlich. Sie hat die anfallenden Honorare bei Beginn dieser Vereinbarung der Agentur zu Vermittlungszwecken mitgeteilt oder ihr Einverständnis mit den seitens der Agentur vorgeschlagenen Honoraren erklärt.

§ 4 — Provisionszahlungen und Fälligkeit

(1) Für die Vermittlung erhebt die Agentur nach jedem von der Agentur vermittelten und stattgefundenen Auftrag eine Provision von 30 % des seitens der Begleitdame vereinnahmten Honorars bei einem der Begleitdame unbekannten Kunden. Bei einer erstmaligen Wiederholungsvermittlung eines der Dame bekannten Kunden erhebt die Agentur eine Provision von 25 % des Honorars und ab der zweiten Wiederholungsvermittlung nur noch eine Provision von 20 % des Honorars. **alternativ:** Für die Vermittlung erhebt die Agentur nach jedem von der Agentur vermittelten und stattgefundenen Auftrag eine Pro-

vision von xx % (Vorschlag: ca. 30 %) des seitens der Begleitdame vereinnahmten Honorars.

(2) Eventuell von der Dame erhobene Reisekosten unterliegen
nicht der Provisionierung durch die Agentur.

(3) Provisionszahlungen der Begleitdame sind nur dann an die
Agentur zu zahlen, wenn ein von der Agentur vermittelter Auftrag tatsächlich auch zur Ausführung gekommen ist.

(4) Die Erhebung der Provision durch die Agentur erfolgt durch
Ausstellung einer Provisionsrechnung an die Begleitdame. Die
Begleitdame verpflichtet sich, die Agenturprovision spätestens
5 Tage nach Erhalt der Provisionsrechnung an die Agentur zu
überweisen, bar auf das Agenturkonto einzuzahlen, mittels ver-
sicherter Briefsendung zu verschicken oder persönlich gegen
Quittung zu überbringen.

§ 5 — Profilerstellung, Werbung, Nutzungsrechte an Fotos, Kosten

(1) Die Agentur verpflichtet sich dazu, die Kosten für Werbung
und Anfertigung der Sedcard der Begleitdame zu übernehmen.

(2) Die Begleitdame erteilt der Agentur die jederzeit widerrufli-
che Erlaubnis, mit ihre Person darstellenden Bildern, auch Teil-
ansichten ihrer Person, im Internet und anderen Medien Werbung zu betreiben, ungeachtet ob die Bilder seitens der Begleitdame zur Verfügung gestellt oder von Dritten im Auftrag der
Agentur erstellt wurden. Die Begleitdame stimmt der Veröffentlichung ihres Profils nach einvernehmlicher Abstimmung des
Profils zwischen Begleitdame und Agentur zu.

(3) Sind die Shootingkosten für die zur Veröffentlichung durch
die Agentur bestimmten Bilder der Dame von der Agentur
bezahlt worden, so verpflichtet sich die Dame, eine eigene Nutzung dieser Bilder ausschließlich zu nicht-gewerblichen Zwe-

cken auszuüben. Diese Bestimmung gilt über das Ende dieser Vereinbarung hinaus für x Jahre. Diese Beschränkung der Nutzungsrechte der Begleitdame entfällt, wenn und sobald die Begleitdame der Agentur die Shootingkosten bis zu einem Maximalbetrag von xxx Euro erstattet hat.

(4) Aus Sicherheitsgründen erstellt die Agentur ein Profil der Begleitdame, aus dem die persönlichen Daten, vor allem Name und Adresse, nicht für Dritte ersichtlich sind. Die Begleitdame wird in Werbung und anderen Veröffentlichungen nur mit einem Profilnamen veröffentlicht.

§ 6 — Unabhängige Vertragspartner

(1) Die Tätigkeit der Begleitdame erfolgt auf selbstständiger Basis. Es bestehen zu keinem Zeitpunkt Verpflichtungen oder gar Bindungen zwischen Agentur und Begleitdame, die über die einer selbstständigen Tätigkeit hinausgehen.

§ 7 — Kündigung, Profil- und Werbungslöschung

(1) Diese Vereinbarung kann zu jedem Zeitpunkt von beiden Seiten ohne weitergehende Konsequenzen durch ein Kündigungsschreiben, versandt per einfacher Post oder Einwurfeinschreiben (paralleler Versand eines Scans des Kündigungsschreibens ist erwünscht, jedoch nicht Bedingung), aufgelöst werden.

(2) Nach Beendigung dieser Vereinbarung, wird das Profil der Begleitdame innerhalb von x Wochen (Empfehlung: 1–2 Wochen) gelöscht. Wenn nichts anderes vereinbart ist (z. B. Model release), gelten uneingeschränkt die Bestimmungen

des http://www.gesetze-im-internet.de/urhg/index.html. Alle zu dem Zeitpunkt bestehende relevante Werbung der Begleitdame wird mit Auflösung des Verhältnisses innerhalb von x Wochen (Empfehlung: 4 Wochen) von der Agentur entfernt.

§ 8 — Sicherheit

(1) Die Agentur ist für die Dame während der Dates immer erreichbar.

(2) Die Haftung der Agentur bezüglich der stetigen Erreichbarkeit ist für betriebsfremde Erfüllungsgehilfen ausgeschlossen.

(3) Die Dame verpflichtet sich, im Zusammenhang mit der Ausführung eines Dates Meldungen an die Agentur zu übermitteln, wie im Detail in einem der Begleitdame separat übergebenen Merkblatt geregelt. Wird eine solche Meldung von der Dame versäumt, so haftet sie in voller Höhe für seitens der Agentur nachgewiesene Fremdkosten einer wegen der Nichtmeldung veranlassten Sicherheitsmaßnahme.

§ 9 — Sonstiges

(1) Die Begleitdame erhält ein Informationsblatt mit allgemein zugänglichen Informationen über Besonderheiten im Escort betreffend z. B. Sperrbezirksverordnungen, Steuern, Sicherheit und Tipps für eine erfolgreiche Arbeit. (Keine Rechts- und Steuerberatung.)

(2) Die teilweise oder vollständige Unwirksamkeit einzelner Absätze der Vereinbarung berührt die Wirksamkeit der übrigen Absätze der Vereinbarung nicht.

(3) Sofern zu dieser Vereinbarung eine Zusatzvereinbarung getroffen wird, haben die Bestimmungen dieser Vereinbarung Vorrang vor Bestimmungen der Zusatzvereinbarung, sofern die jeweiligen Bestimmungen sich widersprechen sollten. Jegliche Bestimmung einer Zusatzvereinbarung, welche über die vorliegende Vereinbarung hinausgehende Zahlungsverpflichtungen der Begleitdame begründet, ist unwirksam.

Index